"十三五"国家重点出版物出版规划项目
高分辨率对地观测前沿技术丛书
主编 王礼恒

# 航空低照度宽幅可见光成像技术

杨洪涛 陈卫宁 马静谨 郑浩 曹剑中 梅超 张广栋 等编著

国防工业出版社
·北京·

## 内 容 简 介

本书从低照度的概念内涵入手，梳理总结低照度可见光成像基本原理与技术发展情况，简要介绍低照度可见光相机系统的工作原理、主要构成及功能。在系统分析影响相机动态范围因素的基础上，从硬件、软件两个方面分别介绍了低照度高动态可见光成像的实现途径和方法，分析了低照度高动态可见光成像优点；介绍了摆扫成像原理及摆扫成像模式分析与优化设计方法，阐述了面阵摆扫成像扩大成像幅宽的技术方法，重点研究了扫描像移补偿方法与实现；对低照度图像处理技术进行了系统归纳、总结和研究，介绍了目标定位技术、相机几何定标与辐射定标技术和相机的测试方法与精度分析；最后对低照度可见光相机的应用现状与趋势进行了展望。可为从事航空成像技术研究的科研人员、高校师生以及其他相关专业的科技人员参考使用。

#### 图书在版编目(CIP)数据

航空低照度宽幅可见光成像技术/杨洪涛等编著
. —北京：国防工业出版社，2021.7
（高分辨率对地观测前沿技术丛书）
ISBN 978-7-118-12376-0

Ⅰ.①航⋯ Ⅱ.①杨⋯ Ⅲ.①航空摄影–图像处理–研究 Ⅳ.①TP391.413

中国版本图书馆 CIP 数据核字(2021)第 149403 号

※

国防工业出版社出版发行
（北京市海淀区紫竹院南路23号 邮政编码100048）
北京龙世杰印刷有限公司印刷
新华书店经售

\*

开本 710×1000 1/16 印张 15½ 字数 248 千字
2021 年 7 月第 1 版第 1 次印刷 印数 1—2000 册 定价 98.00 元

**（本书如有印装错误，我社负责调换）**

国防书店：(010)88540777     书店传真：(010)88540776
发行业务：(010)88540717     发行传真：(010)88540762

# 丛书学术委员会

| | |
|---|---|
| 主　　任 | 王礼恒 |
| 副 主 任 | 李德仁　艾长春　吴炜琦　樊士伟 |
| 执行主任 | 彭守诚　顾逸东　吴一戎　江碧涛　胡　莘 |
| 委　　员 | (按姓氏拼音排序) |

白鹤峰　曹喜滨　陈小前　崔卫平　丁赤飚　段宝岩
樊邦奎　房建成　付　琨　龚惠兴　龚健雅　姜景山
姜卫星　李春升　陆伟宁　罗　俊　宁　辉　宋君强
孙　聪　唐长红　王家骐　王家耀　王任享　王晓军
文江平　吴曼青　相里斌　徐福祥　尤　政　于登云
岳　涛　曾　澜　张　军　赵　斐　周　彬　周志鑫

# 丛书编审委员会

主　　编　王礼恒

副 主 编　舟承其　吴一戎　顾逸东　龚健雅　艾长春
　　　　　彭守诚　江碧涛　胡　苹

委　　员　(按姓氏拼音排序)
　　　　　白鹤峰　曹喜滨　邓　泳　丁赤飚　丁亚林　樊邦奎
　　　　　樊士伟　方　勇　房建成　付　琨　苟玉君　韩　喻
　　　　　贺仁杰　胡学成　贾　鹏　江碧涛　姜鲁华　李春升
　　　　　李道京　李劲东　李　林　林幼权　刘　高　刘　华
　　　　　龙　腾　鲁加国　陆伟宁　邵晓巍　宋笔锋　王光远
　　　　　王慧林　王跃明　文江平　巫震宇　许西安　颜　军
　　　　　杨洪涛　杨宇明　原民辉　曾　澜　张庆君　张　伟
　　　　　张寅生　赵　斐　赵海涛　赵　键　郑　浩

秘　　书　潘　洁　张　萌　王京涛　田秀岩

# 序 言

高分辨率对地观测系统工程是《国家中长期科学和技术发展规划纲要（2006—2020年）》部署的16个重大专项之一，它具有创新引领并形成工程能力的特征，2010年5月开始实施。高分辨率对地观测系统工程实施十年来，成绩斐然，我国已形成全天时、全天候、全球覆盖的对地观测能力，对于引领空间信息与应用技术发展，提升自主创新能力，强化行业应用效能，服务国民经济建设和社会发展，保障国家安全具有重要战略意义。

在高分辨率对地观测系统工程全面建成之际，高分辨率对地观测工程管理办公室、中国科学院高分重大专项管理办公室和国防工业出版社联合组织了《高分辨率对地观测前沿技术》丛书的编著出版工作。丛书见证了我国高分辨率对地观测系统建设发展的光辉历程，极大丰富并促进了我国该领域知识的积累与传承，必将有力推动高分辨率对地观测技术的创新发展。

丛书具有3个特点。一是系统性。丛书整体架构分为系统平台、数据获取、信息处理、运行管控及专项技术5大部分，各分册既体现整体性又各有侧重，有助于从各专业方向上准确理解高分辨率对地观测领域相关的理论方法和工程技术，同时又相互衔接，形成完整体系，有助于提高读者对高分辨率对地观测系统的认识，拓展读者的学术视野。二是创新性。丛书涉及国内外高分辨率对地观测领域基础研究、关键技术攻关和工程研制的全新成果及宝贵经验，吸纳了近年来该领域数百项国内外专利、上千篇学术论文成果，对后续理论研究、科研攻关和技术创新具有指导意义。三是实践性。丛书是在已有专项建设实践成果基础上的创新总结，分册作者均有主持或参与高分专项及其他相关国家重大科技项目的经历，科研功底深厚，实践经验丰富。

丛书5大部分具体内容如下：**系统平台部分**主要介绍了快响卫星、分布式卫星编队与组网、敏捷卫星、高轨微波成像系统、平流层飞艇等新型对地观测平台和系统的工作原理与设计方法，同时从系统总体角度阐述和归纳了我国卫星遥感的现状及其在 6 大典型领域的应用模式和方法。**数据获取部分**主要介绍了新型的星载/机载合成孔径雷达、面阵/线阵测绘相机、低照度可见光相机、成像光谱仪、合成孔径激光成像雷达等载荷的技术体系及发展方向。**信息处理部分**主要介绍了光学、微波等多源遥感数据处理、信息提取等方面的新技术以及地理空间大数据处理、分析与应用的体系架构和应用案例。**运行管控部分**主要介绍了系统需求统筹分析、星地任务协同、接收测控等运控技术及卫星智能化任务规划，并对异构多星多任务综合规划等前沿技术进行了深入探讨和展望。**专项技术部分**主要介绍了平流层飞艇所涉及的能源、囊体结构及材料、推进系统以及位置姿态测量系统等技术，高分辨率光学遥感卫星微振动抑制技术、高分辨率 SAR 有源阵列天线等技术。

丛书的出版作为建党 100 周年的一项献礼工程，凝聚了每一位科研和管理工作者的辛勤付出和劳动，见证了十年来专项建设的每一次进展、技术上的每一次突破、应用上的每一次创新。丛书涉及 30 余个单位，100 多位参编人员，自始至终得到了军委机关、国家部委的关怀和支持。在这里，谨向所有关心和支持丛书出版的领导、专家、作者及相关单位表示衷心的感谢！

高分十年，逐梦十载，在全球变化监测、自然资源调查、生态环境保护、智慧城市建设、灾害应急响应、国防安全建设等方面硕果累累。我相信，随着高分辨率对地观测技术的不断进步，以及与其他学科的交叉融合发展，必将涌现出更广阔的应用前景。高分辨率对地观测系统工程将极大地改变人们的生活，为我们创造更加美好的未来！

王礼恒

2021 年 3 月

# 前 言

低照度相机技术是将机械学、光电子学、控制学和计算机学科结合起来的多学科综合技术,具有在较低照度条件下能够摄取清晰图像的优点,其最低照度响应值小于1lx。低照度可见光成像,即在可见光波段实现低照度环境条件下目标成像,其进步需要结合光学、控制、电子学、软件算法等各方面技术的提升。本书系统阐述了低照度相机在研制过程中遇到的各类工程技术问题,并针对问题提出了相应的解决方法。

本书共 7 章,比较系统和全面地介绍了与低照度技术密切相关的内容,主要包括目标辐射、高动态可见光成像、宽幅成像建模、目标定位技术、图像处理技术、可见光相机测试及相机典型应用。第 1 章介绍了低照度的基本概念、低照度可见光成像原理、低照度可见光系统组成和相关技术;第 2 章对高动态可见光成像技术进行了详细说明;第 3 章分析了宽幅成像建模方法及实现原理;第 4 章介绍了航空相机目标定位技术、基于 POS 系统的目标定位方法、基于 POS 系统的目标定位误差分析;第 5 章介绍了低照度相机图像处理中的相关技术,包括图像去噪、图像增强、基于单帧和多帧的超分辨率重构技术、基于并行设计的图像处理方法,并给出处理结果;第 6 章介绍了低照度可见光相机的测试相关内容,详细分析了测试方法与流程;第 7 章对相机典型的应用场景进行了具体介绍。

本书以易于理解和工程实用的原则来组织章节架构,介绍理论知识的同时,尽量避免复杂的数学公式推导,将专业理论与应用背景或作者的工程经验有机结合,详细介绍了低照度相机研制过程中遇到的技术难点,开阔了工程人员的技术思路,为读者系统掌握低照度相机技术奠定基础。

本书由杨洪涛、陈卫宁、郑浩、马静瑾、曹剑中组织策划,陈卫宁、梅超、张广栋、常三三、张洪伟、宋晓东、王华、方尧、张辉、郭惠楠具体编写,各章分工如下:第 1 章由梅超、郭惠楠编写,第 2 章由梅超、王华编写,第 3 章由陈卫宁、梅超、常三三编写,第 4 章由张广栋、陈卫宁编写,第 5 章由宋晓东、张辉、方尧编写,第 6 章由陈卫宁编写,第 7 章由陈卫宁、张洪伟编写,陈卫宁负责最后统稿。

本书从 2017 年开始编写,作为中科院西安光学精密机械研究所的重要专著,在多位工程技术人员的努力下得到了不断的完善。但由于作者水平有限,书中不足和错误之处在所难免,敬请同行专家和广大读者批评指正。

作 者

2021 年 2 月

# 目 录

## 第1章 概述 ... 1

### 1.1 低照度成像概述 ... 1
#### 1.1.1 低照度成像概念 ... 1
#### 1.1.2 环境照度成像与目标特性关系 ... 3
#### 1.1.3 影响低照度环境下的成像因素 ... 4

### 1.2 低照度可见光成像概念 ... 8
#### 1.2.1 低照度可见光成像技术现状 ... 8
#### 1.2.2 低照度成像分类 ... 8
#### 1.2.3 低照度可见光成像原理 ... 9
#### 1.2.4 低照度可见光成像与红外成像对比 ... 10

### 1.3 低照度可见光相机系统的组成与原理 ... 11
#### 1.3.1 相机系统工作原理 ... 11
#### 1.3.2 相机系统工作组成与功能 ... 11

## 第2章 低照度高动态可见光成像 ... 15

### 2.1 概述 ... 15
#### 2.1.1 动态范围的概念 ... 15
#### 2.1.2 影响相机动态范围的因素 ... 17

### 2.2 低照度高动态可见光成像实现方法 ... 27
#### 2.2.1 高动态成像硬件实现方法 ... 28
#### 2.2.2 高动态成像软件实现方法 ... 36

### 2.3 低照度高动态可见光成像的优点 ... 38

## 第 3 章　低照度宽幅成像建模与实现 …… 43

### 3.1　摆扫成像原理 …… 43
#### 3.1.1　摆扫成像特性分析 …… 43
#### 3.1.2　摆扫成像机理研究 …… 44
#### 3.1.3　摆扫成像中的关键问题 …… 44
#### 3.1.4　摆扫模式分析与优化 …… 47

### 3.2　扫描像移补偿方法与实现 …… 51
#### 3.2.1　扫描像移模型的建立与分析计算 …… 51
#### 3.2.2　扫描像移补偿结构形式选择 …… 56
#### 3.2.3　扫描像移补偿系统 …… 59

## 第 4 章　低照度相机无源目标定位技术 …… 66

### 4.1　概述 …… 66
#### 4.1.1　航空相机目标定位技术 …… 66
#### 4.1.2　航空相机目标定位方法 …… 66
#### 4.1.3　航空相机目标定位技术研究现状 …… 67

### 4.2　基于 POS 系统的航空相机目标定位方法 …… 71
#### 4.2.1　POS 系统测量原理 …… 71
#### 4.2.2　POS 系统杆臂误差及补偿 …… 76
#### 4.2.3　基于 POS 系统的目标定位常用坐标系 …… 80
#### 4.2.4　基于 POS 系统的目标定位方程 …… 86

### 4.3　基于 POS 系统的航空相机目标定位误差分析 …… 89
#### 4.3.1　基于 POS 系统的目标定位主要误差源 …… 89
#### 4.3.2　基于 POS 系统的目标定位误差模型 …… 92
#### 4.3.3　基于 POS 系统的目标定位误差计算与仿真 …… 100

### 4.4　相机标定及定标技术 …… 105
#### 4.4.1　IMU 与相机安装标定技术 …… 105
#### 4.4.2　相机内方位元素标定 …… 108

# 第5章 低照度图像处理技术 …… 117

## 5.1 低照度图像去噪技术 …… 117
### 5.1.1 低照度环境下噪声的建模及特性分析 …… 117
### 5.1.2 基于三维变换域协同滤波技术的低照度图像去噪 …… 118

## 5.2 低照度图像增强技术 …… 120
### 5.2.1 低照度图像增强处理的传统算法 …… 121
### 5.2.2 基于自适应参数调整的 Retinex 域低照度图像增强技术 …… 127

## 5.3 低照度图像超分辨率重构技术 …… 137
### 5.3.1 基于张量扩散和方向估计的单帧超分辨率重构算法 …… 138
### 5.3.2 基于 CUDA 和 OpenMP 的并行配准算法 …… 150
### 5.3.3 基于偏微分方程的双正则项多帧超分辨率重构算法 …… 169

## 5.4 相机辐射定标 …… 185
### 5.4.1 辐射定标概述 …… 185
### 5.4.2 实验室辐射定标 …… 187
### 5.4.3 试验场辐射定标 …… 190

# 第6章 低照度可见光相机测试技术 …… 195

## 6.1 概述 …… 195
### 6.1.1 地面静态成像测试方法 …… 195
### 6.1.2 动态飞行成像测试方法 …… 202

## 6.2 动态成像测试精度分析 …… 203
### 6.2.1 稳定精度概念 …… 203
### 6.2.2 稳定精度测试方法系统组成 …… 205
### 6.2.3 测试过程及测试结果 …… 206
### 6.2.4 测试结果分析 …… 207

# 第 7 章　低照度相机的典型应用 ················· 213

## 7.1　民用应用 ··················· 213
### 7.1.1　低照度环境下灾害应急响应 ··············· 213
### 7.1.2　警用反恐维稳及侦察取证 ················· 218

## 7.2　军事应用 ··················· 221
### 7.2.1　地理信息遥感 ··············· 222
### 7.2.2　目标定位测量 ··············· 224

# 参考文献 ················· 226

# 第 1 章 概述

## 1.1 低照度成像概述

### 1.1.1 低照度成像概念

电磁波谱包括无线电波、红外线、可见光、紫外线以及 X 射线等,如图 1-1 所示。作为整个电磁波谱中极小的一个区域,可见光谱是人眼视觉系统能够响应的光谱区间,其波长约 380~780nm。

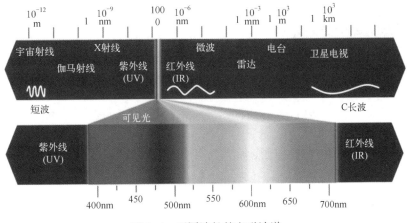

图 1-1 不同波长的电磁波谱

在可见光波段内,为了定量描述光照强弱和物体表面被照明的程度,通常采用光照强度这一物理定义。光照强度是指单位面积上所接受可见光的能量,简称照度,单位勒克斯(lx)。可见光照射下表面的照度定义为照射在单位面积上的光通量。

设面元 dS 上的光通量为 dΦ,则此面元上的照度 E 为

$$E = \frac{\mathrm{d}\Phi}{\mathrm{d}S} \tag{1-1}$$

因此,被光均匀照射的物体在 $1m^2$ 面积上所得光通量为 1lm 时,其照度为 1lx。

不同照度环境直接影响了人眼视觉系统中杆状细胞与锥状细胞的功能性分布特征。随照度的变化,人眼视觉的空间分辨力、色彩分辨力以及视深度等都发生相应改变。通常,在不同的使用环境下,人们对照度有着不同的分级描述方式。在工业照明领域中,国际照明委员会(International Commission on Illumination,CIE)标准《室内工作场所照明》S008/E—2001 规定了照度分级标准,即照度标准值按 0.5、1、3、5、10、15、20、30、50、75、100、150、200、300、500、750、1000、1500、2000、3000、5000lx 分级。照度标准值分级以在主观效果上明显感觉到照度的最小变化为标准划分,照度差大约为 1.5 倍[1]。而在光电成像领域中,根据成像装置中成像探测器对环境光照的灵敏程度,可分为暗光级(0.1lx)、月光级(0.01lx)以及星光级(0.001lx 及以下)等。图 1-2 为不同照度等级探测器所获取的图像。

图 1-2　不同照度等级探测器所获取的图像

对于摄像机、相机等成像设备,"低照度"作为一种设备最低照度响应的描述方式,国际照明委员会 CIE 并没有给出统一定量描述。顾名思义,低照度相机是指在较低照度条件下能够摄取清晰图像的成像设备,早期工业领域指最低照度响应值小于 1lx 的成像设备。对于航空摄影而言,通常情况下,可见光相机主要工作于较好环境条件,重点适应 2000lx 以上照度条件,由于运动摄像特点,其摄像环境照度小于 100lx 时,即为低照度环境[2]。摄像机、相机等成像设备最低照度响应值与镜头的光圈大小($F$ 值)、探测器灵敏度、光谱响应范围等条件

均有关系,其低照度成像质量是系统综合优化设计后的效果反应。

## 1.1.2　环境照度成像与目标特性关系

可见光成像是一种被动成像方式,探测目标的反射能量,因此其成像质量与环境照明、目标反射特性等因素有关。在可见光探测波段,目标表面所接受的辐射能量的大小不仅与目标表面状态因素有关,也与目标相对于成像传感器的相对运动速度、相对轨道位置以及成像传感器的自身参数有关,这些因素的差异对目标特性有严重的影响。对目标反射特性的分析是后续进行图像预处理、目标探测与识别的前提条件,准确的目标特性分析结果可以提高可见光相机的探测和识别能力。

目标和背景特性主要涉及以下内容:

(1) 目标反射特性:目标亮度、温度及其频谱特性等。

(2) 目标几何特性:目标尺寸、形状及其在成像视场中的大小。

(3) 探测背景特性:目标周围的背景光学特性等。

目标的反射率是一个与波长有关的函数,目标的反射率与目标本身的材料属性有关或者与目标表面涂抹物质的属性有关。目标的反射率越大,探测器接收到目标的能量越大,目标在背景中越突出,相机对目标的捕获率就越高,如图1-3所示为不同典型目标的反射特性对比。

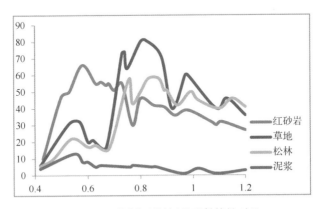

图1-3　不同典型目标的反射特性对比

目标的几何特性主要指目标的大小、形状等,直接影响目标在相机图像中的大小。1957年约翰逊对目标成像大小和探测能力进行了定量化研究。表1-1给出了一维目标和二维目标探测概率与扫描线对数、像元数之间的关系,特别是结合插值给出了90%概率条件下的关系。

表 1-1 探测概率与扫描线对数、像元数之间的关系

| 扫描线 | | 探测概率 $P_d$ | | | | | | | |
|---|---|---|---|---|---|---|---|---|---|
| | | 1.0 | 0.95 | 0.9 | 0.8 | 0.5 | 0.3 | 0.1 | 0.02 |
| 一维 | 线对数 | 3 | 2 | 1.8 | 1.5 | 1 | 0.75 | 0.5 | 0.25 |
| | 像元数 | 36 | 16 | 13 | 9 | 4 | 2.25 | 1 | 0.25 |
| 二维 | 线对数 | 2.25 | 1.5 | 1.35 | 1.13 | 0.75 | 0.56 | 0.38 | 0.19 |
| | 像元数 | 20 | 9 | 7.3 | 5.1 | 2.3 | 1.3 | 0.58 | 0.14 |

探测背景特性方面,对可见光成像而言,对比度指目标与背景的亮度之比,只有当目标与背景的对比度存在差异时才能被分辨出来。视亮度对比 $C_V$ 定义为

$$C_V = (I_T - I_B)/I_B \tag{1-2}$$

式中:$I_T$ 和 $I_B$ 分别为目标和背景的视亮度。

在机载探测跟踪应用中,实际场景中不同目标与背景的对比度不同,因此对不同对比度条件下的探测效果也不尽相同,对比度越高越容易被发现、识别。其中,最小可分辨对比度(MRC)指标不仅给出在某亮度等级能看到的最小细节能力,并且能给出看见的物体细节的极限对比度。由于目标、背景在经过大气传输后,呈现在传感器之前的对比度是经过调制的,在 MRC 中所采用的是调制对比度,调制对比度 $C_T$ 定义为

$$C_T = (L_T - L_B)/(L_T + L_B) \tag{1-3}$$

式中:$L_T$ 为目标亮度;$L_B$ 为背景亮度。MRC 越小,表明在一定亮度等级下,相机具有越优异的细节分辨能力。

### 1.1.3 影响低照度环境下的成像因素

低照度环境下,在图像或视频采集的过程中,由于受到环境照度不足及目标表面特性等多重因素的影响,使得图像亮度、对比度偏低,且含有大量噪声,严重影响了图像或视频信息的识别。低照度图像具有灰度范围较窄、相邻像素的空间相关性高等特点,故而提高了后期图像处理的技术要求。遥感相机对地观测时,相机探测到的地物辐射受到了大气环境的直接影响,包括散射、吸收、折射、扰动和偏振等。大气环境对地面目标的成像影响可以用传递函数来描述。在计算不同太阳高度、不同反射率的地物辐射在相机入瞳处的辐射亮度数

据后,可以解算出大气环境的传递函数,从而评估大气对成像设备的影响程度,优化遥感相机的设计方案,提高相机的成像性能。因此,有必要对影响低照度环境下成像的重要因素进行系统的讨论与分析。

1. 大气特性

大气层主要是通过散射、吸收、折射、扰动和偏振影响地物辐射的传输,使相机所接收的地物辐射信息产生偏差。

1) 大气散射

大气散射是由大气中不同大小的颗粒反射或者折射所造成的,这些颗粒包括组成大气的气体分子、灰尘和大的水滴。纯散射没有能量损失,它只是改变了能量的分配方向。散射过程与大气中散射颗粒的尺寸分布、组成和浓度以及入射波长有很大关系。在简化条件下,散射可分成三类情况:瑞利散射(散射颗粒比辐射波长小)、米氏散射(散射颗粒与辐射波长相近似,也叫气溶胶散射)、无选择性散射(散射颗粒比辐射波长大)。大气朝下散射使地球表面增加了一个漫射照射分量,降低了地面景物的对比度。

2) 大气吸收

大气吸收将辐射能量转换为大气的分子运动。大气中对太阳辐射的重要吸收体是水蒸气、二氧化碳和臭氧。这些气体分子的吸收具有波长选择性,不吸收的"透明"波长范围称为"大气窗口",也是遥感可以利用的谱段范围。

3) 大气扰动

大气扰动(湍流)是由于大气温度起伏而导致大气折射率产生变化引起的一种小尺寸、快速变化的随机运动。大气扰动与天气条件有很大依赖关系,一般说来,使扰动减小的天气条件往往是散射增大。大气扰动使通过大气的光束(电磁辐射束)发生方向、相位、强度和偏振的起伏变化,从而导致了地物的对比度、空间分辨率及信噪比降低。

4) 大气折射

地物辐射通过大气时还会发生折射,大气的实际折射率与大气密度(与离地面高度有关)以及大气中所包含的水汽气压等有关。大气的密度随离地面距离的增加而减少,大气折射率随大气层高度的变化而变化。地面物体发射的光线通过大气层时会发生连续的折射,导致传播路径由理想的直线变成了曲线,从而引起探测器上的像点的位移,使影像产生变形。

5) 大气偏振

大气偏振对利用偏振技术来增强信噪比的成像系统也会有影响。一般遥感相机要求限制相机本身产生的偏光性(一般小于7%)和减少输入光线中的偏振影响,以减少由此引起的辐射性能降低和杂散光增加。

除上述因素外,大气分子散射(瑞利散射)和臭氧吸收严重减弱波长 0.3μm 以下的辐射,在 1.4μm 和 1.9μm 附近还有一些很窄的水蒸气强吸收带。对于大多数对地观测设备而言,瑞利散射使散射辐射相当于"噪声背景",导致蓝谱段数据受限;而米氏散射对较长波的辐射影响较大。由于辐射通过大气时会发生折射,在高精度测绘工作中,必须对地面目标像的位置进行修正,特别是当相机对地面目标进行倾斜成像时,倾斜角越大(通过的大气越厚),修正量也越大。

2. 相机特性

1) 通光孔径

相机有效通光孔径决定了到达探测器靶面的入射光能量。通光孔径越大,相机接收到目标反射信号就越多,从而相机的探测能力就越强。相机孔径与其焦距的比值称为相对孔径,用 $\dfrac{D}{f'}$ 来表示;相对孔径的倒数 $\dfrac{f'}{D}$ 称为相机的光圈,用 $F$ 数表示。一般情况下,通过调节相机光圈大小来控制相机的有效通光孔径。光圈通常由安装在光学镜头内部的孔状光栅构成,有多边形或圆形等形式;其面积可变,通过调节孔状光栅面积来控制光通量,进而决定到达探测器靶面上光能量。在光照强度和相机曝光时间相同的情况下,光圈越大,到达探测器靶面上的光能越多,输出图像就越亮。通常,光圈 $F$ 数以 $\sqrt{2}$ (约1.4)的倍数递增,比如 1.4、2、2.8、4、5.6 等。

2) 曝光时间

相机曝光时间实质为成像探测器的光积分时间。成像探测器光积分时间通常是指感光器受到光源辐照后产生信号电荷并在电势阱中储存等过程所经历的时间。通常在成像探测器线性工作范围内,光积分时间(曝光时间)越长图像画面亮度就越高;反之,图像亮度就越低。在光电成像系统中,通常是通过控制快门开关时间来确定传感器的光积分时间。快门开放时间越短,光电转换的信号电荷就越少,故图像亮度就越暗;快门开放时间越长,曝光时间就越长,则图像就越明亮。因此,曝光时间成为影响图像亮暗的重要因素。曝光时间对相机的探测能力有着很大的影响。当曝光时间提高时,成像探测器接收到的光能量增加,产生更多的光电子,输出信号增强,进而提高图像的信噪比(SNR)。但曝光时间过长时,图像会产生拖尾现象,影响图像的视觉感观,同时会导致相对运动目标的坐标测量误差。

3）灵敏度

相机灵敏度可表征为与波长相关的函数。简单来说,灵敏度是电信号与光能量之间的比值。电信号指成像探测器像元完成光电转换输出的电荷值;光能量指到达探测器像元受光面的光子能量。通常采用相机能够响应的最低照度来表征相机的灵敏度,相机灵敏度越高表示相机所能探测到的光能量就越小。决定相机灵敏度的因素众多,主要包括探测器的量子效率、像元微镜头效应、浮置扩散转换效率以及探测器靶面光学尺寸等。

4）动态范围

相机动态范围描述了相机所能探测到光信号的范围,主要是指光敏元件能够存储的最大信号量与相机中噪声产生的最小信号量的比值。相机成像探测器光敏元件存储信号量的多少主要取决于其物理性能、结构和内部的电路等多方面的因素。相机内部的噪声主要由电荷注入时噪声、电荷转移时噪声以及电荷检测时由于脉冲的复位引起的噪声等几部分构成。提升相机的动态范围,能够增强相机的色彩与细节表现能力,从而提高成像设备的图像质量。

5）空间分辨率

相机的空间分辨率主要是由成像探测器像元数决定。像元数越多,相机的空间分辨率就越高。对于面阵成像探测器相机来说,空间分辨率分为水平分辨率和垂直分辨率。对于线阵探测器相机来说,当目标距相机距离一定时,探测器像元个数越多,目标所占像元个数就越多,从而目标纹理细节丰富程度越高。目前,对于航空摄影而言,高清、超高清成像的需求日益旺盛,从而推动了大规模面阵、线阵成像探测器的广泛应用。

6）信号增益

信号增益也是影响图像质量及亮度的重要因素。此处信号增益专指传感器压电信号转换为图像亮度信号后在 ADC 采样前的放大增益。信号增益越大,电信号转换的电压值就越大,图像的亮度就越高。然而,在信号增益控制中,不能无限制地对系统信号进行放大处理。由于信号增益放大器在放大有效信号的同时,系统噪声也随之放大,从而导致图像的画面质量降低。一般情况下,通过实验标定,相机的信号增益预设至一定范围内,从而确保在不同场景下,相机都能输出画质清晰、亮度适宜、色彩表现丰富的图像。

## 1.2 低照度可见光成像概念

低照度可见光成像,即在可见光波段实现低照度环境条件下目标成像,其进步需要结合光学、控制、电子学等各方面技术的提升。

### 1.2.1 低照度可见光成像技术现状

我国目前民用领域低照度成像相机已经可以达到星光级,以海康威视的 DS-2CD 5026FWD-(A)(P)为例,其配备 $F$ 数为 1.2 的光学镜头可实现星光级探测,彩色条件下利用 1/3s 慢快门配合增益可以实现 0.002lx 成像,黑白条件下利用 1/3s 慢快门配合增益可以实现 0.0002lx 成像,但可以发现其 1/3s 的慢快门并不适合机载条件,其黑白条件下成像则将成像谱段扩展到了近红外波段[3]。而机载吊舱中使用的可见光相机则采用可见光红外综合成像的方式弥补可见光相机在低照度条件下无法较好成像的缺陷,目前常规的机载测绘可见光谱段成像相机(焦距在 100~300mm 时)最低成像照度要求约为 100lx。

国外以 FLIR、ROI、Raytheon 为主的吊舱生产商同样是结合可见光和红外成像实现昼夜监视,利用红外成像弥补可见光相机在低照度条件下无法较好成像的缺陷,其可见光谱段相机最低成像照度要求与国内相比略好,但其红外成像器件发展远超国内水平,可以很好地弥补可见光相机存在的缺陷[4]。

### 1.2.2 低照度成像分类

低照度成像按照实现的方法分为被动式成像和主动式成像,被动式成像主要通过自身成像能力的提升或者辅助手段实现,主动式成像主要通过长波热辐射探测实现(图 1-4)。随着科技的发展这些成像方式被综合起来使用,大大地提高了低照度条件下成像相机的成像质量。

被动式成像主要涉及的技术中,提升可见光成像器件性能主要包括:提升光学系统口径(即降低 $F$ 数),同时扩展光学系统成像谱段,使进入光学系统的能量增强;提升探测器响应效率,响应谱段,降低自身噪声(如采用背照式 EMC-CD,可见光近红外宽谱段 CCD);添加运动补偿机构,使用慢快门,延长曝光时间。辅助照明的主要方式包括:添加闪光灯(如民用相机),近红外光源(如民用安防设备),激光扫描照射等。光放大则是通过像增强器将成像光线能量放大

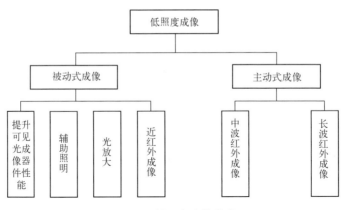

图 1-4 低照度成像分类

实现低照度探测,微光夜视仪中经常使用。往往可见光能量较低时近红外光能量并不会太低,所以采用近红外反射光成像可以取得良好的目标图像(如民用昼夜安防相机)。

主动式成像则是利用目标自身热辐射强度仅与自身条件有关,与周围环境无关的特点实现探测,为了获取较好的成像质量和较高的作用距离又分为中波红外成像和长波红外成像。

### 1.2.3 低照度可见光成像原理

低照度可见光成像的特点在于可见光能量较弱的条件下,利用可见光成像方式对目标进行成像,所以在上述低照度成像的方式中只能应用提升可见光成像器件性能、辅助照明和光放大的技术实现高质量低照度成像。机载条件下相机成像距离相对较远,成像范围相对较大,所以辅助照明难以实现。若在相机中添加微光像增强器,则系统分辨率会被像增强器限制,所以在高分辨率要求的条件下该方法也不常使用。

目前,机载低照度可见光相机主要还是通过提升可见光成像器件性能的技术路线对其进行研究。其成像原理如图 1-5 所示,主要包括光学镜头、控制系统、成像器件三大部分。其中光学镜头需采用大光圈(小 $F$ 数)设计,并提供像移补偿机构;控制系统控制光学系统像移补偿机构,以保证光学系统能有足够的曝光时间,曝光时间内目标在靶面成像不会有明显的像移或者像旋;成像器件要具备低噪声、高响应特点,以保证有足够的信噪比。

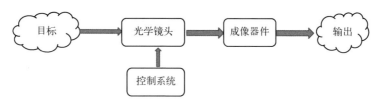

图 1-5　低照度可见光成像原理

## 1.2.4　低照度可见光成像与红外成像对比

在机载低照度成像时之所以选择低照度可见光成像,主要原因在于国内红外成像器件发展远远落后于国外,高质量的红外成像器件国外一直处于封锁状态,所以低照度可见光成像技术是我国提升自身侦察能力的一种有效途径,其与红外成像的主要差别如表 1-2 所列。

表 1-2　低照度可见光成像与红外成像对比

| 指　标 | 可见光成像 | 红外热成像 | 优　缺　点 |
| --- | --- | --- | --- |
| 成像原理 | 目标反射光成像 | 目标自身辐射成像 | 其成像原理各具特点,红外成像隐蔽性较好,可昼夜观测 |
| 探测器像元数 | 常见 1920×1080<br>大于 9000×9000 | 320×256<br>640×512 | 可见光像元数远大于红外 |
| 探测器种类 | EMCCD、CCD、CMOS、ICCD、3CCD、可见-近红外探测器等 | 中波制冷、长波制冷、长波非制冷、近红外 | 可见光探测器种类较多,体积、重量、信噪比等指标远好于红外探测器 |
| 像元大小 | 最小可小于 1.9μm,最大可大于 12μm | 15~30μm 左右 | 可见光探测器像元大小远小于红外探测器 |
| 光学镜头 F 数 | 短焦可达 1.2,长焦略大 | 非制冷可达 1 左右,制冷型通常不大于 2 | 红外镜头更容易实现小 F 数,但信噪比更好地制冷型系统受到探测器 F 数限制 |
| 波长 | 0.4~0.75μm,可扩展到近红外 0.9μm 以上 | 近红外 0.8~1.5μm<br>中波红外 3~5μm<br>长波红外 8~14μm | 可见光波长短衍射极限较大 |
| 光学镜头焦深 | 同等条件下较小 | 同等条件下较大 | 可见光加工装配、像移、景深相对敏感 |
| 主要工作条件 | 白天照度条件较好 | 昼夜均可 | 可见光成像效果受目标反射光强影响,红外受目标发射率和温差影响 |

通过对比可知,可见光成像系统在高分辨率方面具有红外热成像无法比较的优势,故提升可见光波段光学系统低照度成像能力是实现高分探测的一种有效、可行的途径。

## 1.3 低照度可见光相机系统的组成与原理

航空机载低照度可见光相机是指在较低光照度条件下能够进行清晰成像的光学相机,最低工作环境照度最低为100lx左右,并且具有宽照度范围工作适应能力。

### 1.3.1 相机系统工作原理

为了满足低照度环境下的成像探测要求,低照度可见光相机系统通常采用高灵敏度面阵CMOS进行成像,镜头设计时采用大相对孔径光学系统,提高低照度条件下系统接收的光能量;通过增加曝光时间也能提高成像质量,对于主要应用于航空机载领域的低照度相机,长曝光时间会引起成像像移,因此,相机系统中需要设计像移补偿装置进行像移补偿;由于电子学成像系统在低照度环境下成像产生较大的暗电流噪声和热噪声设计中需要保证相机系统在低照度环境成像时具有较高的信噪比,因此,可以采用真空制冷技术对CMOS图像探测器进行制冷,将芯片温度控制在较低值,以提高系统在低照度环境下的成像信噪比,这也是保证低照度成像的有效措施。

### 1.3.2 相机系统工作组成与功能

为了保证低照度成像质量,分别从光学系统设计、成像器件性能选择以及成像电路设计几个方面进行考虑,相机系统由大相对孔径光学系统、高灵敏度图像探测系统、像移补偿系统、探测器制冷系统组成,系统组成框图如图1-6所示。

1. 高灵敏度图像探测系统

采用高灵敏度成像芯片,以增加低照度环境下成像能力。通过对电子数的分析可知,芯片产生的信号电子数为

$$N_s = \frac{R \times t}{4F^2} \int_{\lambda_1}^{\lambda_2} E(\lambda)\rho(\lambda)\tau_{\text{opt}}\mathrm{d}\lambda \qquad (1-4)$$

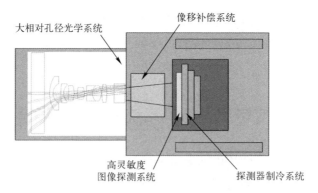

图1-6　低照度可见光相机系统组成框图

由式(1-4)可以看出,当环境照度和积分时间不变时,信号电子数和芯片响应度成正比,增加芯片的响应度可以增加信号强度,当扩大芯片光谱范围时,产生的信号电子数增多,从而会增加信号强度,并且在近红外波段,景物目标的反射率$\rho(\lambda)$会增加,平均反射率为0.3~0.4,扩大光谱范围后,可使信号强度大大增强。

选用的CMOS芯片工作时对偏置电压的质量要求特别高,部分偏置电压要求纹波的RMS值小于$10\mu V$,偏置电压的噪声对图像的质量影响很大。通常机上提供的电源需要通过DC/DC转换器转换为相机内部电源,而DC/DC采用开关电源的原理实现转换,输出电源质量较差,另外由于要适应低照度的工况,而在低照度条件下目标信号弱,噪声对图像的影响更加明显,因此,低噪声电路设计也是提升低照度成像的重要手段。

2. 大相对孔径光学系统

为了使相机在低照度环境下清晰成像,在光学系统的设计上要选取大的相对孔径($D/f$)。光学系统$F$数的选取关系到整机信噪比,$F$数数值越小,光学系统入瞳面积越大,系统的聚光能力越强。光学系统物方和像方照度转换公式可表示为

$$E' = \frac{1}{4F^2}E \times \rho \times \tau_1 \times \tau_2 \qquad (1-5)$$

式中:$E'$为像方照度;$\rho$为物方景物反射率;$F$为光学系统$F$数;$\tau_1$为光学系统透过率;$\tau_2$为大气透过率。

由式(1-5)可知,$E'$、$\rho$、$\tau_1$、$\tau_2$为定值,当环境照度确定以后,只有改变$F$数的大小可以改变像面照度大小,从而改变信噪比。当$F$数越小时,像方照度越

大,产生的信号越强,可以更好地在低照度的环境下对景物目标成像,$F$数的选取和系统信噪比相关。

3. 像移补偿系统

为了适应低照度环境成像,需要增加曝光时间,对于航空机载相机工作模式,长曝光时间会产生前向像移。前向像移属于运动像移,是拍照时相机和目标之间产生相对运动从而导致的像移。在曝光时间内,当像移量超过 1/2 像元尺寸时,需要对该像移进行补偿,从而抵消由相机和目标相对运动导致的图像质量下降。

像移补偿有电子式像移补偿、机械式像移补偿、光学式像移补偿等几种方式,针对采用的高灵敏度图像探测系统,可采用光学式像移补偿,用高速振镜机构来补偿前向像移。

光学式像移补偿分为旋转透镜补偿和旋转反射镜补偿,由于旋转透镜补偿方式在透镜旋转的过程中,光线经过透镜光程不同,因此旋转透镜处于不同位置时,系统像差不同。由于低照度成像光学系统相对孔径大,系统难以对不同位置的转镜均良好校正像差,因此采用后置旋转反射镜的方式进行像移补偿。当相机前向飞行拍照时,在曝光时刻,高速振镜的反射镜进行小幅度快速旋转进行像移补偿。

利用光线在透镜中的偏转,达到像移补偿目的。经过计算推导,可得补偿量为

$$\Delta = d \times \left( \tan\theta - \frac{\sin\theta}{\sqrt{n^2 - \sin^2\theta}} \right) \tag{1-6}$$

式中:$\Delta$ 为像移补偿量;$d$ 为平板厚度;$\theta$ 为光线入射角。

将平板放置在会聚光路中后,系统会引入非线性像散,由于光学系统相对孔径很大,引入非线性像散后,系统成像质量下降迅速,无法满足清晰成像要求。

4. 探测器制冷系统

由于相机在低照度环境下成像应用时噪声较大,因此,需要提高相机在低照度环境成像时的信噪比。在低照度环境工作时,CMOS 图像探测器的暗电流噪声对图像质量影响很大,温度每降低 6~7℃,暗电流噪声减少 1 倍。经过试验验证,暗电流噪声是 CMOS 成像芯片一个很重要的噪声源,暗电流的大小和积分时间、工作温度有很大关系。一般是工作温度每升高 7~8℃,暗电流增加 1

倍。在同样的积分时间下，芯片工作在60℃时的暗电流噪声大约是工作在0℃时暗电流噪声的200倍。为了降低噪声，提高信噪比需要将焦平面控制在一个较低的温度(-10~0℃)。

探测器制冷系统的制冷方式可采用3级半导体制冷，采用真空封装方式将探测器芯片与制冷器封装在真空腔体内，制冷器的热端热量通过换热管导出，通过风冷保证热端具有良好的散热性，从而保证探测器始终工作在较低的温度范围。

# 第 2 章
# 低照度高动态可见光成像

## 2.1 概述

低照度高动态可见光成像相机的一个重要特征就是可以适应低照度和日常高照度环境成像,同样可以满足较暗背景与较亮目标同时成像的要求,不仅不会在暗背景高亮目标条件下使探测器损伤,而且可以保证亮目标成像不会轻易出现饱和溢出,是其与普通相机的一个重要区别。

### 2.1.1 动态范围的概念

动态范围(Dynamic Range,DR),最早是信号系统的概念,一个信号系统的动态范围被定义成最大不失真电平和噪声电平的差。在光电成像过程中获取图像信号的过程同样是将光信号转化为电信号,故同样采用动态范围来评价相机成像最亮和最暗信号强度的比值,用于说明相机可拍摄的对比度范围。动态范围越大,说明相机所能表现的层次越丰富,所包含的色彩空间也越广,数字相机的动态范围越大,它能同时记录的暗部细节和亮部细节越丰富。由其定义可知,其无明确单位,仅为倍数关系,由于部分系统倍率过大故采用 dB 这个数学单位作为其单位,dB 的一般定义为 $20\times\log_{10}$,其在声学、电子学中也有应用,在一些科研文献中也有采用 $10\times\log_{10}$ 以及 $\log_{10}$ 的说法,所以在计算中要注意。

动态范围与色调范围是不同的概念。当我们采用 JPEG 格式拍摄照片时,相机的图像处理器会以明暗差别强烈的色调曲线记录图像信息。在这个过程中,处理器常常会省去一部分 RAW 数据上的暗部细节和亮部细节。而使用 RAW 格式拍摄,则图像能保持感光元件的动态范围,并且允许用户以一条合适的色调曲线压缩动态范围和色调范围,使照片输出到显示器或被打印出来后,获得适当的动态范围。数字相机的感光元件是由数以百万个像素组成的,这些像素在像素曝光的过程中吸收光子,转化成数字信号,然后输出图像。这个过程就像我们拿数百万个水桶到户外收集雨水。感光区域越光亮,收集的光子量自然越多。感光元件曝光后,按照每个像素收集的光子量不同,赋予它们不连续的值,并转化为数字信号。没有吸收光子和吸收光子至满载的像素值分别显示为"0"和"255",即代表纯黑色和纯白色。

一旦这些像素满载,光子便会溢出,溢出会导致信息(细节)损失。以红色为例,高光溢出使满载红色的像素附近的其他像素的值都变成255,但其实它们的真实值并没有达到255。换句话说,画面的细节发生了损失,这样会造成高光部分的信息缺失。如果我们以减少曝光时间来防止高光溢出,很多用来描述昏暗环境的像素则没有足够的时间接收光子量,得出的像素值为0,这样就会导致昏暗部分的信息缺失。采用大尺寸感光元件的数码单反会拥有更大的动态范围,原因就是数码单反的感光元件尺寸一般是消费级数码相机的4~10倍,允许承载更多的像素而不至于缩小像点之间的距离,而产生噪点。更多的像素不会很快被"填满",因此表现昏暗环境的像素在表现光亮环境的像素"满载"之前,有更多时间吸收光子,从而画面细节便会更加丰富。

相机DSLR、DC等的动态范围表示方法目前似乎并没有统一的约束,各个厂家也只是在他们的宣传内容上提到了"大的动态范围"之类的话,并未给出具体的指标。所以有时我们用比值来描述DSLR的动态范围,或者换算成光圈数,而较少用到密度值概念。因为数字图像设备也可以看作一个信号系统,所以动态范围可以分为两个部分,即光学动态范围和输出动态范围。

(1)光学动态范围 = 饱和曝光量 / 噪声曝光量(暗电流)。

(2)输出动态范围 = 饱和输出振幅 / 随机噪声。

前者主要是由CCD/CMOS等光电子元件决定的,后者主要由A/D、DSP来决定。其中饱和曝光量相当于传统胶片的肩部范围,噪声曝光量相当于传统胶片的趾部范围。对于数字相机,因为其最终还是以数字量输出,所以输出动态范围公式并不适用。这里提到的动态范围主要指的是输入部分的动态范围,也就相当于胶片的宽容度。根据目前看到的一些测试,DSLR的光学动态范围基本上和负片相近,超过反转片。

在计算机图形学、电影、摄影和摄像技术中,高动态范围成像是用来实现比普通数字图像技术更大曝光动态范围(即更大的明暗差别)的一组技术。高动态范围成像的目的就是要正确地表示真实世界中从太阳光直射到最暗的阴影这样大的范围亮度。高动态范围成像最初只用于纯粹由计算机生成的图像。后来,人们开发出了一些从不同曝光范围照片中生成高动态范围图像的方法。随着数字相机日渐流行以及桌面软件变得易于使用,许多业余摄影师使用高动态范围成像的方法生成高动态范围场景的照片,但是,不要将这作为它唯一的用途,实际上高动态范围还有许多其他的应用。当用于显示的时候,高动态范围图像经常要进行色调映像,并且要与其他几种全屏显示效果一起使用。

### 2.1.2 影响相机动态范围的因素

成像过程中拍摄目标的能量信号经过相机的光学镜头、成像探测器、图像处理电路及软件被记录下来,所存储图片的动态范围与相机自身的动态范围受到成像探测器、图像处理电路及软件各个组成部分的影响。

1. 光学镜头

相机的镜头是用来收集光能量信号的关键部件,其收集能力影响相机收集光能量的最低和最高的功率密度。由能量传输公式可知,对于非点目标成像相机,光能量到达探测器表面的能量功率密度与拍摄的物体特性、大气传输特性、光学镜头的 $F$ 数(光圈大小)和透过率有关。其中与相机本身相关的量仅为光学镜头的 $F$ 数(光圈大小)和透过率,且与 $F$ 数(光圈大小)的平方成反比,与透过率成正比。若光学镜头具有 $F$ 数和透过率可调功能,则可以有效增加相机动态范围。对于点目标成像相机,其区别仅为 $F$ 数变为了通光口径,即若光学镜头具有通光口径和透过率可调功能,则可以有效增加相机动态范围。

在结构设计方面,随着加工技术的提升,牛顿定律、光学像差理论、塞得系数等的丰富,各种各样的镜头开始登上历史舞台,如图 2-1~图 2-4 所示。在早期的理论和加工背景下,1840 年左右出现了两款双胶合镜头(Chevalier 镜头和

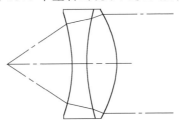

图 2-1 双胶合消色差镜头结构

Petzval 镜头),胶合镜头具有较好的消色差特性,但因加工能力所限 F 数为 11。与此同时,维也纳的 Josef Petzval 教授在场曲(像差的一种,Petzval 场曲是以 Petzval 命名的)理论的研究过程中设计了一款 Petzval 镜头,将镜头 F 数提升到了 4 左右。之后受雇 Thomas Cooke & Son 公司的 H. Dennis Taylor 提出了一种 Triplet(3 片式)结构形式,并在其基础上进行修改逐渐提升其光圈达到了 2.8(与靶面大小和分辨率有关)。虽然 Triplet 结构形式简单,F 数也已经提升到了 2.8,但在色差矫正和视场角方面仍存在问题,所以之后出现了双高斯结构形式的光学镜头和天塞式结构[5]。采用对称式结构的双高斯镜头很好地避免了色散和场曲问题,很快将光学镜头的 F 数进一步提升,像质也得到了很好的提升。天塞镜头虽然是在德国乌尔镜头的基础上发展而来,但与 Cook-Triplet 略有相似,进一步提升了 3 片式结构的像差矫正能力。随后随着技术的发展,在双高斯结构和双胶合以及 3 片式思想的影响下,通过复杂的镜片配合提升透镜成像质量和光圈大小(降低 F 数)。在新时代的加工技术和计算机辅助装配帮助下,设计者在传统形式的基础上设计出了更为出色的光学镜头,如图 2-5 所示。

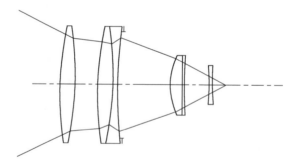

图 2-2 Petzval 消场曲镜头结构

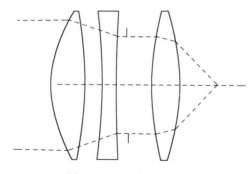

图 2-3 3 片式镜头结构

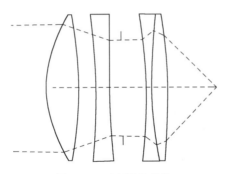

图 2-4　天塞镜头结构

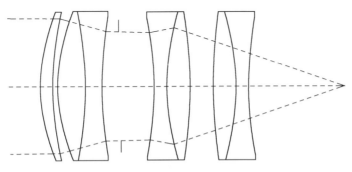

图 2-5　双高斯改式镜头结构

在目前阶段市面上常见的民品镜头主要品牌包括佳能、尼康、适马、奥林巴斯、蔡司、凤凰等，如图 2-6～图 2-9 所示，这些品牌中蔡司表现相对较好，但价格也相对昂贵，国内有凤凰、老蛙等。其中，根据市场需求，最小 $F$ 数（最大光圈）为 1.4，焦距段为 85mm 定焦、50mm 定焦、35mm 定焦、16mm 定焦等，画幅可达 APSC 画幅大小，即水平 22mm×垂直 15mm。手动控制方式的 $F$ 数（光圈）最大可以大到无穷大（光圈直接关闭），但实际使用时 $F$ 数一般不会小于 10，以此

图 2-6　zeiss Otus 85mm $F$/1.4，双高斯改式 Planar 结构

为基准计算,可得相机镜头引入的成像动态范围为

$$(10/1.4)^2 = 51 = 34dB$$

图 2-7　佳能大红圈 50mm $F/1.2$,双高斯改式结构(含非球面)

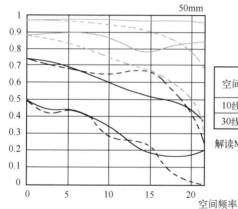

图 2-8　佳能大红圈 50mm $F/1.2$ 镜头传函

图 2-9　国产凤凰 50mm $F/1.7$ 镜头

工业品镜头方面主要有德国 ZEISS、schneider、日本的 KOWA、Ricoh、中国福光等。其中 ZEISS 表现相对最好,价格也是相对最贵的[9],镜头最小 $F$ 数(最大光圈)为 0.95,焦距段为 100mm 定焦、75mm 定焦、50mm 定焦等,画幅主要为 1in①(对角线 16mm)和 2/3in、1/3in。$F$ 数(光圈)均为可调 $F$ 数(光圈),考虑实际应用,工业镜头的 $F$ 数(光圈)最大不会达到无穷大(光圈直接关闭),$F$ 数一般会设置到不小于 22,以此为基准计算,可得相机镜头引入的成像动态范围为

$$(22/0.95)^2 = 536 = 55\text{dB}$$

2. 成像探测器

作为现代信息获取的核心器件,图像传感器主要功能是实现图像信息的获取、转换以及视觉功能的扩展,给出直观的、符合人眼特性的内容丰富的图像信息。图像传感器技术是随着半导体技术的成熟而发展起来的,是传感器领域非常重要的一个分支,图像传感器实质为光电转换,它可以将光信息转换为电信号,然后经过一系列处理后将原始输入的光信息展现出来。

在互补金属氧化物半导体(Complementary Metal Oxide Semiconductor, CMOS)和电荷耦合器件(Charge Coupled Device, CCD)图像传感器出现之前,金属氧化物半导体(Metal Oxide Semiconductor, MOS)图像传感器已经出现了。19 世纪 60 年代,许多科研单位采用 n 衬底、p 沟道金属氧化物半导体(Positive Channel Metal Oxide Semiconductor, PMOS)、p 衬底、n 沟道金属氧化物半导体(Negative Channel Metal Oxide Semiconductor, NMOS)或者双沟道金属氧化物半导体(P-N Channel Metal Oxide Semiconductor, P-NMOS)双极性工艺技术研究图像传感器,并且获得了不同程度的成功。最具代表意义的是在 1967 年,仙童公司的 Weckler 提出了一种反向偏置的 P-N 结结构,此结构工作于光通量积分模式下,依靠 P-N 结电容来存储光生电荷;接着他又提出了采用 PMOS 读取光生电荷的方法。尽管这种 MOS 传感器出现得最早,但由于其灵敏度很低,具有较大的噪声和暗电流,所以一直没有得到很好的发展和人们的重视。1968 年,仙童公司首次报道了 100×100 单元的光敏二极管阵列[10]。

在可见光图像传感器领域,发展最快和应用最广的两类固态图像传感器是 CMOS 图像传感器和 CCD 图像传感器,图像传感器的性能越来越优良。目前,图像传感器已广泛应用于移动电话、安防系统、电子警察、工业制造与检测、3D

---

① 1in = 25.4mm。

应用、军事以及航空航天等各个领域。

CCD图像传感器是1970年在贝尔实验室研制成功的,其性能要远远超出各种CMOS结构的图像传感器,于是受到了各界的广泛关注。CCD的发展已经经历了40多年,其性能得到了进一步的提升,加之CCD图像传感器固有的灵敏度高、噪声低、动态范围宽等优点,它一直占据着图像传感器市场的主导地位。目前,主流的CCD生产商有DALSA、SONY、Kodak、Fairchild、E2V等。

CCD的突出特点是以电荷作为信号,不同于其他大多数器件是以电流或电压为信号。CCD在工作过程中包括电荷的产生、电荷存储、电荷转移和电荷输出4个过程。

CCD按成像维数分为1维线阵列CCD和2维面阵列CCD。线阵列CCD成像单元排列成一条线阵列,分为单通道线阵CCD和双通道线阵CCD。单通道线阵CCD转移次数多、转移效率低,只适用于像元较少的成像器件。双通道线阵CCD转移次数少一半,它的总转移效率大大提高,像元数大于256的线阵CCD都为双通道。

面阵CCD分为全帧转移、帧转移和行间转移3种。全帧转移面阵CCD无图像存储区域,光电转换后,将光电荷一行行转移至水平移位寄存器内读出,构造简单,像元数多,填充因子大,需要外接机械快门,以克服图像模糊现象。帧转移面阵CCD光电转换后,将光电荷快速由成像区转移到存储区,再由存储区一行行转移至水平移位寄存器内读出,填充因子大,不需要机械快门,速度比较快。帧转移面阵CCD的特点是结构简单,光敏单元的尺寸较小,传递函数MTF较高,但光敏面积占总面积的比例小,转移速度较快。行间转移面阵CCD光电转换后,将光电荷快速由一列成像单元转移到相邻的一列存储单元,再由存储区一行行转移至水平移位寄存器内读出,不需要机械快门,速度最快,填充因子小,灵敏度低。

CCD按照成像光谱范围分为黑白CCD和彩色CCD;按照入射方式分为前照明CCD和背照明CCD。CCD主要特性参数包括:光谱响应灵敏度、动态范围、噪声、暗电流等。

1) 光谱响应灵敏度

光谱响应灵敏度是CCD最为主要参数之一,它表示成像器件的光电转换效率和能力。对于给定芯片尺寸的CCD来说,灵敏度可用单位光功率所产生的信号电流或电压表示,单位可以是nA/lx、V/W、V/lx、V/lm。在有的资料中,也用mV/(lx·s)来表示成像器件的灵敏度。

光谱响应灵敏度的另一种表示方法为光谱转换效率(QE),它表示成像器件对特定谱段的光线的转换能力。以 Fairchild 面阵 CCD 3041 为例,其光谱响应曲线如图 2-10 所示。

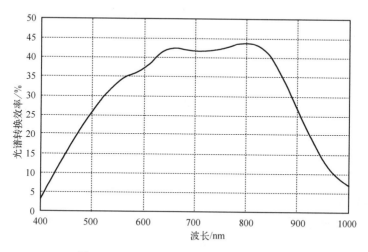

图 2-10　Fairchild CCD3041 光谱响应曲线

2) 动态范围

CCD 图像传感器的动态范围是由满阱容量与噪声的比值决定的,它反映了成像器件可探测照度范围,是决定所获取单幅原始图像动态范围的重要参数。

CCD 的满阱容量(Full-well Capacity)是指单个 CCD 势阱中可容纳的最大信号电荷量。它取决于 CCD 的电极面积、器件结构、时钟驱动方式及驱动脉冲电压幅度等因素。CCD 的满阱容量表达式为

$$Q_{max} = C_{ox} U_G A = \frac{\varepsilon_s \varepsilon_0}{d_i} A U_G \qquad (2-1)$$

式中: $C_{ox}$ 为单位氧化膜面积的电容量; $U_G$ 为栅极电压; $A$ 为 CCD 电极有效面积; $\varepsilon_s$ 为介质常数; $\varepsilon_0$ 为空气介质常数; $d_i$ 为氧化膜厚度。

动态范围的数值可以用输出端的信号峰值电压与均方根噪声电压比值表示,单位为 dB。CCD 相机的动态范围一般为 60~80dB。

3) 噪声

CCD 中有以下几种噪声源:

(1) 在电荷注入器件时由电荷量的起伏引起的噪声。

(2) 电荷转移过程中电荷量的变化引起的噪声。

(3) 检测电荷时,对检测二极管复位时所产生的检测噪声。

4）暗电流噪声

在正常工作的情况下，CMOS 电容处于未饱和的非平衡状态。然而随着时间的推移，由于热激发产生的少数载流子使系统趋于平衡。因此，即使没有光照情况下，也会出现不希望的暗电流。另外，暗电流与温度有关，温度越高，热激发产生的载流子越多，暗电流噪声就越大。

暗电流是大多数器件所出现的共有特性，是判断一款成像器件好坏的主要标准。

CMOS 图像传感器几乎是与 CCD 图像传感器同时研制成功的，CMOS 图像传感器是在 1969 年由美国航空航天局的喷气推进实验室提出并研制成功的。在 CMOS 发展初期，由于其性能较差而引起成像质量较差制约了它的发展和应用。CMOS 图像传感器噪声大、灵敏度低、像素单元面积大，这些缺点较难克服，所以 CMOS 图像传感器一直无法和 CCD 抗衡。但是自 19 世纪 80 年代以来，由于 CMOS 技术的迅速发展，CMOS 图像传感器也得到了快速发展，CMOS 图像传感器性能已接近 CCD 图像传感器。另外，由于 CMOS 图像传感器自身的高集成度、低功耗、低成本和高抗辐射等优越性也使得它在航空航天等领域的应用越来越广泛。目前，主流的 CMOS 图像传感器生产商有 SONY、Onsemi、CMOSIS、Fairchild、E2V 等。

从 CMOS 的发展历程来看，成熟的 CMOS 图像传感器经历了 MOS 图像传感器、PMOS 和 NMOS 以及 P-NMOS 图像传感器、无源 CMOS 图像传感器和有源无源 CMOS 图像传感器等阶段。下面主要对使用较多的无源 CMOS 图像传感器和有源 CMOS 图像传感器进行介绍。

无源 CMOS 图像传感器的像素结构核心器件是光电二极管，因此无源 CMOS 图像传感器也可以称作光电二极管型 CMOS 图像传感器，自 1967 年 Weckler 首次提出这种结构后，一直未发生很大变化。此结构由一个反向偏置的光电二极管 PD 和一个 MOS 开关管组成，当开关选通时，光电二极管与列总线连通，光电二极管上由光信号产生的光束电荷在两者之间流动形成电流，在列总线末端的信号放大器将电流放大并转换为电压输出，理论情况下输出电压与光强呈正比关系。当光电二极管 PN 结中积累的光生电荷被读出后，MOS 开关管闭合，二极管的偏置电压恢复到列线电压水平，并开始下一次的光生电荷积累，也称为光积分。无源 CMOS 图像传感器在像素阵列外有一个信号放大器，像素本身并不进行信号放大，所以像素体积很小。另外，由于像素单元仅有一个光电二极管和一个 MOS 开关管，每个像素接收光照的面积占整个像素总面积的比值很大,具有较高的填充率,很显然,在相同的光照条件下,填充率越高,光电流越大。较高的填充率可以带来不少的好处,首先在给定的填充率情况下,可以设计更小的像素单元就可以达到要求,或者可以在像素结构中再加入一个开关管来实现 X-Y 二维寻址,实现像素随机读取功能。

无源 CMOS(PPS)图像传感器读出噪声很高,典型值是 250 个均方根电子,而商用 CCD 的读出噪声为 20 个均方根电子,这是其致命的缺点,直接造成其成像质量低,局部漏电流在视场中形成白点。CMOS 图像传感器还存在一个特殊的"固定模式噪声",这是由于当直接把电荷从感光单元读到列总线时,总线不可避免地具有高电容值和热复位噪声而造成的。总之,无源像素具有单元结构简单、寻址简单、填充系数高、量子效率高等优点,但是它灵敏度低、读出噪声大。因此 PPS 不利于向大型阵列发展,所以限制了应用,很快被有源像素传感器(APS)代替。

有源 CMOS 图像传感器(APS)是指像素结构内含有有源晶体管的 CMOS 图像传感器,其中最为常用的是兼容 CMOS 工艺的光电二极管型有源 CMOS 图像传感器。有源 CMOS 图像传感器的每个像元结构由一个光电二极管 PD、一个复位管 M1、一个源极跟随晶体管 M2 和一个列线选通管 M3 组成。光电二极管的偏置电压由复位管提供,复位结束后,光电二极管开始光积分,产生光生电荷,从而使 PN 结电压下降。光积分结束后,选通开关打开使得 M3 与列总线连通,光生电荷信号通过 M2 和 M3 传递到列总线上。紧接着光电二极管再次被复位,开始下一次的光积分。

有源 CMOS 图像传感器像素由于增加了两个晶体管,使得像元内部电路面积增大,减小了像元感光面积,从而使得有源 CMOS 图像传感器的填充率较低。但是随着 CMOS 工艺的发展,填充率的影响对 CMOS 图像传感器来说已经越来越小,因此有源像素结构已成为目前 CMOS 图像传感器的主流结构。

表征 CMOS 图像传感器的性能参数与表征 CCD 的性能参数基本上是一致的,CMOS 图像传感器的主要特性参数包括:光谱响应灵敏度、动态范围、噪声、暗电流等,仅在光谱响应和噪声方面略有不同,下面主要介绍影响低照度成像质量的两个参数:光谱响应和噪声。

1) 光谱响应

图 2-11 中给出了彩色 CMOS 图像传感器对 R、G、B 的光谱响应曲线,由于人眼对绿光较为敏感,所以我们通常会选择对绿光响应度较高的传感器。在 890~980nm 波段范围内,CMOS 的光谱响应度要比 CCD 芯片高很多,并且随波

段的增长其衰减梯度也较慢。在实际应用中,我们要根据不同的应用环境来选择具有特定光谱响应度的 CMOS 图像传感器。例如,安防类应用,需要在傍晚光线较弱的情况下成像时,就可以选择近红外谱段的芯片。

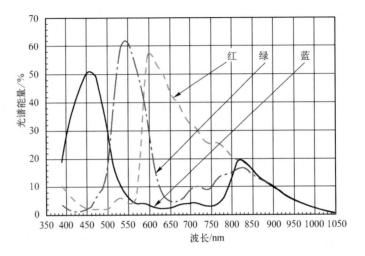

图 2-11 彩色 CMOS 图像传感器的光谱响应曲线

2)噪声

CMOS 图像传感器中有以下几种噪声源:

(1)热噪声。

热噪声是光敏元件中的热随机运动而产生的噪声,是一种白噪声。噪声电压均方值为

$$U_{RMS}^2 = 4KT\Delta f \tag{2-2}$$

式中:$K$ 为玻尔兹曼常数;$T$ 为光敏器件工作的绝对温度;$\Delta f$ 为工作频率的带宽。由此可见,降低温度是减小热噪声的有效方法。

(2)散粒噪声。

光敏器件工作需要加入偏置电流,当电荷运动时,会因与晶格碰撞而改变方向,电子的速度便出现了涨落,引起偏置电流的起伏,由此而产生的噪声为散粒噪声,它也是一种白噪声。噪声电流均方值为

$$i^2 = 2qi_0\Delta f \tag{2-3}$$

式中:$q$ 为电子电荷量;$i_0$ 为偏置电流。减小偏置电流,可以减小散粒噪声,但有可能会降低光电响应度,也可能增大非线性。

(3) 复合噪声。

这是由于光生载流子的寿命不同,引起电流的起伏而产生的噪声,它是光敏器件特有的。噪声电流均方值为

$$i^2 = 4i_0^2 \frac{\rho_0 \tau^2}{1+\omega^2 \tau^2} \Delta f \qquad (2-4)$$

式中:$\rho_0$ 为载流子产生率;$\tau$ 为载流子寿命;$\omega$ 为器件的工作频率。可见,这种噪声不是白噪声,提高工作频率有助于降低这种噪声。

(4) 复位噪声。

复位开关与低阻电源断开时,信号储存在电容上的残留电荷是不确定的,这就引起了复位噪声。复位噪声的均方根值为

$$Q_n = \sqrt{KTC} \qquad (2-5)$$

式中:$K$ 为玻尔兹曼常数;$T$ 为光敏器件工作的绝对温度;$C$ 为电路电容。虽然复位噪声是随机的,但是可以用相关双采样的方法消除。

(5) 空间噪声。

空间噪声包括暗电流不均匀直接引起的固定模式噪声(FPN)、暗电流的产生与复合不均匀引起的噪声、像素缺陷带来的响应不均匀引起的噪声和图像传感器中存在温度梯度引起的不均匀噪声等。这些空间噪声是由图像传感器材料的不均匀或工艺方法的缺陷带来的,有的(如 FPN)是可以用相关双采样方法消除的。

3. 图像处理电路及软件

相机的动态范围除了受光学镜头和图像传感器的影响较大外,与图像处理电路和图像处理软件算法也有较大的关系。采用图像处理电路或图像处理软件对原始图像进行处理,可以较大程度地提高图像的动态范围。在图像处理电路方面,提高相机的动态范围的主要方法有:多次曝光图像合成电路、多斜率输出电路、对数输出电路、像素自适应曝光电路以及各种滤波电路(如非均匀性校正电路、相关双采样电路等)。在图像处理软件方面,图像动态范围提升方法主要有图像去噪、图像增强和图像 HDR 算法。

## 2.2 低照度高动态可见光成像实现方法

一般情况下,受光照条件影响,摄像场景有较宽的照度范围(约 120dB),而通常的图像探测器动态范围(65～75dB)难以满足高动态范围应用的需要。因

而,近年来,如何提高成像的动态范围成为研究的热点。

光学镜头、成像探测器、图像处理电路以及软件是直接影响成像最低照度和动态范围的关键因素,故需通过对以上各部分的精心设计实现低照度高动态可见光成像。

### 2.2.1 高动态成像硬件实现方法

1. 光学镜头方面

通过上述介绍可知,在光学镜头方面为了实现整机高动态范围,主要需提升最低感光效果,即最大限度提升进光能量,然后通过可调光阑或变密度盘实现有级或无级调光。

提升进光能量需从两方面考虑,一方面为光学系统通光口径,一方面为通光光谱范围。在保证镜头与探测器匹配的条件下,最大限度提升通光口径和成像光谱范围是镜头需解决的首要问题。

在几何光学方面,将影响光学镜头成像质量的因素称为像差。像差有多种分类的方法,如几何像差与波像差,初级像差与高级像差,轴上像差与轴外像差,垂轴像差与沿轴像差等。目前常用的为几何像差,主要包括单色像差(球差、慧差、像散、场曲、畸变)与色像差(位置色差、倍率色差)。其中球差与位置色差为轴上像差,其余均为轴外像差,畸变不影响成像清晰度。

轴上物点发出的单色光,通过入射光瞳上不同孔径的各条光线,经光学系统后,不再与光轴交于一点,称为球差。彗差是由于它的像点形状类似于彗星而得名。它是由子午与弧矢二者的像差共同作用的结果而形成的。

像散和场曲有着比较密切的关系,这里一起介绍。描述子午光束(水平方向)和弧矢光束(垂直方向)汇聚点之间位置差异的像差称为像散(Astigmatism),子午像点和弧矢像点的位置和像散大小是随着视场变化的,这些点构成的子午像面和弧矢像面称为两个同时相切于高斯像面中心点的曲面,称为像面弯曲,即场曲。

实际光学系统,当视场角逐渐变大时,物体在像面的放大率随着视场的变化而变化,这种现象称为畸变。如图 2-12 所示,畸变一般呈非线性,分为枕型畸变(正畸变)和筒形畸变(负畸变),也有一些非常畸变(正负畸变均存在)。

如图 2-13 所示,由于光学材料对不同波长的光线折射率不同,轴上点 A 发出一束近轴白光,经光学系统后,其中 F 光(蓝光 480nm)交光轴于 $A'_F$,C 光(红光 641.8nm)交光轴于 $A'_C$,它们相对于光学系统最后一面的距离分别为 $l'_F$ 和 $l'_C$。

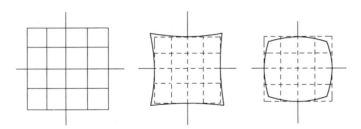

图 2-12 畸变示意图

其差值就是近轴光线的位置色差。

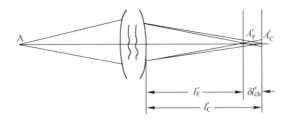

图 2-13 位置色差示意图

同样地,如图 2-14 所示,由于光学材料对不同波长的光线折射率不同,两种颜色的光线焦距、放大率均不相等,因为放大倍率不同导致的相差称为倍率色差。

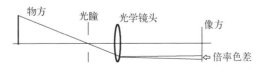

图 2-14 倍率色差示意图

经过多年理论研究和数学推导,定义 5 个 $S_I$、$S_{II}$、$S_{III}$、$S_{IV}$、$S_V$ 系数表示初级像差分布,称为赛德系数,定义 2 个 $C_I$、$C_{II}$ 系数用于表示两种色差。各像差公式为

球差 $\qquad \delta L'_0 = -\dfrac{1}{2n'u'^2} \sum S_I$ , $\qquad S_I = luni(i-i')(i'-u)$

弧矢慧差 $\qquad K_{s0} = -\dfrac{1}{2n'u'} \sum S_{II}$ , $\qquad S_{II} = S_I \dfrac{i_p}{i}$

像散 $\qquad x'_{sp} = -\dfrac{1}{2n'u'^2} \sum S_{III}$ , $\qquad S_{III} = S_{II} \dfrac{i_p}{i}$

像面弯曲 $\qquad x'_p = -\dfrac{1}{2n'u'^2} \sum S_{IV}$ , $\qquad S_{IV} = J^2 \dfrac{n'-n}{n'nr}$

畸变　　　　　$\delta y'_p = -\dfrac{1}{2n'u'^2}\sum S_V$,　　　$S_V = (S_{III}+S_{IV})\dfrac{i_p}{i}$

位置色差　　$\delta l'_{ch} = -\dfrac{1}{n'u'^2}\sum C_I$,　　　$C_I = luni\left(\dfrac{dn'}{n'}-\dfrac{dn}{n}\right)$

倍率色差　　$\delta y'_{ch} = -\dfrac{1}{n'u'}\sum C_{II}$,　　　$C_{II} = C_I\dfrac{i_p}{i}$

若以 $u$ 表示孔径一次函数，$W$ 表示视场一次函数，则有

球差　　　　　$\delta L'_0 = -\dfrac{1}{2n'u'^2}\sum S_I$,　　　$\propto u^3 W^0$

弧矢慧差　　$K_{s0} = -\dfrac{1}{2n'u'}\sum S_{II}$,　　　$\propto u^2 W^1$

像散　　　　　$x'_{sp} = -\dfrac{1}{2n'u'^2}\sum S_{III}$,　　　$\propto u^1 W^2$

像面弯曲　　$x'_p = -\dfrac{1}{2n'u'^2}\sum S_{IV}$,　　　$\propto u^1 W^2$

畸变　　　　　$\delta y'_p = -\dfrac{1}{2n'u'^2}\sum S_V$,　　　$\propto u^0 W^3$

位置色差　　$\delta l'_{ch} = -\dfrac{1}{n'u'^2}\sum C_I$,　　　$\propto u^1 W^0$

倍率色差　　$\delta y'_{ch} = -\dfrac{1}{n'u'}\sum C_{II}$,　　　$\propto u^0 W^1$

由此可见，实现低照度宽视场成像所需的光学镜头设计难度会出现指数性增长，良好的消球差结构和畸变校正算法必不可少，宽谱段中的色差校正也是难点之一。

**2. 成像探测器方面**

一张高曝光度的图像可以清楚地拍出较暗的低照度的区域，但是光线比较明亮的区域则会饱和。相反地，一张低曝光度的图像在明亮区域不易饱和，但是在低照度区域则会看不清楚并伴有很多噪声。不同曝光度图像间互补的特性使人们想到了将它们结合成一张单幅的高动态范围图像。

有几种方法可以得到高动态范围图像。最通常的一种方法就是保持场景中的物体和光照不变，连续拍下一系列不同曝光时间的图。然后通过用硬件直接实现的某种简单的合成方法，可以得到一幅比较简单的高动态范围图像。

不同曝光度的输入图像序列也可以用某些类似的方法获得，例如，用多个

图像传感器,或者在一个像素中安装多个传感元件等。对于使用多个图像传感器的方法,每一幅输入图像都是由一个预设曝光量的传感器获得,预设曝光量可以通过使用光学衰减器或者预设不同的曝光时间来获得。通过增加硬件器材上的花费,能够做到实时地获得不同曝光量的一组输入图像。

在一个像素中装入两个以上传感元件也能解决这个问题。不同的传感器具有不同的灵敏度,因此在每个传感器中可以获取曝光度的不同度量值,这些不同的度量值也可以在芯片上进行计算然后直接输出图像。不过明显的是,这样特别的 CCD/CMOS 传感器设计必然会要求更高的花费,因为制造它需要内部更加精密的传感元件。

下面介绍几种新的高动态范围探测器技术。

1) 像素自适应曝光

一个测量照度的不同方法是用其他的度量标准而不是对不同曝光度的图像进行融合。这里介绍一种创新的硬件图像传感器。这种传感器上每个像素上都包含了一个计算元件,作用是计算达到充满势阱容量所需要的时间。由于对每一个像素势阱的容量都是固定的,充满势阱的时间就正比于图像的照度了。读出每个像素点记录下的时间,就可以转换为一幅高动态范围图像。

这种方法看上去很有吸引力,但是当图像解析度需要提高的时候,它就要面临制造成本问题的挑战。同时由于对于低照度像素所需要充满势阱的时间很长,这种方法很容易收到运动模糊的影像。

2) 邻域像素的不同曝光值

这个方法需要软件处理与特定硬件的配合使用。它为了高动态范围成像采用了一个在空间上改变像素灵敏度的设想。一个在空间域改变像素灵敏度的例子如图 2-15 所示。图中每个方格不同的亮度表示不同的灵敏度,较亮的像素点对同样的场景照度有较高的曝光量,而暗的方格对应的像素接收的曝光量较低。在这个例子中,邻域的 4 个像素有不同的曝光量并且这 4 个邻域模版在空间域重复构成了整个接收器的阵列。我们将这种接收器阵列所获得的图像称为空间域变曝光图像。

这种方法一个关键的特点是在空间域对场景照度进行取样的同时也在曝光量域进行取样,这样做的结果是当所得图像的一个像素饱和的时候,极有可能它邻域的像素没有饱和,而当一个像素的像素值是 0 的时候,极有可能它邻域里的某一个像素的像素值是非零的。这个方法的目标就是利用同时在空间域和曝光量域进行采样来计算目标场景的高动态范围图像。

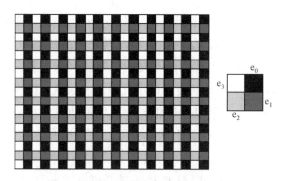

图 2-15  不同像素灵敏度的组成模版

以一个 8bit 的图像传感器为例,SVE 的模版邻域采用 4 种不同的透光度,满足关系:$e_k = 4e_{k-1}$,利用这个模版可以独立量化的总亮度阶数可以达到 $Q=869$,这与普通图像传感器的可测亮度阶数 $Q=256$ 相比是一个明显的提高。

值得注意的是在 SVE 成像系统中像素的总数是保持不变的,因此不会因其采样过程而降低图像的解析度。然而,有两种情况可能造成图像解析度的下降,一种是一些对应高曝光量的像素达到了饱和,另一种是低曝光量的一些像素点的亮度值过低并且受噪声污染。这两种情况下邻域亮度连续性假设被用来重建这些因为饱和或者过暗而丢失信息的像素点。可以用聚合方法或插值方法来处理这个问题。

3) 多模式输出提高 CCD/CMOS 的动态范围

现代 CCD/CMOS 相机具有多种输出模式,以适应不同的动态范围要求,主要有线性模式、双斜率模式、对数模式和 $\gamma$ 校正模式。图 2-16 显示出了这 4 种输出模式曲线。

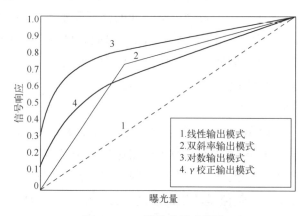

图 2-16  4 种输出模式曲线

从图中可以看出线性输出模式下,曝光量和信号响应呈正比,而对于后 3 种输出模式在高曝光量下信号响应变化缓慢,而在低曝光量下信号响应增加较快。后 3 种输出模式能够抑制同一场景中高亮度物体过早饱和,同时提高暗物体的信噪比,从而能够看清整个场景。

(1) 线性输出模式。

线性输出模式的输出与光强成正比,它适用于要求进行连续测量的场合。这种模式的动态范围最小;同时,在线性范围的最高端信噪比最大,而在小信号时因噪声的影响增大,信噪比很低。图 2-17(a) 是在线性输出模式下,经过高曝光量和低曝光量下的图像。从图 2-17(a) 可以看出高曝光量下图像中窗口部分已经曝光过量,窗外的景物分辨不清;而低曝光量下的图像中窗外景物清晰可见,室内物体由于曝光不足而不能看清。

(a)

(b)                                       (c)

图 2-17   不同输出模式下的图像对比

(a) 线性输出模式;(b) 双斜率输出模式;(c) 对数输出模式。

(2) 双斜率输出模式。

双斜率输出模式采用两种曝光时间,当光强很弱时采用长时间的曝光,输出信号曲线的斜率很大;而当光强很强后,改用短时间曝光,曲线斜率便会降低,从而扩大动态范围。双斜率输出模式的动态范围可为几个数量级,使得无需对相机的曝光时间进行控制,也无需对相机的光圈进行调节。但这种模式在电路实现上较为复杂。图 2-17(b)是采用双斜率输出模式的图像,整个场景清晰可辨。

(3) 对数输出模式。

当信号光强变化很大时,CCD/CMOS 可以采用对数特性的电路以满足动态范围的要求。对数输出模式和人眼对光的响应接近,因此这种输出模式具有良好的使用性能,而且对数特性电路实现起来较容易。图 2-17(c)是采用对数输出模式的 CCD 相机得到的图像,除了整个场景清晰可辨,其色彩也更逼真,更能满足视觉效果。

(4) γ 校正输出模式。

γ 校正输出模式的输出规律为

$$V = Ke^{\gamma E} \tag{2-6}$$

式中:$V$ 为输出信号电压;$E$ 为输入光强;$K$ 为常数;$\gamma$ 为校正因子,其值小于 1。这种模式也可使输出信号的增长速度逐渐减缓。

3. 硬件电路方面

1) 低噪声电源电路设计

在低照度成像系统中,低噪声性能必须在供电品质保证的情况下才能保证,电源噪声在图像中表现较为明显,因此 CMOS 低噪声电路的设计是低照度成像系统设计的一个重点。根据选用的 CMOS 图像传感器 CIS2521F 对偏置电源的要求为例,我们进行低噪声电源设计详细分析。CIS2521F 供电较为复杂,包括数字电源和模拟电源,还包括固定电源和可调电源。而且对电源纹波要求不一样,且要求比较严格,例如,像素复位供电要求纹波 RMS 值小于 10μV。设计时根据电源的性质、电压大小、电流大小、纹波要求等进行了分类。CIS2521F 偏置电源需求如表 2-1 所列。

表 2-1　CIS2521F 供电需求

| 电源参数 | 定　义 | Min | Nom | Max | Ripple（RMS） | 电　流 |
|---|---|---|---|---|---|---|
| AVDD | 模拟电路供电 | 3.135 | 3.3 | 3.465 | <1mV | 270mA |
| AVDD_PIX | 像素源跟随供电 | 3.135 | 3.3 | 3.465 | <100μV | 25mA |
| AVDD_RST1 | 像素复位供电 1 | 2.2 | 3.0 | 3.3 | <10μV | 1mA |
| AVDD_RST2 | 像素复位供电 2 | 2.2 | 3.00(RS)或 2.739(GS) | 3.3 | <10μV | 1mA |

(续)

| 电源参数 | 定 义 | Min | Nom | Max | Ripple (RMS) | 电 流 |
|---|---|---|---|---|---|---|
| DVDD_3V3 | 行电路供电 | 3.135 | 3.3 | 3.465 | <1mV | 1mA |
| DVDD | 数字供电 | 1.71 | 1.8 | 1.89 | <25mV | 290mA |
| DVDD_IO | I/O 供电 | 1.71 | 1.8 | 1.89 | <25mV | 270mA |
| VTX1_POS | TX1 转移栅正供电 | 2.90 | 3.3 | 3.60 | <1mV | 100mA/1μs |
| VTX2_POS | TX2 转移栅正供电 | 2.90 | 3.3 | 3.60 | <1mV | 100mA/1μs |
| VTX1_NEG | TX1 转移栅负供电 | −1.5 | −0.4 | 0.3 | <1mV | 100mA/1μs |
| VTX2_NEG | TX2 转移栅负供电 | −1.5 | −0.4 或 +0.8 | 0.85 | <1mV | 100mA/1μs |
| AGND | 公共地 |  | 0 |  |  |  |

对于电流较大的电源,为提高转换效率,可选用 LT 公司的低噪声开关电源模块 LTM8103 实现,LTM8103 输出电流为 1A,输出电压为 3.6~36V,输出均方根噪声为 6mV。对于小电流、低纹波要求的电源,设计时选用 LT 公司超低噪声 LDO 进行设计,如 LT1763 最大输出电流 500mA,输出噪声 20μV,纹波抑制比 65dB,噪声较小。

对于精度要求较高的 AVDD_RST(包括 AVDD_RST1 和 AVDD_RST2)是设计中的一个难点,其不但对电压精度要求很高,而且对纹波要求特别高 (10μV)。在使用全局快门时,AVDD_RST1 电压要求为 3.0V,AVDD_RST2 电压要求为 2.739V,而且 AVDD_RST1 和 AVDD_RST2 电压差要严格控制在 261mV,如果不能保证,图像质量会受到严重的影响,在高增益条件下,10mV 的压差变化会带来 300DN 的变化,影响十分严重。如果采用 LDO 实现,压差精度很难满足要求,采用 DAC+低噪声参考+低噪声运放的设计形式可以较好地满足要求。

转移栅负电源 VTX1_NEG 和 VTX2_NEG 供电电流为脉冲式,每帧图像时间内有脉宽为 1μs 的脉冲电流,电流为 100mA,电源纹波要求为 1mV。VTX1_NEG 和 VTX2_NEG 的设计采用高精度 D/A+地噪声运放+OCL 电路设计。

2) 冷却降噪提高 CCD/CMOS 的动态范围

在像感应用中,环境温度高以及元器件散发的热量使 CCD/CMOS 温度升高,都会使暗电流增加,使 CCD/CMOS 的信噪比降低,减小动态范围。降低温度是减小暗电流的有效途径,因此在要求噪声很低的应用中,通常要对 CCD 和

CMOS 芯片进行冷却。

以 CCD 为例,正常工作时,CCD 始终工作在非平衡状态,加在各个转移电极上的电压使下面的半导体表面处于深耗尽层状态,CCD 中各个 MOS 电容器可以容纳和存储电荷。但是深耗尽层并非一种稳态,即使没有信号电荷自外部注入,深耗尽势阱也会被内部的电荷逐渐填满。这是由 CCD 的暗电流造成的,这些暗电流来自于:耗尽层内通过复合-产生中心的热产生;通过表面态的热产生;通过本征跃迁过程的热产生;在耗尽区边界的扩散电流。由此可以看出暗电流的几个成分都与温度有密切的关系。随着温度的升高或降低,暗电流数值将按指数规律增加或减小。在要求积分时间很长的低照度应用中,暗电流噪声是主要的限制因素。除了工艺上采取措施以外,冷却是降低暗电流的最后手段。

在低照度成像系统中,采用制冷的方式对图像探测器进行深度冷却,进而改善图像在低照度时的信噪比,提高图像质量,提升图像的动态范围。

### 2.2.2 高动态成像软件实现方法

一般软件 WDR 成像技术考虑到应用对象和场合的多样性,很多情况下无法满足特定的硬件条件,此时可采用软件处理的方法实现高动态成像。软件实现的高动态范围图像合成算法,是利用从普通数码相机获取的一个序列不同曝光量的静态图像通过计算,以此来获取一幅完整的高动态范围图像。对于输入图像序列的每一幅图像,曝光时间长的图像主要包含场景中低照度区域的信息,相反曝光时间短的图像主要包含场景中高照度区域的信息。通过改变曝光时间可以得到从低照度区域到高照度区域的信息,因此我们可以有足够宽的照度范围信息来合成一幅高动态范围图像。

关于高动态范围成像技术,众多研究者对基于相机响应函数恢复的图像合成算法开展了广泛研究和应用,并且取得了比较令人满意的处理结果。普通的相机成像过程,输入是目标场景的真实照度通量,记为 $E$,输出是所得图像上的像素值,记为 $Z$。

在反成像的过程中,为了获取一幅反映真实照度通量 $E$ 的高动态范围图像,基本的思路就是先估计相机响应函数(Camera Response Function,CRF),然后对相机响应函数求反函数,从而由像素值 $Z$ 导出照度通量值 $E$。

最为常用的相机响应函数估计方法是 Debevec 方法和 Nayar 方法,其中 Debevec 方法由美国南加州大学的 Paul Debevec 教授提出,它用不同曝光量的多幅图像结合尺度上的相关性来估计相机响应函数。该方法可以得到理想的实验结果,但是需要使用者提供每一幅输入图像精确的曝光时间,而在实际应用中由于硬件条件的局限性以及其他的因素可能很容易造成曝光时间测量的误差。与 Debevec 方法相比较,美国哥伦比亚大学的 Shreed Nayar 教授提出的 Nayar 方法所使用的弹性参数模型中有限的参数个数可以使我们不需要知道精确的曝光时间就可以估算出相机的响应函数。对曝光时间的一个粗略的度量(如在一些低端镜头上也可以直接读出的 $F$ 值)已经足够对成像系统进行识别,且识别精度不亚于知道精确曝光时间的情况。通过对这个弹性参数模型进行参数估计求出相机响应函数后可以用它将输入的多幅图像合成一幅高质量的照度通量图,即所求的高动态范围图像。

图 2-18 是一个用 Debevec 方法将一组输入图像合成高动态范围图像的例子,图 2-18(a)~图 2-18(c) 是不同曝光时间下获取的输入图像序列,图 2-18(d) 为合成的高动态范围图像。需要指出的是为了将高动态范围图像正常显示在普通动态范围的显示介质上,高动态范围图像经过了动态范围映射(WDR-Mapping)处理。

图 2-18　不同曝光时间图像序列高动态图像合成
(a) 曝光时间参数 1 获取图像;(b) 曝光时间参数 2 获取图像;
(c) 曝光时间参数 3 获取图像;(d) 合成宽动态图像。

近年来,国内外许多学者在 Debevec 方法和 Nayar 方法的基础上进行高动态图像合成算法研究,提出了很多效果更好的高动态图像处理算法,如 Retinex 算法在多曝光图像序列高动态图像合成算法中的应用等[11]。

## 2.3　低照度高动态可见光成像的优点

在现有成像手段上,除了可见光成像外,还包括 X 射线、紫外、近红外、短波红外、中波红外、长波红外等成像方式。

X 射线成像检测设备如图 2-19 所示,成像板位于被摄目标后方,X 射线机从前方照射后,探测器成像,成像过程必须提供 X 射线源。图 2-20 为设备成像检测现场。

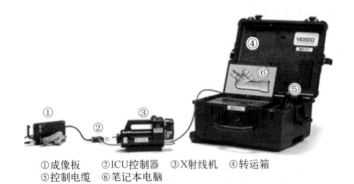

①成像板　②ICU控制器　③X射线机　④转运箱
⑤控制电缆　⑥笔记本电脑

图 2-19　以色列 Vidisco 公司 X 射线成像检测设备

图 2-20　以色列 Vidisco 公司 X 射线成像检测现场

紫外成像与可见光、近红外等成像方式类似,系统由光学镜头、成像探测器、控制电路以及电脑组成,如图 2-21 所示。紫外探测器外形结构如图 2-22 所示。

第 2 章 低照度高动态可见光成像

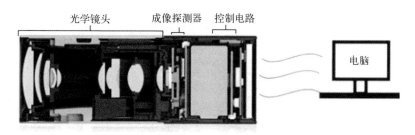

图 2-21 紫外成像系统

图 2-22 紫外探测器外形结构

近红外探测器与可见光探测器类似,目前大多数集成在一起,其外形结构如图 2-23 所示[13]。

图 2-23 近红外探测器外形结构

短波探测器外形结构如图 2-24 所示[14]。中波红外探测器外形结构如图 2-25 所示[15]。长波制冷型探测器外形结构与中波红外制冷型探测器类似,长波红外还包含长波非制冷型探测器,其外形结构如图 2-26 所示[16]。

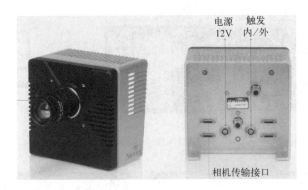

图 2-24　短波探测器外形结构

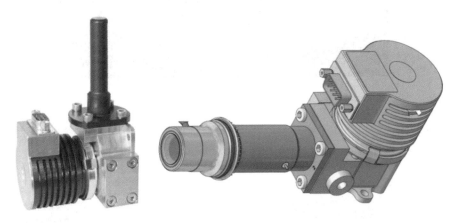

图 2-25　中波红外探测器外形结构

图 2-26　长波非制冷型探测器外形结构

在波动理论中，AIRY 等人提出了衍射极限的概念，即能分辨两个等亮度点间的距离为艾里斑的半径衍射分辨率示意图如图 2-27 所示。

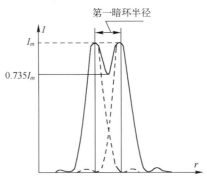

图 2-27　衍射分辨率示意图

在衍射理论的基础上可计算该处对应光瞳大小和分辨光斑的半径 $d$ 为

$$d = \frac{1.22\lambda}{D} f \quad (2-7)$$

式中：$f$ 为光学系统焦距；$D$ 为光瞳大小；$\lambda$ 为对应波长；$f/D$ 为光学系统 $F$ 数。由此可见光瞳越大，焦距越长(或 $F$ 数越小)，分辨率越高，成像波长越小光学镜头分辨率越高。在现有技术水平上，由于 X 射线、紫外成像器件受限(像元大小难以做小，成像镜头难以加工)不同谱段成像探测器比较如表 2-2 所列，因此可见光成像分辨率称为最高分辨率，所以低照度高动态可见光成像具有极高分辨率的优点。

表 2-2　不同谱段成像探测器比较

| 波　段 | X 射线 | 紫外 | 可见光 | 短波红外 | 中波红外 | 长波红外 |
| --- | --- | --- | --- | --- | --- | --- |
| 探测器像元大小/μm | 50 | 15 | 1.2 | 12.5 | 15 | 15 |
| 分辨率/(lp/mm) | 10 | 33 | 420 | 40 | 33 | 33 |
| 极限分辨率 | 探测器受限 | 探测器和光学均受限 | 光学受限 | 探测器受限 | 探测器受限 | 探测器受限 |
| 成像特点 | 被动受激辐射光源照明 | 被动照明 | 被动照明 | 被动照明主动辐射之间 | 主动温度辐射 | 主动温度辐射 |
| $F/2$ 时衍射线宽/μm | 0.024 | 0.3 | 1.345 | 4.5 | 9.76 | 22(非制冷 $F$ 数可以达到 0.8，从而探测器受限) |

(续)

| 波 段 | X射线 | 紫外 | 可见光 | 短波红外 | 中波红外 | 长波红外 |
|---|---|---|---|---|---|---|
| 利用镜头动态范围扩展性 | 无镜头,无法硬件扩展 | 一般大气紫外较弱不适宜小光圈成像 | 256~512~1024~∞倍 | 响应率较低,一般不可调 | 冷屏限制不可调 | 响应率较低,一般不可调 |
| 探测器动态范围 | 14位,曝光时间不可调 | 18位,1μs~100ms曝光时间 | 12位,10~1s曝光时间 | 8位,1~100ms曝光时间 | 8位,10~50ms曝光时间 | 8位,1~100ms曝光时间 |
| 后期处理 | 可以 | 可以 | 可以 | 可以 | 可以 | 可以 |

注:表中动态范围相关参数仅为参考参数,在不考虑实际应用需求有效性的条件下,如需扩展,目前有相应手段实现。例如,可见光图像位数可以提升至18位,紫外镜头可以设计为可调光圈,红外探测器最短曝光时间可以设置更小或更大。

但是可见光成像属于被动成像,无法像红外成像那样在低照度环境下成像不受影响,故提升可见光成像系统的低照度成像效果是解决高分辨率成像的一种重要方法。低照度高动态范围成像具有以下优点:具有极高的分辨率;可以适应较大环境变化(相对于其他比可见光波长短的成像方式);芯片、加工工艺相对成熟,性价比较高(相对于其他成像方式);探测器单幅动态范围较好可扩展动态范围能力强大等。故低照度高动态范围可见光成像是机载侦察、测绘的最佳选择。

# 第 3 章
# 低照度宽幅成像建模与实现

## 3.1 摆扫成像原理

航空相机为了提高成像幅宽,有两种常用的方法,一种为多镜头拼接的方法,一种为动态摆扫成像的方法。多镜头拼接模式受限于镜头数量,它们的视场角相对较小,分辨率受限于体积、重量,分辨率也不易提高;动态摆扫成像模式,在满足分辨率的情况下,通过摆扫机构驱动相机摆扫扩展视场,通过不同摆扫宽幅设计,可适应不同场景下航迹规划。而面阵摆扫成像扩大成像幅宽的方法与线阵成像相比具有明显技术优势,面阵成像每幅图像外方位元素相同,对飞行平台及振动稳定性要求较低,在动态平台条件下成像,具有较高成像MTF。

### 3.1.1 摆扫成像特性分析

单面阵成像视场较小,幅宽较小,而大面阵成像芯片受帧频限制也无法实现单周期多幅摆扫成像,小面阵高帧频面阵芯片可实现大区域摆扫成像,同时可以保证具有较高的航向和旁向重叠率。面阵摆扫成像可分为步进摆扫和连续摆扫。步进摆扫适用于较大面阵芯片,单个芯片本身具有较大的单景幅宽,对摆扫机构控制角速度、角加速度要求不高,且不会产生摆扫像移,但大面阵成像芯片因数据量较大受读出频率的限制帧频有限,如 9K×7K 芯片在 4 通道输出时最大帧频仅可达到(1/3 帧)/s,极大限制了成像效率。连续摆扫是通过摆扫机构控制成像相机在保证航向、旁向重叠率条件下连续摆扫中曝光成像,在相机帧频足够的情况下可以达到较大成像总幅宽,但连续摆扫成像会在曝光时刻产生摆扫像移,为了保证较好成像质量需进行像移补偿。

### 3.1.2 摆扫成像机理研究

摆扫成像沿画幅即翼展方向扩展成像视场,获取宽幅图像,如图3-1所示。摆扫成像分为步进摆扫和连续摆扫。其中步进摆扫是相机沿摆扫方向运动实现大幅宽拍摄,控制摆扫机构使相机单次曝光时刻摆扫机构瞬时速度为零。步进摆扫成像方式的优点是拍摄时相对静止,无摆扫像移产生;缺点是对控制机构要求高,瞬时加速度很大,成图效率低。另外一种方式是连续摆扫,即摆扫机构带动相机在飞机翼展方向摆扫,相机在摆扫过程中根据预先计算好的位置曝光拍摄。因曝光时刻相机相对地面坐标系存在沿飞行方向和摆扫方向的二维运动,所以会产生沿飞行方向的前向像移和沿翼展方向的摆扫像移[7]。

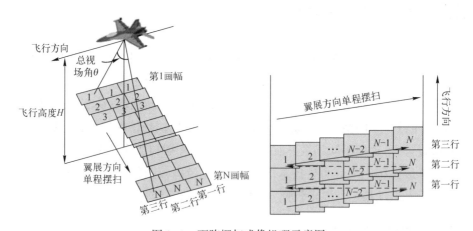

图3-1 面阵摆扫成像机理示意图

将POS系统中IMU与相机刚性连接并随相机连续摆扫获取相机曝光时刻外方位元素,结合相机精确标定的内方位元素,建立参考坐标系并解算目标位置,就能实现宽幅图像的拼接与目标定位[8-12]。

### 3.1.3 摆扫成像中的关键问题

在静态成像条件下,对于面阵成像相机,在相机曝光时间内,物点A经光学系统成像后,聚焦在像点a位置且保持不变,即被认为理想成像,此时成像过程中无像移。对于线阵扫描成像相机,在相机曝光过程中,相机扫描经过的物方$A'A$大小目标(像元分辨率尺寸)等于探测器像元尺寸$aa'$,即被认为理想成像,此时成像过程中无像移,理想无像移成像状态示意图如图3-2所示。

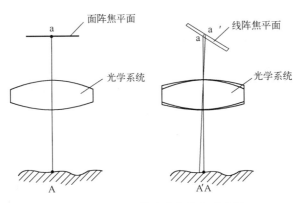

图 3-2　理想无像移成像状态示意图

在光学航空遥感成像中,无论对于面阵还是线阵航空相机,由于平台的运动、姿态角变化以及振动等都会造成航空相机在成像过程中产生像移。像移虽然是航空遥感成像过程中无法完全避免的,但可以通过机械、光学、电子学等方式进行补偿,尽量减小其对成像质量的影响。

航空相机实现高分辨率成像采用较长焦距的光学镜头,这将导致视场角减小,成像幅宽较小,应用效率低。摆扫成像是扩展成像幅宽的有效方法,但这种成像方式在机载平台上会引入摆扫像移问题。考虑飞机平台自身特点,宽幅相机成像系统像移主要包含:载机姿态变化引起的像移、振动像移、前向像移、异速像移、摆扫像移等。

像移过大会对成像系统的成像质量造成极大的影响,如成像拖尾、轮廓模糊、细节特征重叠覆盖,图像分辨率明显下降,导致系统对目标无法分辨、识别,甚至无法探测[13-23]。但航空摆扫成像的成像机制决定了相机飞行方向和摆扫方向的大像移是不可避免的。为了将像移对成像质量的影响降低到可以接受的程度,需对系统的像移进行分析、补偿,减小像移对成像的影响,从而保证相机的成像能力。

航空相机工作时通过减振器或升降机构挂载于有人或无人飞行平台,获取下视、斜视等遥感图像信息。由于相机拍照时间飞行平台沿飞行方向运动,其工作环境是动态成像,所以相机拍照曝光时刻,像面相对目标存在相对运动,从而极大影响相机动态成像分辨力,使相机像质退化,成像模糊,极大影响遥感图像质量。所以针对动态成像所产生的像移问题,采用像移补偿的方法来降低动态成像对成像质量的影响是非常必要的。国内外对航空相机像移补偿的研究较多[24]-[31],归纳其主要有以下几种补偿方式。

1. 光学补偿法

根据几何光学原理,通过旋转或移动光学元件使目标在曝光时间内始终保持在理想像面统一位置的像移补偿方法称作光学式像移补偿方法。以反射式光学补偿方法为例,物点 A 经反射镜和相机镜头后成像在像方 a 点,曝光过程总以一定角速度旋转反射镜,使成像点 a′ 始终保持在原位置(a 点),从而实现前向像移补偿,如图 3-3 所示。通常飞行器飞行速度为 $V$,飞行高度 $H$ 时,则反射镜旋转的角速度 $\omega$ 应为: $\omega = V/2H$。采用此补偿方法的优点是补偿反射镜可以在光路中与光学系统联合设计,可以有效控制其口径,优化设计后反射镜体积较小、重量较轻,补偿速度快,相对容易控制。如设计成二维补偿的补偿镜除补偿前向像移外还可以补偿摆扫相机在扫描方向以及飞行平台受扰动偏航方向引起的像移。性能先进的美国航空相机 KA-112A 和 20 世纪 80 年代芝加哥航空工业公司研制的非常经典的 KS-146 型胶片式航空相机都采用了类似的光学像移补偿方法,这种方法优点十分明显,目前依然在航空相机中大量应用。

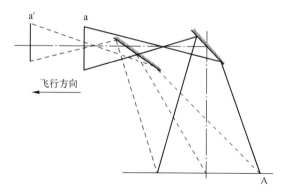

图 3-3 光学像移补偿原理图

2. 机械式补偿法

机械式像移补偿方法的原理简单,即利用机械结构在曝光时刻随像运动方向移动成像探测器。该方法通常采用凸轮或直线导轨等高精度运动机构,依靠电机驱动实现对焦平面或光学系统镜片、镜组高精度移动。它要求成像探测器的运动向量与光学系统所成像的运动向量大小相等、方向相反,对探测器的运动精度要求高且运动过程平稳可靠。该方法可用于补偿飞行器横滚、俯仰、前向运动和相机扫描引起的像移。这种方法的优点是像面上各点的补偿速度一致性好,但对结构运动精度要求高,需要较大功率传动装置和较大的体积空间,并且响应周期较长,适合大面阵低帧频、补偿周期要求低的相机,不适合高帧频相机、补偿周期要求高的情况。

3. 电子补偿法

当成像于传感器表面的图像在曝光时间内有位移时,图像会出现拖影,影响成像质量。航拍时飞机以固定速度飞行,成像于摄像装置传感器表面的图像会产生相对位移。所谓电子式像移补偿是利用时间延迟积分技术来有效控制电荷转移速度,使图像在探测器焦平面上的像移速度与其电荷转移速度相同,相当于探测器像元始终对地面同一目标成像,从而起到像移补偿的作用。该方式主要针对延迟积分 CCD 相机,实现此补偿方法的难点在于 TDICCD 的积分时间需与像移速度大小匹配,方向一致。

这种补偿方法利用全帧 CCD 的结构特点实现像移补偿,该方法可以对不同的像移速度进行补偿。全帧 CCD 在电荷转移的过程中如果机械快门没有关闭,光敏面还在曝光,利用全帧 CCD 的这个特点,在安装时将电荷垂直移动的方向与飞机的飞行方向一致,这样电荷移动方向就和像移方向一致。根据飞机的高度、速度、相机镜头的焦距可计算像移速度,通过控制转移时钟来控制曝光时间内电荷的移动速度和像移速度一致,相当于以像移速度移动光敏面,从而达到像移补偿的目的,减弱或者消除前向像移对图像品质的影响。

另外一种电子像移补偿方法是基于成像芯片的片上分区像移补偿技术,也是早在 20 世纪 80 年代的美国专利技术。通过将整个成像像面按一列或几列分区,单独控制每个分区电荷转移速度,美国 CA261、295 等性能先进的航空相机采用此类成像芯片。这种芯片可以代替复杂的光机补偿机构有效补偿异速像移,简化相机系统,但目前此类芯片禁运无法获取。

4. 图像补偿方法

图像像移补偿法是通过数学方法建立导致图像退化的数学模型,通过逆向算法对图像进行有效数据恢复的方法。图像像移补偿法属事后处理方法,实时性不好且处理过程中会损失一定的有效信息,降低图像信噪比,所以在相机内部一般不集成。

## 3.1.4 摆扫模式分析与优化

成像幅宽是相机拍摄时在垂直飞行方向能实现的最大范围。以面阵成像相机在二维扫描稳定平台的控制下通过连续摆扫的方法来实现 3 倍航高的总幅宽为例进行分析,单相机水平视场角为 7.3°,经过计算分析,相机左右二侧摆扫光轴夹角大于等于112.62°时,幅宽优于3倍航高,如图3-4所示。

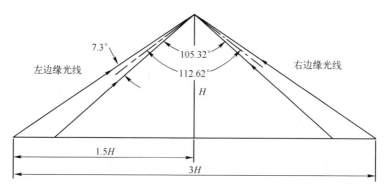

图3-4　成像总幅宽分析图

成像幅宽与速高比有关,经计算当速高比为0.02且图像重叠率满足10%时,系统连续摆扫成像17次可以实现幅宽3.08倍航高,如图3-5所示。

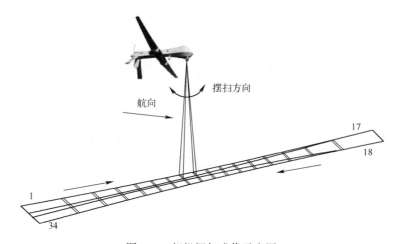

图3-5　相机摆扫成像示意图

相机幅宽还与相机拍摄帧频有直接关系,其中单周期曝光次数由相机航向重叠率、速高比、帧频共同决定。分析相机拍摄帧频为5帧时,不同航向重叠率和速高比条件下的幅宽,计算结果如表3-1所列。单摆扫周期拍摄总幅数为

$$L = nh - (n-1) \times OLh \tag{3-1}$$

式中:$R$ 为幅宽;$h$ 为单幅图像旁向幅宽;$n$ 为单周期摆扫次数;$OL$ 为旁向重叠率。

表 3-1　不同速高比、重叠率下幅宽

| 航向重叠率/% \ 速高比 | 0.01 | 0.02 | 0.05 | 0.1 |
|---|---|---|---|---|
| 10 | 13H | 1.72H | 0.59H | 0.28H |
| 30 | 3.98H | 1.23H | 0.45H | 0.22H |
| 60 | 1.45H | 0.65H | 0.25H | 0.12H |

曝光时间间隔指相机相邻二个摆扫周期拍摄的时间,与飞行高度、飞行速度、地面重叠率、探测器有效靶面尺寸、镜头焦距等各项参数有关,具体计算公式可表示为

$$S = \frac{H \times L \times (1-\mathrm{OL})}{v \times \sin\theta \times f} \quad (3-2)$$

式中:$S$ 为曝光时间间隔(s);$H$ 为飞行高度(m);$L$ 为探测器有效靶面尺寸,航向方向(mm);OL 为航向重叠率;$V$ 为飞行速度(km/h);$f$ 为镜头焦距(mm);$\theta$ 为拍摄角度,相机光轴与水平方向的夹角。

分析计算在满足航向重叠率 10%、不同速高比情况下,曝光时间间隔数值如表 3-2 所列。

表 3-2　不同速高比和重叠率的曝光时间间隔　　　　单位:s

| 航向重叠率/% \ 速高比 | 0.01 | 0.02 | 0.05 | 0.1 |
|---|---|---|---|---|
| 10 | 9.72 | 4.86 | 1.94 | 0.97 |
| 30 | 7.56 | 3.78 | 1.51 | 0.76 |
| 60 | 4.32 | 2.16 | 0.86 | 0.43 |

相机摆扫示意图如图 3-6 所示。相机沿垂直于飞行方向的摆扫速度由摆扫角度和曝光时间间隔决定,即

$$\omega = \frac{2\theta}{s} \quad (3-3)$$

式中:$\omega$ 为摆扫角速度((°)/s);$\theta$ 为摆扫角度(°);$s$ 为曝光时间间隔(s)。

相机在不同速高比、不同航向重叠率条件下,计算满足 3 倍航高幅宽条件下沿垂直于飞行方向的摆扫速度,表 3-3 列出了不同速高比、不同重叠率下摆扫速度数据。从表中可以看出,速高比越大,航向重叠率越大,摆扫机构带动相机的摆扫速度越大,对控制系统的要求越高。

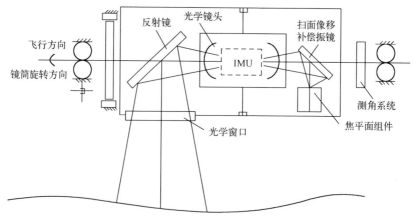

图 3-6　相机摆扫示意图

表 3-3　不同速高比、不同重叠率下的摆扫速度　单位:((°)/s)

| 速高比<br>航向重叠率/% | 0.01 | 0.02 | 0.05 | 0.1 |
|---|---|---|---|---|
| 10 | 23.04 | 46.09 | 115.20 | 230.40 |
| 30 | 29.63 | 59.26 | 148.15 | 296.30 |
| 60 | 51.85 | 103.70 | 129.63 | 518.50 |

经上述分析,按当前所选择成像相机的单景水平视场角计算,满足 3 倍航高幅宽,单摆扫周期须成像 17 幅。

相机帧频为沿飞行方向相邻二周期拍摄总照片数量除以曝光时间间隔。旁向重叠率为 10%,航向重叠率分别为 10%、30%、60% 情况下,在速高比从 0.01~0.1 1/s 条件下,分析计算相机所需帧频,如表 3-4 所列。

表 3-4　不同速高比、重叠率所需帧频(满足 3$H$)　单位:Hz

| 速高比<br>航向重叠率/% | 0.01 | 0.02 | 0.05 | 0.1 |
|---|---|---|---|---|
| 10 | 3.5 | 7 | 17.5 | 35 |
| 30 | 4.5 | 9 | 22.5 | 45 |
| 60 | 7.9 | 15.8 | 39.5 | 79 |

## 3.2 扫描像移补偿方法与实现

### 3.2.1 扫描像移模型的建立与分析计算

相机姿态与飞行平台姿态定义不同,将改变相机视轴指向的动作称为相机姿态。相机姿态的主要来源分为3类:飞机的姿态运动,相机的摆扫运动成像和飞行平台的振动。飞行平台的振动是随机的,可以通过减振装置进行补偿。因此只需要分析飞机运动和相机摆扫成像运动产生的像移。飞机姿态对速度的作用反映在像面上,就是姿态像移。由于宽幅航空相机采用连续摆扫成像,相机在旁向每幅目标曝光时刻都与相机视轴的指向精度有着直接关系,像面的姿态像移向量随姿态的变化而变化。本节以宽幅摆扫相机为研究对象,定义飞行平台、相机坐标系,建立相机像移模型,并定性、定量分析像移量。

1. 坐标系的选择与参量定义

姿态像移模型能够将地面目标坐标系下的速度经过飞机姿态矩阵、相机摆扫矩阵、光路系统矩阵转换为像面坐标系下的像移速度,从而由目标与平台相对速度计算出像移速度。转换过程如图3-7所示。

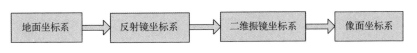

图3-7 坐标系变换框图

1) 坐标系定义

研究相机像移姿态模型,定义飞行姿态以及坐标系的建立。首先介绍本节涉及的坐标系[32]:

(1) 地面坐标系。原点为地面任意点,记作 $o_g$,$o_g z_g$ 指向地心,$o_g x_g$ 指向水平面任意方向,$o_g x_g y_g$ 构成水平面,符合右手定则。

(2) 飞机牵连地面坐标系。原点为飞机质心,三轴指向与地面坐标系相同。

(3) 45°固定反射镜坐标系。原点为反射镜中心,$Y_s$ 轴为光轴方向,$Z_s$ 与反射镜成45°,用右手定则判定 $X_s$。

(4) 二维振镜坐标系。原点为光轴与二维振镜的初始位置交点 $Z_s$ 与振镜成45°,$X_s$ 垂直于 $Z_s$ 并且与振镜成45°,$Y_s$ 与 $X_s$、$Z_s$ 组成右手系。

$Y_s$ 轴为位角轴(扫描反射镜绕它做位角运动),$Z_s$ 与振镜成 45°,用右手定则判定 $X_s$。

(5) 像面坐标系。坐标原点位于像面中心点,三轴与飞机机体系坐标轴指向相同。

2) 相关物理量概念

相机视轴:平行于像面中心与像移补偿振镜的连线且垂直于固定反射镜与振镜坐标原点连线的轴线,称作相机视轴,记为 $L$。

摆扫角:视轴与相机机体系 $XOZ$ 平面所成的角(取锐角),记作 $\delta$。

相机俯角:扫描角的余角,记作 $\gamma$。

推扫角:相机视轴与相机机体系 $YOZ$ 平面所成的角(取锐角),记作 $\tau$。

初始状态下,摆扫角与推扫角均为零,此时,二维补偿振镜与 $XOZ$ 平面垂直,并与 $XOY$ 平面成 45°,相机俯角为 90°,45° 固定反射镜坐标系与相机机体重合。

下面介绍飞行力学中飞行平台相关的运动参数。

(1) 姿态角。

飞机的姿态角由飞机机体系和地面系之间的夹角确定,具体定义如图 3-8 所示。

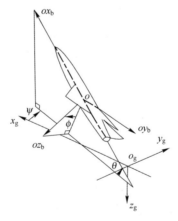

图 3-8 姿态角定义示意图

俯仰角 $\theta$:机体轴 $ox_b$ 与地平面 $o_g x_g y_g$ 平面的夹角,顺着坐标轴方向看逆时针为正。

偏航角 $\psi$:机体轴 $ox_b$ 在地平面 $o_g x_g y_g$ 平面的投影与 $o_g x_g$ 轴的夹角,右偏航为正。

滚转角 $\phi$：$oz_b$ 轴与包含 $ox_b$ 轴的垂直平面的夹角，右滚转为正。
（2）航迹角。

航迹角由气流系（又称速度系，因为 $x$ 轴与速度方向重合）与地面坐标系之间的关系确定，具体定义如图 3-9 所示。

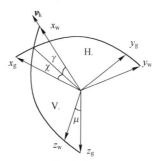

V.—铅锤面；H.—水平面

图 3-9　航迹角示意图

航迹倾斜角 $\gamma$：速度向量与地平面 $o_g x_g y_g$ 之间的夹角。

航迹方位角 $\chi$：速度向量在地平面 $o_g x_g y_g$ 的投影与 $o_g x_g$ 轴的夹角。

航迹滚转角 $\mu$：$oz_w$ 轴与包含 $ox_w$ 轴的垂直平面的夹角。

（3）气流角。

由飞行速度向量与机体坐标系之间的关系确定，具体定义如图 3-10 所示。

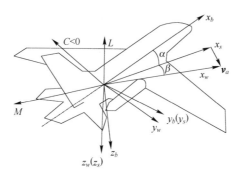

图 3-10　气流角示意图

迎角 $\alpha$，也可以称为攻角，是飞机速度向量在飞机对称面的投影与 $ox_b$ 轴的夹角，以速度投影在 $ox_b$ 轴下为正，当 $\phi=0$ 时 $\alpha=\theta-\gamma$。

侧滑角 $\beta$ 为飞机速度向量与飞机对称面的夹角，当 $\phi=0$ 时 $\beta=\chi-\psi$。

## 2. 扫描像移补偿模型建立

飞机的飞行速度是在航迹系下计算的,因此目标在航迹系下的速度大小与飞行速度相同,方向相反,目标相对飞机运动的速度经航迹系转换至机体系,再经 45°固定反射镜、相机镜头、摆扫反射镜经过光路折转到达像平面系,可以计算出像点在像面系下的像移速度。目标坐标系到像面坐标系的转换方式有多种,其中常用的有两种途径:①由航迹坐标系到机体坐标系到像面坐标系;②由航迹坐标系到飞机牵连地面坐标系,到机体坐标系再到像面坐标系。两种转换所涉及转换矩阵不同,但是结果一样,本书对第一种情况进行分析计算。

假设此时相机俯角为 $90°-\delta$,焦距为 $f$,飞行高度为 $H$,光学成像模型如图 3-11 所示。

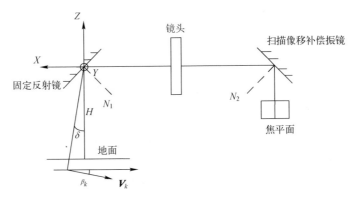

图 3-11 飞机俯仰角对像移影响

参考坐标系建立在镜头中心轴与 45°固定反射镜交点处。设航迹速度为 $V_k$,航迹侧滑角设为 $\beta_k$,则像面处像移向量为

$$v_\beta = (E - 2N_2 N_2^T)(E - 2N_1 N_1^T) \begin{bmatrix} \cos\beta_k & -\sin\beta_k & 0 \\ \sin\beta_k & \cos\beta_k & 0 \\ 0 & 0 & 1 \end{bmatrix} \begin{pmatrix} V_k \\ 0 \\ 0 \end{pmatrix} \quad (3-4)$$

式中:

$T = \dfrac{f}{H} \begin{bmatrix} 1 & 0 & 0 \\ 0 & -1 & 0 \\ 0 & 0 & -1 \end{bmatrix}$(镜头坐标变换折射矩阵);

$N_0 = \left( -\sin\dfrac{\pi}{4} \quad 0 \quad -\cos\dfrac{\pi}{4} \right)^T$;

$$N_1 = \begin{bmatrix} 1 & 0 & 0 \\ 0 & \cos\delta & -\sin\delta \\ 0 & \sin\delta & \cos\delta \end{bmatrix} N_0 (\text{固定反射镜法线向量});$$

$$N_2 = \begin{bmatrix} \cos\beta & 0 & -\sin\beta \\ 0 & 1 & 0 \\ \sin\beta & 0 & \cos\beta \end{bmatrix} \begin{bmatrix} 1 & 0 & 0 \\ 0 & \cos\alpha & -\sin\alpha \\ 0 & \sin\alpha & \cos\alpha \end{bmatrix} \begin{bmatrix} 1 & 0 & 0 \\ 0 & \cos\delta & -\sin\delta \\ 0 & \sin\delta & \cos\delta \end{bmatrix} \begin{pmatrix} \cos\dfrac{\pi}{4} & 0 & -\sin\dfrac{\pi}{4} \end{pmatrix}^{\mathrm{T}}$$

（扫描像移补偿振镜法线向量，$\alpha,\beta$ 分别为补偿摆扫与前向像移时振镜转动的角度）；

将 $N_1,N_2,T$ 代入式（3-4）转换，定义 $\zeta = \arctan\dfrac{v_x}{v_y}$ 为像面旋转角，它是像面旋转量相对相机俯角为 $0°$ 时旋转的角度，所在象限为 $v_x$、$v_y$ 所在象限。

设航迹迎角为 $\alpha_k$，则有

$$v_\alpha = (E - 2N_2 N_2^{\mathrm{T}}) T (E - 2N_1 N_1^{\mathrm{T}}) \begin{bmatrix} \cos\alpha_k & 0 & -\sin\alpha_k \\ 0 & 1 & 0 \\ \sin\alpha_k & 0 & \cos\alpha_k \end{bmatrix} \begin{bmatrix} V_k \\ 0 \\ 0 \end{bmatrix} \quad (3\text{-}5)$$

将 $N_1,N_2,T$ 代入式（3-5），得

$v_\alpha = (v_x \ v_y \ v_z)^{\mathrm{T}}$，像面旋转角为 $\zeta = \arctan\dfrac{v_y}{v_x}$。设航迹滚转角为 $\mu_k$，则有

$$v_\mu = (E - 2N_2 N_2^{\mathrm{T}}) T (E - 2N_1 N_1^{\mathrm{T}}) \begin{bmatrix} 1 & 0 & 0 \\ 0 & \cos\mu_k & \sin\mu_k \\ 0 & -\sin\mu_k & \cos\mu_k \end{bmatrix} \begin{pmatrix} V_k \\ 0 \\ 0 \end{pmatrix} \quad (3\text{-}6)$$

$v_\mu = (v_x \ v_y \ v_z)^{\mathrm{T}}$，像面旋转角为 $\zeta = \arctan\dfrac{v_y}{v_x}$。本书所涉及的转动，如无特别说明，均按照立轴-横轴-纵轴的顺序进行。按顺序 $\beta_k,\alpha_k,\mu_k$ 转动，得

$$v = (E - 2N_2 N_2^{\mathrm{T}}) T (E - 2N_1 N_1^{\mathrm{T}}) \cdot$$

$$\begin{bmatrix} 1 & 0 & 0 \\ 0 & \cos\mu_k & \sin\mu_k \\ 0 & -\sin\mu_k & \cos\mu_k \end{bmatrix} \begin{bmatrix} \cos\alpha_k & 0 & -\sin\alpha_k \\ 0 & 1 & 0 \\ \sin\alpha_k & 0 & \cos\alpha_k \end{bmatrix} \begin{bmatrix} \cos\beta_k & -\sin\beta_k & 0 \\ \sin\beta_k & \cos\beta_k & 0 \\ 0 & 0 & 1 \end{bmatrix} \begin{pmatrix} V_k \\ 0 \\ 0 \end{pmatrix} \quad (3\text{-}7)$$

对于第二种转换途径，即航迹坐标系—飞机牵连地面坐标系—机体坐标系—像面坐标系，由图 3-11 得出，地面系绕立轴转一个航迹方位角，再绕横轴转一个航迹倾斜角得航迹系。因此按顺序 $\gamma,\chi,\psi,\theta,\phi$ 旋转，得

$$v = (E - 2N_2 N_2^{\mathrm{T}}) T (E - 2N_1 N_1^{\mathrm{T}}) \cdot$$

$$\begin{bmatrix} 1 & 0 & 0 \\ 0 & \cos\phi & \sin\phi \\ 0 & -\sin\phi & \cos\phi \end{bmatrix} \begin{bmatrix} \cos\theta & 0 & -\sin\theta \\ 0 & 1 & 0 \\ \sin\theta & 0 & \cos\theta \end{bmatrix} \begin{bmatrix} \cos\psi & \sin\psi & 0 \\ -\sin\psi & \cos\psi & 0 \\ 0 & 0 & 1 \end{bmatrix} \cdot$$

$$\begin{bmatrix} \cos\chi & -\sin\chi & 0 \\ \sin\chi & \cos\chi & 0 \\ 0 & 0 & 1 \end{bmatrix} \begin{bmatrix} \cos\gamma & 0 & \sin\gamma \\ 0 & 1 & 0 \\ -\sin\gamma & 0 & \cos\gamma \end{bmatrix} \begin{bmatrix} V_k \\ 0 \\ 0 \end{bmatrix} \tag{3-8}$$

$$v_\beta = (E - 2N_2 N_2^{\mathrm{T}}) T (E - 2N_1 N_1^{\mathrm{T}}) \begin{bmatrix} \cos\alpha_k & -\sin\beta_k & 0 \\ \sin\beta_k & \cos\beta_k & 0 \\ 0 & 0 & 1 \end{bmatrix} \begin{bmatrix} V_k \\ 0 \\ 0 \end{bmatrix}$$

$$v_\alpha = (E - 2N_2 N_2^{\mathrm{T}}) T (E - 2N_1 N_1^{\mathrm{T}}) \begin{bmatrix} \cos\alpha_k & 0 & -\sin\alpha_k \\ 0 & 1 & 0 \\ \sin\alpha_k & 0 & \cos\alpha_k \end{bmatrix} \begin{bmatrix} V_k \\ 0 \\ 0 \end{bmatrix}$$

理论上,式(3-4)和式(3-5)得到的像移速度是相同的,不同之处在于转换时步骤不同,使用哪个公式要看具体获得的参数。

3. 摆扫速度对像移的影响

前面介绍了飞机飞行速度对像移的影响,除此之外,还需要考虑相机摆扫运动对像移的影响。相机扫描成像过程中,相机按照 $\dot{\alpha}$ 速度绕 X 轴匀速旋转扫描成像,因此在横滚方向上,相机摆扫引起的像移角速度为 $\dot{\alpha}$,则像面上摆扫像移速度为

$$V_r = f\dot{\alpha} \tag{3-9}$$

写成向量形式为 $v' = \begin{bmatrix} 0 & V_r & 0 \end{bmatrix}^{\mathrm{T}}$。

由于不考虑飞机振动对像移造成的影响,因此像移速度向量可以表示为

$$V = v + v' \tag{3-10}$$

利用计算结果,可以对像移量进行补偿。

## 3.2.2 扫描像移补偿结构形式选择

根据光学设计要求,补偿振镜工作时的旋转轴应该与光学系统的光轴平行,旋转补偿角度为±0.5°,此时理论设计补偿振镜工作模式如图3-12所示。

从图3-12可以看出,反射镜面与旋转轴成45°夹角,反射镜与旋转轴偏心的安装方式导致驱动电机转矩增大,降低了振镜补偿时的响应速度和补偿精

# 第3章 低照度宽幅成像建模与实现

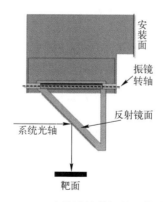

图 3-12 理论设计补偿振镜工作模式

度,不利于补偿系统的稳定而且补偿振镜系统的总体尺寸较大。

通过分析计算,采用如图 3-13 所示的工作模式,振镜旋转轴与系统光轴成 45°夹角,这种模式不仅可以有效减小结构总体尺寸,也可以降低了反射镜旋转时的转动惯量,减小驱动电机的转矩,提高系统的快速响应性能以及系统的补偿精度,可以有效增加补偿振镜系统的工作稳定性,以及这种结构的补偿振镜技术成熟度和可靠性。

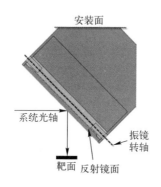

图 3-13 改进型补偿振镜工作模式

下面分别对两种工作模式的补偿原理和补偿精度进行分析。

1. 理论补偿模式

设某一时刻振镜在曝光时间内转过角度 $\Delta\alpha$ 进行补偿,反射镜中心点到靶面的距离为 $h$,计算此时光线在靶面上的移动量为 $\Delta s = h \cdot \tan\Delta\alpha$,计算模型如图 3-14 所示。

根据振镜的最大旋转角度计算中心点的最大像移量为

$$\Delta s = 30 \text{mm} \cdot \tan 0.5° = 0.27 \text{mm}$$

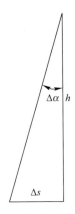

图 3-14 理论补偿计算模型

2. 改进型补偿模式

如图 3-15 所示为改进型补偿计算模型,图中 MN 为振镜转轴,TA 为光轴上的入射光线,A 点为中心光线在镜面上的反射点,设振镜在曝光时间内沿 MN 轴旋转角度 $\Delta\alpha$ 进行补偿,图中 AC 的高度为 $h$,那么,D 点在靶面上的投影点为 C 点像移补偿后的实际位置。

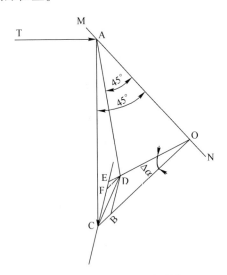

图 3-15 改进型补偿计算模型

从图 3-15 可以看出,在此工作模式下,C 点像移补偿后会在靶面上沿航向和摆扫方向同时产生像移 $\Delta x$ 和 $\Delta y$,根据理论补偿方法,只需要沿 CF 方向的摆扫像移 $\Delta y$,因此,需要计算航向像移 $\Delta x$ 是否产生影响。

根据图 3-15 计算得

$$OC = OD = \frac{\sqrt{2}}{2} \cdot h$$

$$OB = OC \cdot \cos\Delta\alpha = \frac{\sqrt{2}}{2} \cdot h \cdot \cos\Delta\alpha$$

$$DF \approx BC = OC - OB = \frac{\sqrt{2}}{2} \cdot h(1 - \cos\Delta\alpha)$$

$$\Delta x = DF \cdot \cos 45° = \frac{1}{2} \cdot h(1 - \cos\Delta\alpha)$$

当振镜补偿角 $\Delta\alpha$ 最大为 0.5° 时,有

$$\Delta x = \frac{1}{2} \times 30 \times (1 - \cos 0.5°) = 0.00058 \text{mm}$$

可以看出,在改进型补偿模式下产生的航向像移 $\Delta x$ 远小于 0.5 个像元尺寸 0.00325mm,因此,对成像无影响。

根据以上公式,该工作模式下振镜转角与摆扫像移之间的关系式为

$$\Delta y = DB = OD \cdot \sin\Delta\alpha = \frac{\sqrt{2}}{2} \cdot h \cdot \sin\Delta\alpha$$

当补偿最大像移量 $\Delta y = 0.27$mm 时,计算得振镜最大转角 $\Delta\alpha$ 为 0.73°,此时的航向像移 $\Delta x$ 为 0.0012mm<0.00325mm。

经过分析,改进型的振镜补偿模式能够满足摆扫像移补偿的要求。

### 3.2.3 扫描像移补偿系统

1. 振镜组成及工作原理

考虑实际工作中温度适应性及偏转角度,本系统中选用音圈电机驱动的二维补偿振镜,由机械结构和控制系统两大部分组成。机械结构是振镜的主要组成部分,音圈电机驱动的二维补偿振镜主要由反射镜、镜架、音圈电机、位置/力测量模块、基座等组成[33-36],如图 3-16 所示。反射镜通过环氧胶与镜架相连;4 个音圈电机位于镜架后方,通过螺钉和镜架相连;电机同时也用螺钉固定在基座的凹槽内;柔性支撑通过螺钉、定位销及定位槽将镜架与基座连接在一起;基座下方有两个连接器,分别用于内部信号采集和电机供电,同时进行反馈信号的采集输出。

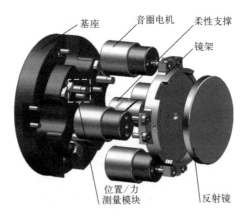

图 3-16　二维快速反射镜结构

二维补偿振镜在工作过程中,控制电路给出振镜在二维方向上所需要的角度信号,将该信号转换为模拟信号并放大后,驱动音圈电机进行转动,实现单反射镜的二维扫描。在振镜结构上,在反射镜两轴方向各放一对音圈电机,正负极反接,当对两对音圈电机施加的电压为零时镜面处于平衡位置;当施加一定电压时,这对音圈将产生反向的作用力,表现为一个推反射镜框架,一个拉反射镜框架,柔性铰链产生逆向的回复力使镜架在推力减小时回转。当光束经过镜面偏转时通过控制音圈电机能起到控制光束的目的,音圈电机可以成对单独运动,也可以两对复合运动,以一对音圈电机 $VCA_1$ 和 $VCA_2$ 单独运动为例,振镜便绕 Y 轴旋转,如图 3-17 所示。在相机曝光的过程中,通过对音圈电机进行控制,使反射镜进行运动,从而补偿像移。

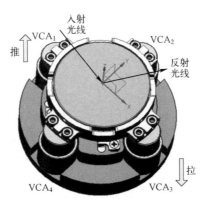

图 3-17　振镜二维扫描方式

像面扫描控制系统的功能是根据相机控制器的扫描指令,驱动电机带动反射镜,力测量传感器测量音圈电机的持续力,位置测量传感器测量反射镜的位置及速度,并将持续力、位置、速度值反馈给 DSP,DSP 进行运算得到力、位置、速度的反馈信号,当与控制指令转换值不一致时,DSP 将产生 PWM 信号驱动电机控制反射镜向偏差减小的方向运动,实现振镜像移补偿的闭环控制[37]-[39],如图 3-18 所示。

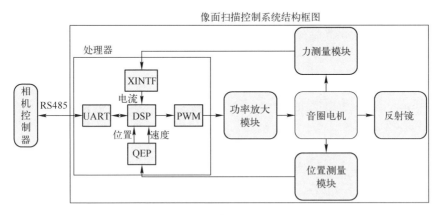

图 3-18　反射镜控制系统

图 3-18 反射镜控制系统主要包括控制电路、驱动、隔离、散热等模块。此外控制系统仍需具有和相机交互的功能,体现在 UART 接口模块,可通过相机此时的运动状态实时控制反射镜的角度、频率等信息。控制电路具有上电初始状态下的反射镜初始化功能,在初始化后开始控制反射镜进行扫描,扫描过程中结合相应的控制算法对反馈信号进行处理,并输出指令对反射镜进行实时状态调整。在对快速反射镜进行实时控制时,将运算后的数字信号转换为模拟信号后进行相应的信号处理。信号处理主要包括信号滤波、放大、陷波等,主要目的在于滤除信号中与机械结构相关的冗余信息。最后将经过处理的信号送入驱动电路来驱动电机,控制振镜运动。控制信号输出过程中需隔离电路进行,防止不确定的高压使电机不规则运动,从而损坏电机。

2. 振镜技术指标

根据相机工作参数,核算补偿振镜技术参数如下:

(1) 工作波段:$0.4 \sim 0.8 \mu m$。

(2) 反射镜尺寸:$\phi 50mm$。

(3) 扫描频率:50Hz。

(4) 线形有效摆角:$\geqslant \pm 0.5°$($x$、$y$ 轴)。

(5) 线性区内线性误差：≤1/300。

(6) 零位定位重复性：≤10″。

3. 二维振镜像移补偿工作过程

补偿振镜采用二轴补偿的方式，其中横滚轴随相机曝光时刻补偿摆扫像移，同时俯仰轴补偿前向像移，二维振镜控制系统接收控制角度指令实现二维像移补偿，如图 3-19 所示。振镜上电处于工作零位，即补偿反射镜处于俯角 90°，位角 0°，与水平光轴成 45°。

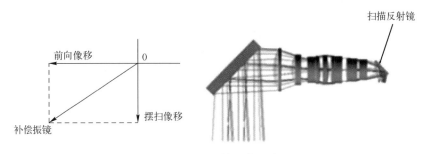

图 3-19  二维振镜补偿示意图

当相机摆扫成像工作后，补偿振镜控制系统接收振镜补偿方向和速度指令，按照设定的扫描波形扫描，并输出扫描同步信号。二维振镜控制工作时序如图 3-20 所示，首先振镜控制板通过串口（RS-485）接收相机控制器发来的控制指令，控制指令包括二维补偿振镜的两个轴的补偿速度及方向信息，当振镜控制板接收到该指令时，通过串口向相机控制器回传一个字节的指令，证明振镜控制板已成功接收到相机控制器发来的指令。当振镜控制板接收到扫描启

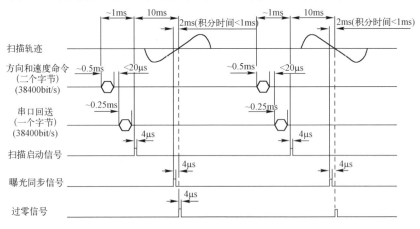

图 3-20  二维振镜控制工作时序

动信号时,振镜控制板驱动音圈电机按照接收到的指令(速度和方向)进行运动,当振镜运行至线性段时,振镜控制板发出曝光同步信号给相机控制器,相机控制器一旦接收到曝光同步信号,同步控制相机曝光,以达到补偿相机像移的目的。之后返回零位重复像移补偿过程。

4. 补偿效果仿真

为验证振镜补偿效果理论分析产生的像移量,当速高比为 0.02 时,相机在扫描方向上的滚转角速度为 $\omega = 46.09(°)/s$,曝光时间为 1ms,系统焦距为 $f=130$mm 时,相机曝光时刻内摆扫像移量为

$$\theta_{摆扫} = f \times \tan\omega t = 0.0982\mathrm{mm} \tag{3-11}$$

式中:$f$ 为光学系统焦距;$t$ 为曝光时间。

成像芯片像元尺寸为 6.5μm,当曝光时间为 1ms 时,系统像移量为 15.1 个像元;像移量超过 0.5 个像元尺寸时,图像质量严重下降,需对该像移进行补偿。

曝光时间为 5ms 时,不同速高比下可补偿两个方向的像移量如表 3-5 所列。

表 3-5 不同速高比下二维振镜补偿像移量

| 像移＼速高比 | 0.01 | 0.02 | 0.05 | 0.1 |
|---|---|---|---|---|
| 前向像移/μm | 6.5 | 13 | 32.5 | 65 |
| 摆扫像移/μm | 261.4 | 522.8 | 1306.9 | 2613.8 |

振镜的转动角速度 $\omega'$ 和像移的关系应为

$$2 \times d \cdot \tan(\omega' \cdot t) = \theta_{摆扫} \tag{3-12}$$

式中:$d$ 为转轴到像面中心的距离;$\omega'$ 为振镜的转动角速度。

$d$ 与摆扫像移量大小、摆扫角度有直接关系。本书根据二维补偿镜建立像面反射镜面数学模型,如图 3-21 所示。

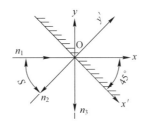

图 3-21 二维振镜补偿坐标系

图 3-22 中 $n_1$、$n_2$、$n_3$ 分别表示入射光、平面镜法线及反射光单位向量。假设 $n_1$、$n_2$ 之间的夹角为 $\alpha$（入射角），则

$$n_3 = 2\cos\alpha \cdot n_2 - n_1 \tag{3-13}$$

在坐标系 $X'OY'$ 中，$n_2 = \begin{bmatrix} 0 & -1 & 0 \end{bmatrix}^T$，绕 $x'$ 轴旋转角度 $a_2$ 后，可表示为

$$n_2 = \begin{bmatrix} 0 \\ -1 \\ 0 \end{bmatrix} \begin{bmatrix} 1 & 0 & 0 \\ 0 & \cos(a_2) & -\sin(a_2) \\ 0 & \sin(a_2) & \cos(a_2) \end{bmatrix} \tag{3-14}$$

在坐标系 $XOY$ 中，可表示为

$$n_2 = \begin{bmatrix} 0 \\ -1 \\ 0 \end{bmatrix} \begin{bmatrix} 1 & 0 & 0 \\ 0 & \cos(a_2) & -\sin(a_2) \\ 0 & \sin(a_2) & \cos(a_2) \end{bmatrix} \begin{bmatrix} \cos\dfrac{\pi}{4} & -\sin\dfrac{\pi}{4} & 0 \\ \sin\dfrac{\pi}{4} & \cos\dfrac{\pi}{4} & 0 \\ 0 & 0 & 1 \end{bmatrix} \tag{3-15}$$

在坐标系 $XOY$ 中，$n_1 = \begin{bmatrix} 1 & 0 & 0 \end{bmatrix}^T$

$$\cos\alpha = \text{abs}(\text{sum}(n_1 \times n_2)) \tag{3-16}$$

反射光线方程为

$$\frac{x}{n_3(1)} = \frac{y}{n_3(2)} = \frac{z}{n_3(3)} \tag{3-17}$$

设像面距离反射镜中心距离为 $d$，二维摆镜的补偿角度为 $a$，则像点在像面上的坐标为

$$x = \frac{d(\cos^2 a - 1)}{\cos^2 a} \tag{3-18}$$

$$z = \frac{-\dfrac{\sqrt{2}}{2} d\sin(2a)}{\cos^2 a} \tag{3-19}$$

该方程与相机像面方程联立，可求出不同 $a$ 角所对应的交点。当该交点与点 $(0,-1600,0)$ 之间的距离为 30mm 时，所对应的角度 $a = 0.7596°$。

本书涉及试验转台滚转角速度为 $\omega = 46.09°/s$，根据式（3-12）求得补偿镜转动角速度 $\omega' = 93.77°/s$，即在系统的曝光时刻，扫描反射镜的转动角速度为 $93.77°/s$，在曝光时刻内，扫描反射镜的转角为 $0.0982°$，曝光结束后，迅速转回初始 $45°$ 位置，按时序等待下一次曝光补偿。振镜补偿精度的残差小于 0.5 个像素 $3\mu m$，当振镜位置过 $0.017°$ 时，速度误差为 $0.0344 \times 5 = 0.172°/s$，振镜控制

测试曲线如图 3-22 所示。

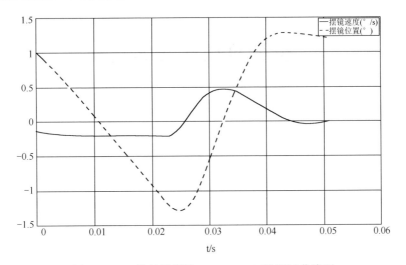

图 3-22　二维补偿振镜-50°/s、10°正弦测试曲线图

# 第 4 章
# 低照度相机无源目标定位技术

## 4.1 概述

低照度相机主要应用在侦察等特殊领域,为保证其隐蔽性,载荷在完成目标定位功能时,既不接收,也不向外发出信号。采用无源目标定位技术,需依靠相机自身设备完成定位,因此,航空低照度相机目标定位技术采用搭载 POS 系统的直接对地目标定位方法。

### 4.1.1 航空相机目标定位技术

近年来国内外无人机行业飞速发展,在军用和民用等各个领域迅速推广应用,取得了很好的成效。航空相机是无人机系统的重要载荷设备,成像载荷的性能直接决定着无人机系统的应用效能,随着对航空相机的应用要求逐渐提高,对高精度目标定位需求日益迫切。

航空相机目标定位指的是利用摄影测量、图像与信息处理等技术,通过对航空相机所获取的图像信息进行数据处理与分析,求取图像中目标的准确地理位置信息的过程。

另外,随着陀螺、加速度计等惯性器件发展迅速,由惯性器件所组成的位姿定位系统(Position Orientation System, POS)具有小型化、高精度的特点,从而使其不断得到新的应用。因此,POS 系统在目标定位方面的应用日益广泛。

### 4.1.2 航空相机目标定位方法

航空低照度进行目标定位的实质,就是利用相机所拍摄的图像信息,与拍摄时刻相机的相关数据进行定位解算。目前,航空相机目标定位方法主要分为两类。

(1)基于图像匹配模式的非实时定位。这种方法主要是在建立预先基准图像的条件下,将通过航空相机获取的图像信息与预先基准图像进行高精度匹配,实现高精度目标定位。该方法可同时对多目标进行定位,且定位精度高。但非实时的工作方式是其明显不足,制约了其应用范围。

(2)基于无人机系统遥测数据的实时定位。这种方法利用航空相机拍摄时刻无人机系统的姿态与位置信息、光电平台的俯仰方位转角信息、激光测距机的距离信息等已知数据,建立目标定位模型并代入数据解算,求得被测目标的地理位置。该方法实时性好,适用于无人机系统定位任务。但是,由于定位解算过程中需要代入的数据繁多,而这些数据在测量时均存在误差,在一定程度上对目标定位的精度产生影响,因此这一类方法的定位精度低于第一类。

在实时定位的基础上,拓展了一种基于空间交会的目标定位方法。该方法将相机拍摄时刻无人机系统所采集到的数据进行综合,包括飞机三个姿态角与地理位置、转台两个转角、相机内方位元素、目标与飞机相对距离等。在空间不同位置对同一目标进行拍摄,构建交会模型,利用模型进行平差计算,完成目标定位。多点空间交会解算对误差具有较好的抑制作用,具有较高的定位精度,但是需要的数据量较大,实时性也不如单点定位。

## 4.1.3 航空相机目标定位技术研究现状

美国国防部自20世纪70年代便开展对卫星导航系统的研制工作,GPS的成功研制标志着定位技术迈入了新的领域。GPS系统能够在任意时间、任意地点,为不同用户实时提供高精度的位置信息[40-42],而航空相机目标定位过程中多涉及地面控制点或相机曝光时刻摄影中心的位置测量,GPS卫星导航技术可以解决这一问题。基于此,众多研究机构及国内外相关学者自20世纪90年代以来对卫星导航技术辅助航空相机目标定位进行了一系列的研究与实验。利用卫星导航技术辅助目标定位的方案得到了实验的验证,具有可行性。研究结果表明:利用GPS技术辅助传统空中三角方法进行定位,可以达到较高的精度,在测量区域的4个顶点分别布置地面控制点,同时将两排高程控制点布置于区域的两端,其精度与周边密集布设控制点的区域网平差方法相当。当无地面控制点时,GPS辅助空中三角测量所达到的测量精度也可以满足更新地图、调查资源、山区中小比例尺成图等用途。GPS 单点定位技术指的是在不需要基站的情况下完成高精度的定位任务，近年来随着该项技术的发展，卫星导航技术辅助航空相机目标定位不再需要地面站的协助，这一进步更加简化了工作流程。此外，当使用少量地面控制点并按照航线进行误差校正时，利用 PPP 技术获得的摄站三维坐标信息与差分 GPS 技术获得位置信息辅助光束法区域网平差的精度基本在一个量级；当测量区域 4 个顶点均设置地面控制点时，测量精度符合相应测图规范要求[43]。卫星导航辅助航空相机目标定位技术日益成熟，随着新技术在实际生产中的应用，传统目标定位方案逐步被取代。

与传统方案相比，GPS 的应用使得地面控制点大量减少，与此同时减轻了人员在外场的工作量，节约了成本，大大地提高了成图效率。但在使用中发现，GPS 在复杂环境下可靠性较差，受到干扰较为严重时会产生失锁和周跳现象，严重影响了用户使用，且常规 GPS 系统无法提供载体的姿态信息。针对这些缺点，利用组合导航技术辅助目标定位的方案被提上议程。GPS/INS 系统为常见的组合导航系统，惯性导航系统不依赖且不向外辐射任何外部信息，是一种全自主的导航系统，被应用于多个领域。但其缺点是误差随时间增加而发散，且需要较长的初始对准时间。GPS/INS 组合导航系统充分地利用了卫星导航与惯性导航的优点进行互补，发挥二者的优势，摒弃二者的缺点，可以提供载体的姿态与位置信息，在航空相机目标定位领域具有广泛的应用前景。

欧美国家对这项技术的研究领先于国内，20 世纪 90 年代末，美国公司 Applanix 于全球首先推出了基于组合导航技术的机载定位定向系统。

1996 年，来自加拿大的 Applanix 公司率先推出了基于 DGPS/INS 技术的机载传感器定位定向系统（Positioning and Orientation System for Airborne Vehicle，POS/AV）。随后欧洲多家公司也陆续产出了类似的产品，如德国的 AEROcontrol 系统。从此开始，航空相机目标定位进入了一个崭新的时代。

组合导航系统利用卡尔曼滤波技术将 GPS 与惯性导航分系统获取的位姿信息进行融合，可以直接获取相机曝光时刻的 6 个外部参数（包括线元素与角元素），将其运用于目标定位领域[44-45]，使得空中三角测量不再是必需的步骤。因此组合导航辅助航空相机目标定位技术具有广阔的应用潜力及市场前景。目前主要的应用模式有两种：①集成传感器定向（Integrated Sensor Orientation，ISO），将影像点坐标与组合导航系统获得的 6 个外部参数作为观测值，一起进行联合区域网平差，使得获得的曝光时刻外方位元素具有更高的精度。②直接对地目标定位（Direct Georeferencing，DG），即直接利用通过组合导航系统获取的位姿信息直接解算目标的位置坐标。通过已知的 IMU 几何中心、GPS 天线中心、相机摄影中心这三者的空间位置关系,对 POS 系统获得的原始数据进行处理并对系统误差校正,得到曝光时刻高精度的 6 个外方位元素,实现在无地面控制点时仅通过高精度外方位元素及共线方程完成目标位置信息的解算。此方法称作直接对地定位。

欧洲摄影测量研究实验组织(European Organization for Experimental Photogrammetric Research,EOEPR)为验证组合导航辅助航空相机目标定位技术,于 20 世纪末进行了名为"集成传感器定向"的试验。其结果表明利用集成传感器定位定向技术可以在无地面控制点的情况下提高定位精度,若采用少量控制点,定位精度便可达到与常规空中三角方法相应的水准,同时,立体成图上下视差过大的问题也得到解决,可用于立体测图。

地面控制点的布置对 POS 辅助光束法区域网平差的定位精度有着直接的影响。通过试验可以发现,应根据测量区域的特点均匀布设基站,1∶50000 比例尺时,布设基站的距离不宜低于 400km;比例尺为 1∶10000 时,布设基站的距离不宜低于 300km。随着 GPS 单点定位技术的发展,可以不需要地面站的辅助,只需要少量控制点修正系统误差即可。地面控制点的设置需要注意以下几点:

(1)山区与丘陵地带需在测区顶点各布设一个平高控制点。

(2)平坦区域采用两排高程点加四角加密点。

(3)需为不规则区域增设控制点。

与卫星导航辅助区域网平差相比,组合导航系统辅助区域网平差具备一定优势,但其仍不能体现出 POS 系统的优势,因为不能直接利用 POS 系统输出的 6 个外方位元素进行直接定位。

直接对地目标定位法不需测量加密工序,可以利用 POS 系统提供的曝光时刻参数直接定位,这是其他方法不可比拟的优势。但考虑计算过程中涉及许多参数,因此该方法对误差很敏感,建立误差模型定性定量分析误差并进行补偿,则可在一定程度上补偿这一不足。

由于直接对地定位方法的优越性,国内外测量定位研究人员对其可靠性与精度十分关注,大量的研究和实验可以说明组合导航辅助航空相机直接对地定位是可行的,只是高程精度达不到大比例尺测图的要求,并且在立体测图时有较大的上下视差,无法直接实现立体测图,必须对高程方向建立误差模型进行补偿来消除残余误差。

由于 POS 系统可以直接提供曝光时刻影像的外部参数,基于 POS 系统的各种器件组合应用发展非常迅速。可以通过与数码相机的组合直接获得数字影像,避免由冲洗操作带来的不必要误差,这一方式将会渐渐取代传统胶片。之前有研究表明:POS 系统获取外参信息在经过偏心角及相机内参的修正后,定位精度可以满足比例尺 1:1000 时的测图要求。

ADS40 是一款推扫式三线阵数码相机,它集成 POS 系统,成像能力全面,分辨率高。该款相机的出现,为实现摄影测量数字化提供了保障与支持,在数字地表模型(Digital Surface Model,DSM)和数字正射影像图(Digital Orthophoto Map,DOM)生产方面优势明显。利用 ADS40 相机得到的影像进行定位,得到结果仍无法达到很高的精度;但若增加一个地面控制点,定位精度就会有明显的提高。若在测量区域 4 个顶点均布置控制点,则高程与平面的定位精度均可满足成图要求,该项技术在数字地面模型(Digital Terrain Model,DTM)、DOM 的生产和应用中非常广泛。

集卫星导航技术、惯性导航技术、激光测距技术于一体的激光雷达复合测绘技术,可以快速获取目标的位置信息,经过处理后可以用于生成高精度的数字模型图,在复杂地貌及人工不可进入的地形地貌下,具有常规测量无法取代的优势。

激光雷达技术提供了一种新的数据获取方法,尤其是在普通方式难以采集数据的地区,该方法的应用可以快速、方便地获取数据,并能够生产高精度的数字高程模型(Digital Elevation Model,DEM)和 DOM。虽然激光雷达技术的精度受制于 POS 系统精度及激光测距精度,只能满足小比例尺的测绘需求,但其已成功应用于特殊地物的测绘中(如海岸线等)及生产 DOM。

总而言之,POS 系统辅助航空相机目标定位技术具有广阔的市场及潜力,随着国外相关人员进行大量的研究,该项技术已经逐渐被应用于各个领域。而由于硬件水平的局限性,我国 POS 系统辅助航空相机目标定位还处于起步阶段。国内所生产的 POS 系统仍不能达到国际先进水平,但已有单位将其应用于测量定位领域,取得了一定的成绩,积累了宝贵的经验[46-47]。我国应尽早地研制出高水平的 POS 系统,大力发展基于 POS 系统的相关测量技术,形成一套完整的工作流程方案,使得该项技术更加广泛地应用于目标定位及其他相关任务中。

## 4.2 基于POS系统的航空相机目标定位方法

为了更加深入地了解低照度相机无源目标定位技术,本节对POS系统进行了全面的介绍,通过对POS系统相关知识的进一步学习,能够更加熟练地掌握无源目标定位技术,建立更适合的基于地理辅助坐标系下的目标定位模型,达到无源定位的目的。

### 4.2.1 POS系统测量原理

1. GPS测量原理

GPS是一种全球的、全天候的高精度导航定位系统,是迄今为止最好用的全球定位系统,也是20世纪空间技术上最重大的突破之一。由于其在导航和定位上所显现的巨大优势,现在已经越来越受到人们的高度关注。

卫星导航系统的基本原理是围绕地球旋转的人造卫星向地球表面发射经过编码调制的连续无线电信号,编码中载有卫星信号准确的发射时间以及不同的时间卫星在空间的准确位置(星历)等信息。运载体上的接收机在接收到来自卫星的信号时,准确地记录下该时刻,若接收机与卫星系统记录的时刻为同一时钟,则可以根据计算出信号在空间传播所耗费的时间,信号在空间传播的速度约等于光速,二者相乘即为卫星导航接收机与通信卫星的距离,即

$$R=\sqrt{(x_1-x)^2+(y_1-y)^2+(z_1-z)^2} \quad (4-1)$$

式中:$R$为卫星与接收机之间的距离;$x_1,y_1,z_1$为卫星位置的三维坐标值;$x,y,z$为接收机位置的三维坐标值。其中,$R,x_1,y_1,z_1$为已知量;$x,y,z$为未知量。

式(4-1)中含有3个未知数,因此需要3组类似的方程来求解导航系统接收机的位置信息,同时观测3个卫星并记录相关数据,联立方程并求解,可以解决这一问题。在工程应用中需要较高的定位精度,通常采用差分GPS的方法。

差分GPS原理是在地面设置一参考基准站,安装若干卫星导航接收机,将其与飞机上的GPS接收机进行联合观测。由于参考基准站的位置信息已知,根据此可求得基准站到观测卫星的距离改正值,并将改正值实时传送至飞机平台;飞机上的导航系统根据此改正值对其自身观测结果进行改正,便可获得更高精度的位置信息。参考基准站与飞机平台在卫星导航系统中具有空间相关性,因此利用差分技术可以消除空间产生的共同误差,如电离层对流程的延迟、

时钟与星历的误差等,这也是差分 GPS 技术的关键点。差分 GPS 技术又分为载波相位差分与伪距差分两类。载波相位差分由于其特殊性,可以达到厘米级的定位精度,大大优于伪距差分[48]。因此,目前常见的 POS 系统多使用载波相位差分技术。

载波信号在卫星处与接收机处的相位是不同的,二者之间存在一个相位差,这就是载波相位测量值。设 GPS 接收机 a 在 $T_a$ 时刻(以接收机时钟为准)对卫星 b 进行观测,所获得的相对测量值为

$$\phi_a^b(T_a) = \varphi_a^b(T_a) - \varphi_a(T_a) \tag{4-2}$$

式中:$\phi_a^b(T_a)$ 为 $T_a$ 时刻接收机 a 在所接收到的 b 卫星载波信号的相位值;$\varphi_a(T_a)$ 为 $T_a$ 时刻接收机 a 本地信号相位值。

双差分法经常被用于测量定位领域,即在同一时刻不同卫星(b,c)间接收机 a 与地面站 d 的相位差分,可写为

$$\nabla \Delta \phi_{ad}^{bc} = \phi_a^c(t) - \phi_a^b(t) - (\phi_d^c(t) - \phi_{ad}^b(t)) \tag{4-3}$$

载波相位差分测量值不难求得,因此定位精度主要取决于整周模糊度的准确性。有学者曾提出了一种动态环境下的模糊度确定方法,这一方法解决了因周跳现象导致的整周模糊度解算复杂的困难。将整周模糊度的解算结果代入载波相位差分方程,便可以求解出高精度的定位结果,其精度最高可以达到毫米级。

目前,卫星导航技术发展迅速,其相应配套设备也日趋完善,随着大量新修建的跟踪站逐步投入使用,精密单点定位技术逐渐开始适用于航空相机目标定位领域。

单点定位技术利用惯性制导系统(Inertial Guidance System,IGS)提供的精密的 GPS 参数信息,如星历、钟差等,加上载波相位测量值与飞机平台上接收机的观测值,实现多种模式下的高精度定位功能。惯性制导系统可以提供高达 5cm 量级的星历精度,钟差精度也可以达到纳秒级。通过精密的单点定位技术所获取的定位结果,其精度可达到分米级[49]。除精度可以满足目标定位的要求外,单点定位技术还不受观测距离与时间的限制,因此该技术在定位学科中具有广阔的发展空间,是定位的一个重要方向。

2. IMU 测量原理

惯性导航系统起源于 20 世纪初期,核心器件为陀螺仪与加速度计,二者的基本原理符合牛顿力学定律。陀螺与加速度计可以敏感出载体运动的加速度,经过微分与积分运算,可以解算出载体的速度与位置信息。

主要的惯导系统根据导航坐标系的不同可分为两大类:平台式惯导是通过

物理平台来模拟导航系;捷联式惯导是通过数学算法确定出导航系。其中平台惯导又由物理平台所模拟的坐标系的不同,可分为解析式惯导系统与当地水平式惯导系统两类。当平台跟踪不同的水平坐标系或者不同的地球自转角速度时,又分为指北式、自由式、游移式这三种不同的惯导系统。虽然平台式惯导的精度很高,但其也有致命的缺点:结构复杂、体积大、重量重等。所以随着激光陀螺与光纤陀螺技术的成熟,捷联惯导系统正在各个领域逐步取代平台式惯导。捷联惯导的优势是平台惯导无可比拟的,尤其是在航空测量定位领域,捷联式惯导的小型化、低成本的特点被发挥得淋漓尽致。图4-1为捷联惯导系统的原理图。

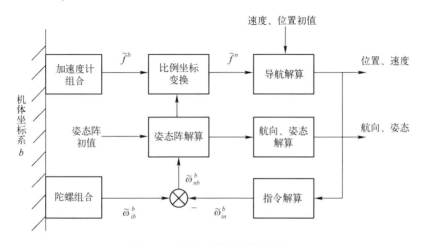

图4-1 捷联式惯导系统原理图

IMU测量器件固联于载体上,陀螺与加速度计分别用来敏感载体的角运动信息和线运动信息,导航计算机根据这些敏感信息实时地解算出载体的姿态、速度和位置等导航参数。这里姿态矩阵的作用相当于平台式导航系统中的平台,因而被称为数字平台,而相当于对该数字平台施矩的指令,该指令可根据选定的导航坐标系和解算得到的速度、位置计算出来。

3. GPS/IMU组合导航原理

惯性导航系统与卫星导航系统均可独立自主地完成三维空间定位定向任务。惯导系统由于其自身特点,可以在不依靠任何外界信息的基础上,完成全球范围内的定位定向工作,但不足之处在于其导航误差会随着时间推移而发散,破坏了产品的长期稳定性。而GPS虽然具有良好的长期稳定性,但其在信号受到干扰或丢失卫星信号时无法完成定位定向工作,更严重的是,该系统由美国国防部直接管辖,在特殊时刻若过于依赖别国,是非常危险的。

这两个系统各有短长,站在误差传播特性的角度,二者恰好互补。所以可采用信息融合技术,将这两个不同的导航系统的信息结合起来,使得导航系统的整体性能与精度大大提高。

卡尔曼滤波技术的发明为组合导航系统的应用提供了理论依托与支持。状态方程与量测方程是卡尔曼滤波中最重要的两个方程。将 IMU 与 GPS 系统输出的结果直接作为状态参量,也就是直接将导航参数当作被估对象,这种方法称为直接法滤波。若将两个子系统的误差作为状态量进行估计,则将其称作间接法。

图 4-2 为直接法滤波示意图,直接用子系统所获取的结果经过滤波计算,将所得到的最终结果作为导航参数的最优估计。

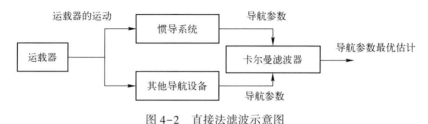

图 4-2 直接法滤波示意图

与直接法不同的是,间接法将经过滤波计算得到的误差量反馈至各子系统中,即用系统误差估计值来校正分系统输出的结果,将得到的最终结果作为最优估计。

卡尔曼滤波方法是 20 世纪最重要的最优估计方法之一,经常被运用于工程领域当中,作为其应用最为成功的一个领域,组合导航技术在导航与定位学科中起到至关重要的作用。

在离散系统中,将待估状态 $X_k$ 的状态方程描述为

$$X_k = \boldsymbol{\Phi}_{k,k-1} X_{k-1} + \boldsymbol{\Gamma}_{k-1} W_{k-1} \tag{4-4}$$

对 $X_k$ 的量测满足线性关系,量测方程为

$$Z_k = H_k X_k + V_k \tag{4-5}$$

式中:$\boldsymbol{\Phi}_{k,k-1}$ 为 $t_{k-1}$ 时刻至 $t_k$ 时刻的一步转移矩阵;$\boldsymbol{\Gamma}_{k-1}$ 为系统噪声驱动阵;$W_k$ 为方差为 $Q_k$(非负定阵)的系统激励白噪声;$H_k$ 为量测阵;$V_k$ 为方差为 $R_k$(正定阵)的量测白噪声,且 $W_k$ 与 $V_k$ 不相关。

由于惯性导航系统在地固坐标系中的向量微分方程为

$$\begin{bmatrix} \Delta \dot{r}^e \\ \Delta \dot{V}^e \\ \dot{\varepsilon}^e \\ \dot{d} \\ \dot{b} \end{bmatrix} = \begin{bmatrix} \Delta V^e \\ N^e \Delta r^e - 2\Omega_{ie}^e \Delta V^e - F^e \varepsilon^e + R_b^e b \\ -\Omega_{ie}^e \varepsilon^e + R_b^e d \\ -Ad + W_a \\ -Bb + W_b \end{bmatrix} \qquad (4\text{-}6)$$

考虑到 IMU 系统中三个轴向的陀螺漂移和加速度计误差都为指数相关的随机过程，因此这里把陀螺和加速度计的误差和 IMU 系统的误差一起作为状态考虑，则 $X_M(t)$ 为

$$X_M(t) = \begin{bmatrix} \phi & \delta v^n & \delta p^n & \varepsilon_b^b & \nabla_b^b \end{bmatrix}^T \qquad (4\text{-}7)$$

式中：姿态误差角 $\phi = \begin{bmatrix} \phi_E & \phi_N & \phi_U \end{bmatrix}^T$；速度误差 $\delta v^n = \begin{bmatrix} \delta v_E & \delta v_N & \delta v_U \end{bmatrix}^T$；位置误差 $\delta P^n = \begin{bmatrix} \delta L & \delta \lambda & \delta h \end{bmatrix}^T$；陀螺仪常值漂移 $\varepsilon_b^b = \begin{bmatrix} \varepsilon_{xb} & \varepsilon_{yb} & \varepsilon_{zb} \end{bmatrix}^T$；加速度计零位偏置 $\nabla_b^b = \begin{bmatrix} \nabla_{xb} & \nabla_{yb} & \nabla_{zb} \end{bmatrix}^T$。

根据经典卡尔曼滤波状态方程的形式可列出 IMU 误差的系统方程为

$$\dot{X}_M(t) = F_M(t) X_M(t) + G_M(t) W_M(t) \qquad (4\text{-}8)$$

式中：$X_M(t) \in \mathbb{R}^{15}$ 为状态变量；$F_M(t) \in \mathbb{R}^{15 \times 15}$ 为系统状态转移矩阵；$G_M(t) \in \mathbb{R}^{15 \times 6}$ 为噪声驱动矩阵；$W_M(t) \in \mathbb{R}^6$ 为系统噪声向量。

15×15 维的状态转移矩阵 $F_M(t)$ 具体表示为

$$F_M(t) = \begin{bmatrix} -\omega_{in}^n & M_2 & M_1 + M_3 & -C_b^n & \mathbf{0}_{3\times 3} \\ f_{sf}^n & M_4 & M_5 & \mathbf{0}_{3\times 3} & C_b^n \\ \mathbf{0}_{3\times 3} & M_6 & M_7 & \mathbf{0}_{3\times 3} & \mathbf{0}_{3\times 3} \\ \mathbf{0}_{3\times 3} C & \mathbf{0}_{3\times 3} & \mathbf{0}_{3\times 3} & \mathbf{0}_{3\times 3} & \mathbf{0}_{3\times 3} \\ \mathbf{0}_{3\times 3} & \mathbf{0}_{3\times 3} & \mathbf{0}_{3\times 3} & \mathbf{0}_{3\times 3} & \mathbf{0}_{3\times 3} \end{bmatrix} \qquad (4\text{-}9)$$

而系统噪声向量 $W_M(t)$ 和系统噪声驱动矩阵 $G_M(t)$ 分别为

$$W_M(t) = \begin{bmatrix} \varepsilon_{wx}^b & \varepsilon_{wy}^b & \varepsilon_{wz}^b & \nabla_{wx}^b & \nabla_{wy}^b & \nabla_{wz}^b \end{bmatrix}^T \qquad (4\text{-}10)$$

$$G_M(t) = \begin{bmatrix} -C_b^n & \mathbf{0}_{3\times 3} \\ \mathbf{0}_{3\times 3} & C_b^n \\ \mathbf{0}_{3\times 3} & \mathbf{0}_{3\times 3} \\ \mathbf{0}_{3\times 3} & \mathbf{0}_{3\times 3} \\ \mathbf{0}_{3\times 3} & \mathbf{0}_{3\times 3} \end{bmatrix} \qquad (4\text{-}11)$$

只有状态方程不能完成卡尔曼滤波,还需要加入量测方程。以间接法为例,将两个子系统各自解算的速度位置作差,所得到的方程作为卡尔曼滤波器的观测方程,将其记作

$$\begin{bmatrix} X_{\mathrm{IMU}}-X_{\mathrm{GPS}} \\ Y_{\mathrm{IMU}}-Y_{\mathrm{GPS}} \\ Z_{\mathrm{IMU}}-Z_{\mathrm{GPS}} \\ V_{X,\mathrm{IMU}}-V_{X,\mathrm{GPS}} \\ V_{Y,\mathrm{IMU}}-V_{Y,\mathrm{GPS}} \\ V_{Z,\mathrm{IMU}}-V_{Z,\mathrm{GPS}} \end{bmatrix} = \begin{bmatrix} 1 & 0 & 0 & 0 & 0 & 0 \\ 0 & 1 & 0 & 0 & 0 & 0 \\ 0 & 0 & 1 & 0 & 0 & 0 \\ 0 & 0 & 0 & 1 & 0 & 0 \\ 0 & 0 & 0 & 0 & 1 & 0 \\ 0 & 0 & 0 & 0 & 0 & 1 \end{bmatrix} \mathbf{0}_{6\times 9} \begin{bmatrix} \Delta r \\ \Delta V \\ \phi \\ d \\ b \end{bmatrix} + V \quad (4-12)$$

### 4.2.2 POS 系统杆臂误差及补偿

1. 杆臂类型与分析

在 POS 系统应用中,通常存在三种杆臂类型,即一级、二级杆臂和 IMU 内杆臂,图 4-3 给出了一级和二级杆臂的示意图。杆臂误差会直接影响 POS 系统精度。

图 4-3 基于相机扫描稳定平台的动态杆臂向量示意图
(a)一级杆臂示意图;(b)二级杆臂示意图。

从图 4-3(a)可知,一级杆臂为 IMU 测量中心到 GNSS 天线相位中心之间的向量,直接影响着 GNSS 接收机获得的位置和速度信息,对 POS 系统有着直接和重要的影响。从图 4-3(b)中可知,二级杆臂为 IMU 测量中心到对地观测载荷投影中心的向量,在 POS 获得自身 IMU 的测量信息后,需要将该信息提供给对地观测载荷,而观测载荷需要其自身投影中心处的位置、速度和姿态等运

动信息。因此,需要利用二级杆臂将POS信息转换到观测载荷投影中心处,方便对地观测载荷使用。IMU内杆臂效应是由三个加速度计的测量中心无法重合于一点造成的,因此其造成的误差又称为尺寸效应误差。IMU内各加速度计测量中心到IMU测量中心的距离即为内杆臂,在载机经历较强的角振动时,IMU内杆臂效应误差增大,对惯性导航信息造成误差。

本书采用IMU与相机刚性固连,所以二级杆臂为定值。主要分析一级杆臂对定位精度的影响。IMU内杆臂效应虽对纯惯性导航有较大影响,但在POS组合应用中,由于GNSS接收机提供的高精度位置和速度量测信息,其对POS测量精度影响较小。因此,重点研究摆扫相机一级杆臂误差的建模、估计与补偿方法,提高POS系统的测量精度。

2. 固定杆臂误差补偿

在没有采用稳定平台或其他伺服机构的情况下,POS的杆臂误差为固定杆臂误差。固定杆臂向量的示意图如图4-4所示。其中,$O_I$和$O_G$分别表示IMU量测中心和GNSS天线相位中心。$O_E x_e y_e z_e$表示地球坐标系,$O_I x_b y_b z_b$表示载体坐标系。$l_I^e$和$l_G^e$分别表示IMU和GNSS天线在地心地固坐标系中的位置向量。

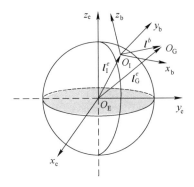

图4-4 固定杆臂向量示意图

从图4-4可知,IMU位置向量、GNSS天线位置向量和固定杆臂向量之间的关系可表示为

$$l_G^e = l_I^e + C_b^e l^b \tag{4-13}$$

对式(4-13)等号两边分别求取微分,可得IMU与GNSS天线之间的速度传播关系为

$$v_G^e = v_I^e + \dot{C}_b^e l^b + C_b^e \dot{l}^b \tag{4-14}$$

式中：$\dot{C}_b^e = C_b^e \Omega_{eb}^b$。

由于在近地导航中，速度信息通常表示在当地地理坐标系下。因此，在式(4-14)等号两边同时乘以 $C_e^n$ 可得

$$v_G^n = v_I^n + C_b^n \Omega_{eb}^b l^b + C_b^n \dot{l}^b \tag{4-15}$$

由于固定杆臂向量不随时间变化，$\dot{l}^b = 0$。因此，式(5-15)可写为

$$v_G^n = v_I^n + C_b^n \Omega_{eb}^b l^b \tag{4-16}$$

根据POS系统量测方程，可得固定杆臂误差补偿向量为

$$d_v(t) = -C_b^n \Omega_{eb}^b l^b \tag{4-17}$$

因此，利用式(4-17)即可完成固定杆臂误差补偿。

3. 动态杆臂误差补偿

由于POS系统随光学相机进行摆扫运动，因此IMU测量中心到GPS天线相位中心间的杆臂是动态的，图4-5给出了动态杆臂向量示意图。

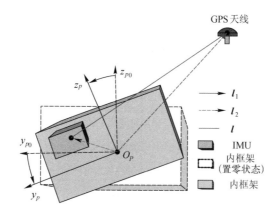

图 4-5　基于相机扫描稳定平台的动态杆臂向量示意图

其中，$p_0$ 系为跟踪稳定平台两个框架处于零位时的内框架坐标系，简称为扫描稳定平台初始坐标系。为了简化推导过程，进行如下假设：

(1) 当扫描稳定平台两个框架处于零位时，二框架编码器输出为零。

(2) 飞行平台坐标系与扫描稳定平台内框架坐标系重合。

(3) 扫描稳定平台的框架编码器数据与GPS数据时间同步。

将IMU测量中心到GPS天线相位中心间的动态杆臂 $l$ 分解为两个相对固定的杆臂之和，这两个杆臂分别为跟踪稳定平台转动中心到GPS天线相位中心的杆臂 $l_1$ 和跟踪稳定平台转动中心到IMU测量中心的杆臂 $l_2$。在飞行试验前，首先将跟踪稳定平台两个框架调整到零位，使用全站仪和相关测量设备测量得

到扫描稳定平台转动中心到 GPS 天线相位中心的杆臂 $l_{01}^{p0}$ 和扫描稳定平台转动中心到 IMU 测量中心的杆臂 $l_{02}^{p0}$。

由于扫描稳定平台初始坐标系与飞行平台之间没有相对运动,同时 GPS 天线与飞行平台固联。因此,扫描稳定平台初始坐标系与 GPS 天线之间没有相对运动,可知杆臂 $l_1$ 在扫描稳定平台初始坐标系下是不变的,可得

$$l_1^{p0} = l_{01}^{p0} \tag{4-18}$$

同时,由于 IMU 与相机载荷固联,而相机载荷又与扫描稳定平台内框架固联,即 IMU 与跟踪稳定平台内框架坐标系间没有相对运动。因此,杆臂 $l_2$ 在跟踪稳定平台内框架坐标系下是不变的,可得

$$l_2^p = l_{02}^{p0} \tag{4-19}$$

式中:上标 $p$ 为扫描稳定平台的内框架坐标系。

因为扫描稳定平台外框架为俯仰框,内框架为横滚框,同时根据假设(1)可得方向余弦矩阵 $C_{p0}^p$ 如下:

$$C_{p0}^p = \begin{bmatrix} \cos\gamma_p & 0 & -\sin\gamma_p \\ 0 & 1 & 0 \\ \sin\gamma_p & 0 & \cos\gamma_p \end{bmatrix} \begin{bmatrix} \cos\psi_p & \sin\psi_p & 0 \\ -\sin\psi_p & \cos\psi_p & 0 \\ 0 & 0 & 1 \end{bmatrix} \tag{4-20}$$

式中:$\gamma_p$ 和 $\psi_p$ 分别为扫描稳定平台的内框架和外框架的编码器输出角度。

因此,根据以上公式可得动态杆臂向量如下:

$$l^{p0} = l_1^{p0} - C_p^{p0} l_2^p \tag{4-21}$$

式中:$C_p^{p0} = (C_{p0}^p)^T$。

根据扫描稳定平台的内外框架顺序,可得扫描稳定平台内框架坐标系相对扫描稳定平台初始坐标系的角速率如下:

$$\omega_{p0p}^p = \begin{bmatrix} 0 \\ \dot{\gamma}_p \\ 0 \end{bmatrix} + \begin{bmatrix} \cos\gamma_p & 0 & -\sin\gamma_p \\ 0 & 1 & 0 \\ \sin\gamma_p & 0 & \cos\gamma_p \end{bmatrix} \begin{bmatrix} 0 \\ 0 \\ \dot{\psi}_p \end{bmatrix} \tag{4-22}$$

式中:$\dot{\gamma}_p$ 和 $\dot{\psi}_p$ 分别为横滚框和航向框的角速率,可由相应框架的编码器信息微分获得。

飞行平台坐标系相对地心地固坐标系的角速度可表示为

$$\omega_{eb}^b = \omega_{ib}^b - \omega_{ie}^b \tag{4-23}$$

式中:$\omega_{ib}^b$ 可直接由三轴陀螺仪输出的数据获得,同时可知

$$\omega_{ie}^b = C_n^b \omega_{ie}^n \tag{4-24}$$

$$\boldsymbol{\omega}_{ie}^n = \begin{bmatrix} 0 \\ \omega_e \cos L \\ \omega_e \sin L \end{bmatrix} \quad (4-25)$$

根据假设(2)可知

$$\boldsymbol{\omega}_{eb}^b = \boldsymbol{\omega}_{ep}^p \quad (4-26)$$

因此,结合式(4-24)和式(4-25)可得扫描稳定平台初始坐标系相对地心地固坐标系的角速度为

$$\boldsymbol{\omega}_{ep_0}^{p_0} = \boldsymbol{C}_p^{p_0}(\boldsymbol{\omega}_{ep}^p - \boldsymbol{\omega}_{p_0p}^p) \quad (4-27)$$

基于扫描稳定平台的动态杆臂误差补偿向量为

$$\boldsymbol{d}_v(t) = -\boldsymbol{C}_{p_0}^n(\Omega_{ep_0}^{p_0}\boldsymbol{l}^{p_0} - \Omega_{p_0p}^{p_0}\boldsymbol{l}_2^{p_0}) \quad (4-28)$$

$$\boldsymbol{d}_p(t) = -\boldsymbol{C}_{p_0}^n\boldsymbol{l}^{p_0} \quad (4-29)$$

式中: $\boldsymbol{C}_{p_0}^n = \boldsymbol{C}_p^n\boldsymbol{C}_{p_0}^p$,根据假设(2)可知, $\boldsymbol{C}_b^n = \boldsymbol{C}_p^n$。

综上可知,利用式(4-28)和式(4-29)获得的动态杆臂误差补偿公式,可对扫描稳定平台相机摆扫成像带来的动态杆臂误差进行补偿。

### 4.2.3 基于POS系统的目标定位常用坐标系

基于POS系统的目标定位的基本思路就是通过曝光时刻航空相机的位置姿态信息、相机平台的转角信息、摄像机内方位元素等参数进行计算,将目标的图像坐标转化为大地坐标。转化过程涉及多个坐标系,本章将对其进行简要介绍。

1. 相关坐标系简介

1) 图像坐标系

相机拍摄的数字图像存储在图像存储器中,每幅数字图像在计算机存储器中实际上是一个 $M \times N$ 的数组,数组中每一个元素代表图像点的灰度值。如图4-6所示,坐标原点位于图像左上角,横轴指向图像右侧,记作 $u$ 轴,纵轴指向图像下侧,记作 $v$ 轴。像点像素坐标记作 $(u,v)$,代表了像素在计算机存储器

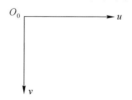

图4-6 图像坐标系

数组中的列数与行数,图像坐标系下的坐标以像素为单位。

2) 摄像机坐标系

图像坐标系下的像点坐标只能表示像素位于数组中的列数与行数,不能用物理单位表示像点在图像中的位置,但在定位转换过程中目标坐标必须为物理单位。因此,需要建立以物理单位表示像点坐标的图像坐标系,该坐标系的单位为毫米或者米。该坐标系的原点位于图像中心,$x$ 轴和 $y$ 轴分别与图像坐标系的 $u$ 轴、$v$ 轴平行,如图 4-7 所示。

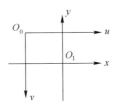

图 4-7 摄像机坐标系

图像坐标系的坐标以像素为单位,而摄像机坐标系是以毫米为单位的物理坐标。摄像机坐标系的原点 $O_1$ 是光轴与像平面的交点,理论上该点位于图像中心处,但由于相机生产过程中所涉及工艺步骤繁多,无法保证摄影中心的投影在靶面的中心处,往往会有一些偏移。设 $O_1$ 图像坐标系下坐标为 $(u_0, v_0)$,单位为像素,则同一像点在摄像机坐标系下的坐标 $(x, y)$ 与图像坐标系下坐标 $(u, v)$ 存在如下关系:

$$\left. \begin{array}{l} x = u \cdot \Delta x - u_0 \\ y = v \cdot \Delta y - v_0 \end{array} \right\} \quad (4\text{-}30)$$

式中:$\Delta x$、$\Delta y$ 分别为每个像素在 $x$ 轴与 $y$ 轴方向上的长度,单位为 mm。考虑对地拍摄时刻航空相机的摄影中心在探测器靶面的上方,而摄像机坐标系往往采用三维坐标形式,原点位于摄影中心。摄影中心到探测器靶面的垂直距离即为相机焦距,记作 $f$。因此,一般用 $(x, y, -f)$ 来表示摄像机坐标系下的坐标,坐标系 $z$ 轴指向天向。

3) 相机机体坐标系

相机机体坐标系以相机投影中心为坐标原点,$x$ 轴指向相机右侧,$z$ 轴垂直向上,$y$ 轴与 $x$、$z$ 轴构成右手坐标系。

4) 地理坐标系

地理坐标系通常以运载体质心为坐标原点,按照地理方向规定轴向,$x$ 轴指向地理东向,$y$轴指向地理北向,$z$轴与$x$、$y$轴正交指向地理天向。通常被称作"东北天坐标系",亦被常用为导航坐标系。

5) 地球坐标系

地球坐标系分为地球直角坐标系与地球球面坐标系。地球直角坐标系的原点位于旋转椭球体中心,$z$轴与地球自转轴重合,正向沿地球自转方向,$x$轴和$y$轴位于赤道平面内,$x$轴穿过本初子午线,$y$轴穿过东经90°子午线。用该坐标系内三维坐标$(X_e, Y_e, Z_e)$来表示位置。

地球球面坐标系的原点与地球直角坐标系相同,用经度、纬度、高度来表位置,记作$(\lambda, L, h)$。

6) IMU 本体坐标系

以 IMU 传感器的三个视准轴作为坐标轴,$x$轴指向载体右方,$y$轴指向载体前方,$z$轴与$x$、$y$轴正交指向上。

2. 坐标系之间的转换

1) 地球球面坐标系与地球直角坐标系的转换

根据不同的任务需求,在实际应用中,航空相机目标定位系统需要地球球面坐标系与地球直角坐标系的相互转换。

球面坐标至直角坐标的转换关系可以由三角方程求得

$$\begin{bmatrix} X_e \\ Y_e \\ Z_e \end{bmatrix} = \begin{bmatrix} R_{Nh} \cos L \cos \lambda \\ R_{Nh} \cos L \sin \lambda \\ [R_N(1-e^2)+h] \sin L \end{bmatrix} \tag{4-31}$$

式中:$R_N$为地球卯酉圈的曲率半径;$e$为地球偏心率;$R_{Nh}$为考虑飞行高度的地球卯酉圈的曲率半径。

地球直角坐标至地球球面坐标的转换关系如下[50-51]。

由式(4-31)可以得到

$$X_e^2 + Y_e^2 = (R_{Nh} \cos L)^2 \tag{4-32}$$

所以

$$\cos L = \frac{\sqrt{X_e^2 + Y_e^2}}{R_{Nh}} \tag{4-33}$$

$$\sin L = \pm \sqrt{1 - \frac{X_e^2 + Y_e^2}{R_{Nh}^2}} \tag{4-34}$$

$$\sin\lambda = \frac{Y_e}{R_{Nh}\cos L} = \frac{Y_e}{\sqrt{X_e^2+Y_e^2}} \qquad (4-35)$$

$$\cos\lambda = \frac{X_e}{R_{Nh}\cos L} = \frac{X_e}{\sqrt{X_e^2+Y_e^2}} \qquad (4-36)$$

式(4-34)中,当目标在北半球时 $L$ 取正号,南半球时 $L$ 取负号。由上述各式可以看出经度 $\lambda$ 可以通过式(4-35)和式(4-36)直接求解,但是纬度 $L$ 不可直接解析求解。关于纬度 $L$ 的求解方法前人曾做过许多研究,亦有学者给出纬度的闭环求解形式,从计算精度和计算量的角度综合考虑,此处介绍两种近似求解方法。

（1）近似逼近求解。

初始化

$$h = 0 \qquad (4-37)$$

$$R_N = R_e \qquad (4-38)$$

迭代计算

$$\sin L = \frac{Z_e}{R_N(1-e^2)+h} \qquad (4-39)$$

$$L = \arctan\frac{Z_e + e^2 R_N \sin L}{\sqrt{X_e^2+Y_e^2}} \qquad (4-40)$$

$$R_N = \frac{R_e}{\sqrt{1-e^2\sin^2 L}} \qquad (4-41)$$

$$h = \frac{\sqrt{X_e^2+Y_e^2}}{\cos L} - R_N \qquad (4-42)$$

上述迭代算法只需迭代 4 次即可达到厘米级计算精度（$10^{-9}$ rad）。

（2）近似闭环求解。

$$R = \sqrt{X_e^2+Y_e^2} \qquad (4-43)$$

$$\theta = \arctan\left(\frac{Z_e R_e}{RR_p}\right) \qquad (4-44)$$

$$(e')^2 = \frac{R_e^2 - R_p^2}{R_p^2} \qquad (4-45)$$

$$L = \arctan\left(\frac{Z_e + (e')^2 R_p \sin^3\theta}{R - e^2 R_e \cos^3\theta}\right) \qquad (4-46)$$

$$\lambda = \arctan2(Y_e, X_e) \qquad (4\text{-}47)$$

$$h = \frac{R}{\cos L} - \frac{R_e}{\sqrt{1-e^2\sin^2 L}} \qquad (4\text{-}48)$$

式中：$R_e$ 为地球半长轴；$R_p$ 为地球半短轴。

2）地理坐标系与地球直角坐标系的转换

设飞行平台所在地 S 的经度和纬度分别为 $\lambda$、$L$，则 S 点的地理坐标系可由地球直角坐标系经 3 次基本旋转后确定出。

由于 $z_g$ 为垂线方向，所以 $x''_e$ 轴和 $y''_e$ 轴在水平面内，而 $x''_e$ 轴在经度为 $\lambda$ 的子午面内，$x''_e$ 又为水平轴，所以 $x''_e$ 轴指向南，$y''_e$ 轴指向东，经 90° 旋转后，$x'''_e$ 轴指向东，$y'''_e$ 轴指向北，因此 $x_g y_g z_g$ 即为 S 点地理坐标系，如图 4-8 所示。

$$x_e y_e z_e \xrightarrow[\text{旋转}\lambda]{\text{绕}z_e\text{轴}} x'_e y'_e z'_e \xrightarrow[\text{旋转}90°-L]{\text{绕}y'_e\text{轴}} x''_e y''_e z''_e \xrightarrow[\text{旋转}90°]{\text{绕}z''_e\text{轴}} x_g y_g z_g$$

图 4-8　由地球直角坐标系到地理坐标系的 3 次旋转

由图 4-8 得到坐标变换矩阵为

$$\boldsymbol{C}_e^{e'} = \begin{bmatrix} \cos\lambda & \sin\lambda & 0 \\ -\sin\lambda & \cos\lambda & 0 \\ 0 & 0 & 1 \end{bmatrix}$$

$$\boldsymbol{C}_{e'}^{e''} = \begin{bmatrix} \cos(90°-L) & 0 & -\sin(90°-L) \\ 0 & 1 & 0 \\ \sin(90°-L) & 0 & \cos(90°-L) \end{bmatrix} = \begin{bmatrix} \sin L & 0 & -\cos L \\ 0 & 1 & 0 \\ \cos L & 0 & \sin L \end{bmatrix}$$

$$\boldsymbol{C}_{e''}^{g} = \boldsymbol{C}_{e''}^{e'''} = \begin{bmatrix} 0 & 1 & 0 \\ -1 & 0 & 0 \\ 0 & 0 & 1 \end{bmatrix}$$

所以

$$\boldsymbol{C}_e^g = \boldsymbol{C}_{e''}^g \boldsymbol{C}_{e'}^{e''} \boldsymbol{C}_e^{e'} = \begin{bmatrix} 0 & 1 & 0 \\ -1 & 0 & 0 \\ 0 & 0 & 1 \end{bmatrix} \begin{bmatrix} \sin L & 0 & -\cos L \\ 0 & 1 & 0 \\ \cos L & 0 & \sin L \end{bmatrix} \begin{bmatrix} \cos\lambda & \sin\lambda & 0 \\ -\sin\lambda & \cos\lambda & 0 \\ 0 & 0 & 1 \end{bmatrix}$$

$$= \begin{bmatrix} -\sin\lambda & \cos\lambda & 0 \\ -\sin L\cos\lambda & -\sin L\sin\lambda & \cos L \\ \cos L\cos\lambda & \cos L\sin\lambda & \sin L \end{bmatrix}$$

$$(4\text{-}49)$$

3) IMU 本体坐标系与导航坐标系的转换

IMU 本体坐标系 $I$ 与导航坐标系 $n$ 之间的转换可通过一个由三个欧拉角 $(\theta,\gamma,\psi)$ 组成的转换矩阵来实现。各角度的定义如下:航向角 $\psi$ 为 IMU 坐标系 $y$ 轴在导航坐标系水平面($XY$ 面)的投影与导航坐标系 $y$ 轴的夹角,从导航坐标系 $y$ 轴起算,"逆时针"(北偏西)为正,有效范围为 $[0°,360°]$;俯仰角 $\theta$ 为 IMU 坐标系 $y$ 轴与导航坐标系水平面($XY$ 面)间的夹角,以相机光轴方向看逆时针方向为正,即 IMU 坐标系 $y$ 轴向量指向高于水平面为正,反之为负,有效范围为 $[-90°,90°]$;横滚角 $\gamma$ 定义为 IMU 右倾为正(以 IMU 坐标系 $y$ 轴向量指向为前,IMU 坐标系 $x$ 轴指向为右),左倾为负,有效范围为 $[-180°,180°]$。运载体欧拉角本质上是按照物理轴向定义的,一般按照"立轴-横轴-纵轴"的方式进行,而与具体数学轴向选择无关。

由图 4-9 得各次基本旋转对应的变换为

$$x_n y_n z_n \xrightarrow[\text{旋转}\psi]{\text{绕}z_n\text{轴}} x_1 y_1 z_1 \xrightarrow[\text{旋转}\theta]{\text{绕}x_1\text{轴}} x_2 y_2 z_2 \xrightarrow[\text{旋转}\gamma]{\text{绕}y_2\text{轴}} x_I y_I z_I$$

图 4-9 由导航坐标系 $n$ 到 IMU 本体坐标系 $I$ 的三次旋转

$$\boldsymbol{C}_n^1 = \begin{bmatrix} \cos\psi & \sin\psi & 0 \\ -\sin\psi & \cos\psi & 0 \\ 0 & 0 & 1 \end{bmatrix}$$

$$\boldsymbol{C}_1^2 = \begin{bmatrix} 1 & 0 & 0 \\ 0 & \cos\theta & \sin\theta \\ 0 & -\sin\theta & \cos\theta \end{bmatrix}$$

$$\boldsymbol{C}_2^I = \begin{bmatrix} \cos\gamma & 0 & -\sin\gamma \\ 0 & 1 & 0 \\ \sin\gamma & 0 & \cos\gamma \end{bmatrix}$$

所以姿态矩阵为

$$\boldsymbol{C}_n^I = \boldsymbol{C}_2^I \boldsymbol{C}_1^2 \boldsymbol{C}_n^1 = \begin{bmatrix} \cos\gamma & 0 & -\sin\gamma \\ 0 & 1 & 0 \\ \sin\gamma & 0 & \cos\gamma \end{bmatrix} \begin{bmatrix} 1 & 0 & 0 \\ 0 & \cos\theta & \sin\theta \\ 0 & -\sin\theta & \cos\theta \end{bmatrix} \begin{bmatrix} \cos\psi & \sin\psi & 0 \\ -\sin\psi & \cos\psi & 0 \\ 0 & 0 & 1 \end{bmatrix}$$

(4-50)

因此,IMU 本体系 $I$ 到导航系 $n$ 的转换矩阵为

$$C_I^n = \begin{bmatrix} \cos\psi & -\sin\psi & 0 \\ \sin\psi & \cos\psi & 0 \\ 0 & 0 & 1 \end{bmatrix} \begin{bmatrix} 1 & 0 & 0 \\ 0 & \cos\theta & -\sin\theta \\ 0 & \sin\theta & \cos\theta \end{bmatrix} \begin{bmatrix} \cos\gamma & 0 & \sin\gamma \\ 0 & 1 & 0 \\ -\sin\gamma & 0 & \cos\gamma \end{bmatrix}$$

$$= \begin{bmatrix} \cos\gamma\cos\psi - \sin\gamma\sin\psi\sin\theta & -\cos\theta\sin\psi & \cos\psi\sin\gamma + \cos\gamma\sin\psi\sin\theta \\ \cos\gamma\sin\psi + \cos\psi\sin\gamma\sin\theta & \cos\psi\cos\theta & \sin\gamma\sin\psi - \cos\gamma\cos\psi\sin\theta \\ -\cos\theta\sin\gamma & \sin\theta & \cos\gamma\cos\theta \end{bmatrix} \quad (4\text{-}51)$$

### 4.2.4 基于 POS 系统的目标定位方程

航空相机拍摄的图像属于中心投影，因此，可以利用中心投影构象方程推导目标定位模型。

1. 共线条件方程

在执行侦查任务的过程中，相机曝光时刻某地面目标 A 经摄影中心 S 在相片上对应的像点为 $a$。在理想情况下，地面目标 A、摄影中心 S 和像点 $a$ 应处于同一条直线上，即满足共线方程条件。

为推导中心投影构象方程，建立与地理坐标系平行的地理辅助坐标系，以及与摄像机坐标系平行的像空间辅助坐标系，如图 4-10 所示。

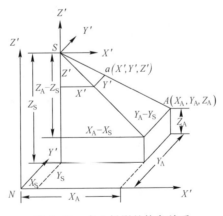

图 4-10 中心投影的构象关系

设地面目标 A 和摄影中心 S 在地理辅助坐标系中的坐标分别为 $(X_A, Y_A, Z_A)$ 和 $(X_S, Y_S, Z_S)$；地面目标 A 对应的像点 $a$ 在像空间辅助坐标系 $S\text{-}X'Y'Z'$ 下的坐标为 $(X', Y', Z')$，像点 $a$ 在像空间坐标系 $i\text{-}xyz$ 下坐标为 $(x, y, -f)$。由于地理辅助坐标系与像空间辅助坐标系对应轴系相互平行，根据相似三角形的关系，可以得到成像时刻共线方程为

$$\frac{X_A-X_S}{X'}=\frac{Y_A-Y_S}{Y'}=\frac{Z_A-Z_S}{Z'}=\lambda \qquad (4-52)$$

式中：$\lambda$ 为比例因子。

由相机在拍摄时刻的 3 个姿态角，通过坐标变换，可以将像点 a 在摄像机坐标系下的坐标转换至像空间辅助坐标系下，坐标为

$$\begin{bmatrix} X' \\ Y' \\ Z' \end{bmatrix} = \boldsymbol{C}_i^s \begin{bmatrix} x \\ y \\ -f \end{bmatrix} \qquad (4-53)$$

摄像机坐标系与相机机体系对应轴系相互平行，像空间辅助系与导航坐标系对应轴系相互平行，像空间坐标系到像空间辅助系之间的转换矩阵等于 IMU 本体系到导航系的转换矩阵。则有

$$\begin{bmatrix} X' \\ Y' \\ Z' \end{bmatrix} = \boldsymbol{C}_b^n \begin{bmatrix} x \\ y \\ -f \end{bmatrix} = \begin{bmatrix} C_{11} & C_{12} & C_{13} \\ C_{21} & C_{22} & C_{23} \\ C_{31} & C_{33} & C_{33} \end{bmatrix} \begin{bmatrix} x \\ y \\ -f \end{bmatrix} \qquad (4-54)$$

式中：$\boldsymbol{C}_b^n$ 为相机机体系到导航坐标系转换矩阵。在不考虑安装误差情况下

$$\begin{cases} C_{11} = \cos\gamma\cos\psi - \sin\gamma\sin\psi\sin\theta \\ C_{12} = -\cos\theta\sin\psi \\ C_{13} = \cos\psi\sin\gamma + \cos\gamma\sin\psi\sin\theta \\ C_{21} = \cos\gamma\sin\psi + \cos\psi\sin\gamma\sin\theta \\ C_{22} = \cos\psi\cos\theta \\ C_{23} = \sin\gamma\sin\psi - \cos\gamma\cos\psi\sin\theta \\ C_{31} = -\cos\theta\sin\gamma \\ C_{32} = \sin\theta \\ C_{33} = \cos\gamma\cos\theta \end{cases} \qquad (4-55)$$

结合式(4-54)和式(4-55)，得

$$\begin{bmatrix} X_A-X_S \\ Y_A-Y_S \\ Z_A-Z_S \end{bmatrix} = \lambda \boldsymbol{C}_b^n \begin{bmatrix} x \\ y \\ -f \end{bmatrix} = \lambda \begin{bmatrix} C_{11} & C_{12} & C_{13} \\ C_{21} & C_{22} & C_{23} \\ C_{31} & C_{32} & C_{33} \end{bmatrix} \begin{bmatrix} x \\ y \\ -f \end{bmatrix} \qquad (4-56)$$

展开为

$$\begin{cases} x = \dfrac{1}{\lambda}[C_{11}(X_A-X_S)+C_{21}(Y_A-Y_S)+C_{31}(Z_A-Z_S)] \\ y = \dfrac{1}{\lambda}[C_{12}(X_A-X_S)+C_{22}(Y_A-Y_S)+C_{32}(Z_A-Z_S)] \\ z = -f = \dfrac{1}{\lambda}[C_{13}(X_A-X_S)+C_{23}(Y_A-Y_S)+C_{33}(Z_A-Z_S)] \end{cases} \quad (4\text{-}57)$$

式(4-57)中第一式和第二式分别除以第三式,消去比例因子可以得到

$$\begin{cases} x = z\dfrac{C_{11}(X_A-X_S)+C_{21}(Y_A-Y_S)+C_{31}(Z_A-Z_S)}{C_{13}(X_A-X_S)+C_{23}(Y_A-Y_S)+C_{33}(Z_A-Z_S)} \\ y = z\dfrac{C_{12}(X_A-X_S)+C_{22}(Y_A-Y_S)+C_{32}(Z_A-Z_S)}{C_{13}(X_A-X_S)+C_{23}(Y_A-Y_S)+C_{33}(Z_A-Z_S)} \end{cases} \quad (4\text{-}58)$$

式(4-58)是一般地区的中心投影构象方程,由于它是描述曝光时刻目标、像点和摄影中心三点共线这一几何关系,因此又称为共线方程。

2. 目标定位模型

当地面水平时,目标点的 $Z$ 坐标 $Z_A$ 为一常数,由式(4-57)可得

$$\begin{bmatrix} x \\ y \\ -f \end{bmatrix} = \dfrac{1}{\lambda}\begin{bmatrix} C_{11} & C_{21} & C_{31} \\ C_{12} & C_{22} & C_{32} \\ C_{13} & C_{23} & C_{33} \end{bmatrix}\begin{bmatrix} X_A-X_S \\ Y_A-Y_S \\ Z_A-Z_S \end{bmatrix} \quad (4\text{-}59)$$

式(4-59)是摄影测量中最主要的一个方程式,应用最为广泛。

考虑到主点与图像中心不重合,设主点在图像系中的坐标为$(x_0, y_0)$。将(4-59)展开得

$$\begin{cases} X_A-X_S = (Z_A-Z_S)\dfrac{C_{11}(x-x_0)+C_{12}(y-y_0)-C_{13}f}{C_{31}(x-x_0)+C_{32}(y-y_0)-C_{33}f} \\ Y_A-Y_S = (Z_A-Z_S)\dfrac{C_{21}(x-x_0)+C_{22}(y-y_0)-C_{23}f}{C_{31}(x-x_0)+C_{32}(y-y_0)-C_{33}f} \end{cases} \quad (4\text{-}60)$$

式中:$Z_A$、$Z_S$ 均为地理辅助坐标系下坐标,因为地理辅助坐标系与导航坐标系各轴相互平行,所以 $Z_S$ 减去 $Z_A$ 为大地高,记作 $H$。可将式(4-60)重新写为

$$\begin{cases} X_A = X_S - H\dfrac{C_{11}(x-x_0)+C_{12}(y-y_0)-C_{13}f}{C_{31}(x-x_0)+C_{32}(y-y_0)-C_{33}f} \\ Y_A = Y_S - H\dfrac{C_{21}(x-x_0)+C_{22}(y-y_0)-C_{23}f}{C_{31}(x-x_0)+C_{32}(y-y_0)-C_{33}f} \\ Z_A = Z_S - H \end{cases} \quad (4\text{-}61)$$

式(4-61)即为基于共线方程的目标定位模型,也是基于POS系统的航空相机目标定位模型[52]。

由于POS系统可以输出相机曝光时刻的位置姿态信息,因此可由式(4-61)求出目标点在地理辅助坐标系下的三维坐标。

## 4.3 基于POS系统的航空相机目标定位误差分析

在实际工作中,机载POS系统与相机在进行目标定位的过程中所涉及的所有参数均不可避免地带有误差。本节将对影响定位精度的主要因素进行分析并建立误差模型。

### 4.3.1 基于POS系统的目标定位主要误差源

基于POS系统的目标定位方法将影像的内、外方位元素均当作已知值,由相机摄影中心向地面外推目标位置信息,定位过程中影响定位误差因素较多。一般来说,直接对地目标定位中的误差主要来自以下几个方面,如图4-11所示。

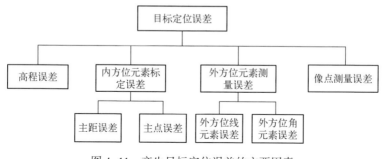

图4-11 产生目标定位误差的主要因素

1. 相机内方位元素误差

1) 焦距误差

相机焦距一般可通过实验室标定的方法求取,但在目标定位过程中,相机在空中环境复杂,受到干扰较多,相机的焦距也会因环境的干扰而改变。因此在实际中,必须充分考虑环境因素及动态条件。查阅文献可以得出:焦距的变化取决于飞行高度、镜头类型及相机在同一温度条件下所处的时间[53]。表4-1为不同环境下某相机的焦距变化情况。

除环境会引起焦距变换以外,在实验室对焦距进行标定时,也会存在标定误差。

表 4-1　不同环境下某相机焦距的变化

| 相机操作条件 | 压力舱内有玻璃板与外界相隔 | | 暴露在空气中,恒温 7° | | 暴露在空气中,温度随外界气温变化 | |
|---|---|---|---|---|---|---|
| 飞行高度/km | 6 | 13 | 6 | 13 | 6 | 13 |
| $f=153$mm | $-20\mu$m | $-38\mu$m | $-36\mu$m | $-58\mu$m | $-47\mu$m | $-80\mu$m |
| $f=305$mm | $12\mu$m | $-17\mu$m | $-33\mu$m | $-28\mu$m | $-110\mu$m | $-172\mu$m |

2) 主点误差

除相机焦距 $f$ 外,主点(摄影中心在靶面的投影在图像坐标系下的坐标)也是影像的内方位元素,记作 $(x_0, y_0)$。与焦距相同的是,一般情况下通过实验室的标定可以给出相机的主点坐标。同样主点坐标也受空中复杂环境干扰,这一点与焦距是类似的,不同的是主点误差与温度无关。实验室标定时也会存在像素级误差,但是可以忽略不计。此外,在 POS 辅助空中三角测量中,可以通过校正值来消除主点误差。但是直接定位中必须考虑主点误差,因为计算过程中是假设内参已知的。图像坐标系下的误差会随着共线方程传播至地面。

2. 相机外方位元素误差

由于基于 POS 系统的目标定位是根据共线方程对目标位置进行解算,因此计算过程中所涉及的 6 个曝光时刻外部参数本身的误差,会直接影响到计算结果是否准确。

1) 外方位线元素误差

由于 POS 系统所提供的数据是将 GPS、IMU 两个子系统的数据经过滤波器处理得到的,因此造成子系统误差的因素均有可能导致 POS 系统输出的结果产生误差,如卫星导航定位误差、杆臂误差等。

2) GPS 定位误差

差分 GPS 技术需同时观测 4 颗或者 4 颗以上卫星,然后计算接收机的空间位置信息。在计算坐标的过程中,卫星信号需要穿过复杂的太空环境,信号会受到众多原因的影响,如,电离层与对流层、大气折射、卫星分布情况等会产生多路径效应、卫星时钟误差、电离层以及对流层的延迟等误差。

此外,选取不同的处理技术,得到的定位精度也不相同。载波相位差分达到的定位精度远高于伪距差分。但能否准确地求解整周模糊度,又关系到载波相位差分定位结果是否精确。查阅近年文献可得,基于伪距、载波相位双卡尔曼滤波的模糊度在航解算方法能够快速、可靠地解算出动态载波相位测量的整周模糊度。

除了载波相位差分技术,GPS 单点定位技术被应用于实时输出 POS 位置信息,除上述影响外,接收机天线相位中心偏差、地球自转等因素,也影响到了单点定位的结果。

3) GPS、IMU 与相机之间的延时带来的误差

POS 系统与相机所获取信息的过程是相互独立的,二者获取信息的时刻往往不能同步,存在一定的系统延迟。查阅文献可知,相机曝光时刻与 POS 系统接收卫星信号时刻的平均差值约为 30μs,而航空相机进行拍摄时,伴随的运载体速度较大,会在一定程度上带来定位误差。此外,由于 GPS 接收机频率的限制,系统无法保证相机曝光时刻与载波相位差分处理时刻恰好在同一时刻。一般情况下飞机是匀速飞行的,可以采用差值算法来消除时间上的延迟。实验研究证明,若接收机的频率大于 1Hz 两个相邻 GPS 历元 $t_i$ 和 $t_i+1$($t_i < t_j < t_i+1$)的天线位置线性内插出的 $t_j$ 时刻天线位置,可以满足目标定位的精度要求。

4) 杆臂误差

杆臂包括 IMU 几何中心到相机摄影中心的杆臂和 GPS 天线相位中心到相机摄影中心的杆臂。

由于 IMU 和相机是固联的,采用人工作业便可以得到高精度的杆臂值,但是 GPS 天线相位中心与相机摄影中心是分开的,且二者安装位置较远,因此加大了测量的难度。一般无法通过常规测量方法求取,可采用经纬仪或者平板玻璃进行测量,其中,平板玻璃直接投影测量法的精度可达到厘米级。

3. 外方位角元素误差

IMU 与相机是刚性连接的,相机姿态可以由 IMU 姿态反映,但是二者存在安装误差角,即三轴在安装时不能保持完全平行,因此外方位角元素的误差由安装角误差与惯性器件测量误差两部分组成。

1) 惯性器件测量误差[54]

IMU 依靠陀螺和加速度计进行测量,因此系统会存在陀螺漂移与零偏所带来的误差、加速度计的动态误差等。

2) 安装角误差

由于相机与 IMU 刚性连接,因此安装角误差为定值,由于安装角误差非常小,无法采用常规手段进行测量。目前安装角误差主要的检测方法有 3 种:空三检校法;区域网平差法;实验室标定法。

#### 4. 像点坐标测量误差

相机的成像过程也受多种因素制约,如镜头畸变、地形因素、大气因素等,这些因素都会导致像点产生位移,从而影响目标在靶面上的投影关系。这种影响是系统级的,可以通过建立误差模型来进行补偿[55]。但是在选取像点坐标时,产生的误差是子像素级的,这个误差无法避免,且会一定程度地影响目标定位的精度,在计算时一般取半个像元大小。

#### 5. 高程误差

目标的高度需从地形图中查得,选取 1∶50000 比例尺数字高程模型对目标区域海拔进行分析,依据 GB12340—90,1∶50000 地形图航空摄影测量内业规范,得到的高程中误差如表 4-2 所列。

表 4-2  1∶50000 比例尺地形图高程中误差(单位:m)

| 地形类别 | 平地 | 丘陵 | 山地 | 高山地 |
| --- | --- | --- | --- | --- |
| 加密点 | 2 | 3 | 4 | 7 |
| 注记点 | 2.5 | 4 | 6 | 10 |
| 等高线 | 3 | 5 | 8 | 14 |

### 4.3.2 基于 POS 系统的目标定位误差模型

#### 1. 采用全微分法建立误差模型

在间接测量中,函数的形式主要为初等函数,且一般为多元函数,其表达式为

$$y = f(x_1, x_2, \cdots, x_n) \tag{4-62}$$

式中:$x_1, x_2, \cdots, x_n$ 为各个直接测量值;$y$ 为间接测量值。

由高等数学可知,对于多元函数,其增量可用函数的全微分表示,则上式的函数 $dy$ 为

$$dy = \frac{\partial f}{\partial x_1} dx_1 + \frac{\partial f}{\partial x_2} dx_2 + \cdots + \frac{\partial f}{\partial x_n} dx_n \tag{4-63}$$

已知各个直接测量值的系统误差 $\Delta x_1, \Delta x_2, \cdots, \Delta x_n$,当这些误差值均为较小值时,可以用来近似代替式(4-63)中的微分量,从而可近似得到函数的系统误差,记作 $\Delta y$,即

$$\Delta y = \frac{\partial f}{\partial x_1} \Delta x_1 + \frac{\partial f}{\partial x_2} \Delta x_2 + \cdots + \frac{\partial f}{\partial x_n} \Delta x_n \tag{4-64}$$

式(4-65)称为函数系统误差公式,而$\partial f/\partial x_i (i=1,2,\cdots,n)$为各个直接测量值的误差传递函数。

式(4-63)给出了目标定位方程式,考虑安装误差角$(\Delta\theta,\Delta\gamma,\Delta\psi)$后,转换矩阵$\boldsymbol{C}_b^n$可重新写为

$$\boldsymbol{C}_b^n = \begin{bmatrix} \cos\psi & -\sin\psi & 0 \\ \sin\psi & \cos\psi & 0 \\ 0 & 0 & 1 \end{bmatrix} \begin{bmatrix} \cos\theta & 0 & -\sin\theta \\ 0 & 1 & 0 \\ \sin\theta & 0 & \cos\theta \end{bmatrix} \begin{bmatrix} 1 & 0 & 0 \\ 0 & \cos\gamma & -\sin\gamma \\ 0 & \sin\gamma & \cos\gamma \end{bmatrix}$$

$$\cdot \begin{bmatrix} \cos\Delta\psi & -\sin\Delta\psi & 0 \\ \sin\Delta\psi & \cos\Delta\psi & 0 \\ 0 & 0 & 1 \end{bmatrix} \begin{bmatrix} \cos\Delta\theta & 0 & -\sin\Delta\theta \\ 0 & 1 & 0 \\ \sin\Delta\theta & 0 & \cos\Delta\theta \end{bmatrix} \begin{bmatrix} 1 & 0 & 0 \\ 0 & \cos\Delta\gamma & -\sin\Delta\gamma \\ 0 & \sin\Delta\gamma & \cos\Delta\gamma \end{bmatrix}$$

$$= \begin{bmatrix} C_{11} & C_{12} & C_{13} \\ C_{21} & C_{22} & C_{23} \\ C_{31} & C_{32} & C_{33} \end{bmatrix} \quad (4\text{-}65)$$

式中:

$C_{11} = \sin\Delta\theta(\sin\gamma\sin\psi - \cos\gamma\cos\psi\sin\theta)$
$\qquad -\cos\Delta\theta(\sin\Delta\psi(\cos\gamma\sin\psi + \cos\psi\sin\gamma\sin\theta) - \cos\Delta\psi\cos\psi\sin\theta)$

$C_{12} = \sin\Delta\gamma \begin{pmatrix} \sin\Delta\theta(\sin\Delta\psi(\cos\gamma\sin\psi + \cos\psi\sin\gamma\sin\theta) - \cos\Delta\psi\cos\psi\sin\theta) + \\ \cos\Delta\theta(\sin\gamma\sin\psi - \cos\gamma\cos\psi\sin\theta) \end{pmatrix}$
$\qquad -\cos\Delta\gamma(\cos\Delta\psi(\cos\gamma\sin\psi + \cos\psi\sin\gamma\sin\theta) + \cos\psi\cos\theta\sin\Delta\psi)$

$C_{13} = \sin\Delta\gamma(\cos\Delta\psi(\cos\gamma\sin\psi + \cos\psi\sin\gamma\sin\theta) + \cos\psi\cos\theta\sin\Delta\psi)$
$\qquad +\cos\Delta\gamma \begin{pmatrix} \sin\Delta\theta(\sin\Delta\psi(\cos\gamma\sin\psi + \cos\psi\sin\gamma\sin\theta) - \cos\Delta\psi\cos\psi\sin\theta) + \\ \cos\Delta\theta(\sin\gamma\sin\psi - \cos\gamma\cos\psi\sin\theta) \end{pmatrix}$

$C_{21} = \cos\Delta\theta(\sin\Delta\psi(\cos\gamma\cos\psi - \cos\psi\sin\gamma\sin\theta) + \cos\Delta\psi\cos\theta\sin\psi)$
$\qquad -\sin\Delta\theta(\cos\psi\sin\gamma + \cos\gamma\sin\psi\sin\theta)$

$C_{22} = \cos\Delta\gamma(\cos\Delta\psi(\cos\gamma\cos\psi - \sin\psi\sin\gamma\sin\theta) - \cos\theta\sin\Delta\psi\sin\psi)$
$\qquad -\sin\Delta\gamma \begin{pmatrix} \sin\Delta\theta(\sin\Delta\psi(\cos\gamma\cos\psi - \sin\psi\sin\gamma\sin\theta) + \cos\Delta\psi\cos\theta\sin\psi) + \\ \cos\Delta\theta(\cos\psi\sin\gamma + \cos\gamma\sin\psi\sin\theta) \end{pmatrix}$

$C_{23} = -\sin\Delta\gamma(\cos\Delta\psi(\cos\gamma\cos\psi - \sin\psi\sin\gamma\sin\theta) - \cos\theta\sin\Delta\psi\sin\psi)$
$\qquad -\cos\Delta\gamma \begin{pmatrix} \sin\Delta\theta(\sin\Delta\psi(\cos\gamma\cos\psi - \sin\psi\sin\gamma\sin\theta) + \cos\Delta\psi\cos\theta\sin\psi) + \\ \cos\Delta\theta(\cos\psi\sin\gamma + \cos\gamma\sin\psi\sin\theta) \end{pmatrix}$

$C_{31} = \cos\Delta\theta(\cos\Delta\psi\sin\theta + \cos\theta\sin\Delta\psi\sin\gamma) + \cos\gamma\cos\theta\sin\Delta\theta$

$$C_{32} = -\cos\Delta\gamma(\sin\Delta\psi\sin\theta - \cos\Delta\psi\cos\theta\sin\gamma)$$
$$-\sin\Delta\gamma(\sin\Delta\theta(\cos\Delta\psi\sin\theta + \cos\theta\sin d\psi\sin\gamma) - \cos\Delta\theta\cos\gamma\cos\theta)$$
$$C_{33} = \sin\Delta\gamma(\sin\Delta\psi\sin\theta - \cos\Delta\psi\cos\theta\sin\gamma)$$
$$-\cos\Delta\gamma(\sin\Delta\theta(\cos\Delta\psi\sin\theta + \cos\theta\sin d\psi\sin\gamma) - \cos\Delta\theta\cos\gamma\cos\theta)$$

对 $X_A$ 求全微分

$$\delta X_A = \frac{\partial X_A}{\partial X_S}\delta X_S + \frac{\partial X_A}{\partial Z_S}\delta Z_S + \frac{\partial X_A}{\partial Z_A}\delta Z_A + \frac{\partial X_A}{\partial x}\delta x + \frac{\partial X_A}{\partial y}\delta y + \frac{\partial X_A}{\partial f}\delta f$$
$$+ \frac{\partial X_A}{\partial x_0}\delta x_0 + \frac{\partial X_A}{\partial y_0}\delta y_0 + \frac{\partial X_A}{\partial \theta}\delta\theta + \frac{\partial X_A}{\partial \gamma}\delta\gamma + \frac{\partial X_A}{\partial \psi}\delta\psi \quad (4-66)$$

式中:

$$P = C_{11}(x-x_0) + C_{12}(y-y_0) - C_{13}f, \quad Q = C_{31}(x-x_0) + C_{32}(y-y_0) - C_{33}f$$

$$\frac{\partial X_A}{\partial X_S} = 1, \quad \frac{\partial X_A}{\partial Z_S} = -\frac{P}{Q}, \quad \frac{\partial X_A}{\partial Z_A} = \frac{P}{Q}, \quad \frac{\partial X_A}{\partial x} = (Z_A - Z_S)\frac{C_{11}}{Q} - (Z_A - Z_S)\frac{C_{31}P}{Q^2}$$

$$\frac{\partial X_A}{\partial f} = (Z_S - Z_A)\frac{C_{13}}{Q} + (Z_A - Z_S)\frac{C_{33}P}{Q^2}, \quad \frac{\partial X_A}{\partial y} = (Z_A - Z_S)\frac{C_{12}}{Q} - (Z_A - Z_S)\frac{C_{32}P}{Q^2}$$

$$\frac{\partial X_A}{\partial x_0} = (Z_S - Z_A)\frac{C_{11}}{Q} + (Z_A - Z_S)\frac{C_{31}P}{Q^2}, \quad \frac{\partial X_A}{\partial y_0} = (Z_S - Z_A)\frac{C_{12}}{Q} + (Z_A - Z_S)\frac{C_{32}P}{Q^2}$$

$$\frac{\partial X_A}{\partial \theta} = (Z_A - Z_S)\frac{\frac{\partial C_{11}}{\partial \theta}(x-x_0) + \frac{\partial C_{12}}{\partial \theta}(y-y_0) - \frac{\partial C_{13}}{\partial \theta}f}{Q}$$
$$-(Z_A - Z_S)\left(\frac{\partial C_{31}}{\partial \theta}(x-x_0) + \frac{\partial C_{32}}{\partial \theta}(y-y_0) - \frac{\partial C_{33}}{\partial \theta}f\right)\frac{P}{Q^2}$$

$$\frac{\partial X_A}{\partial \gamma} = (Z_A - Z_S)\frac{\frac{\partial C_{11}}{\partial \gamma}(x-x_0) + \frac{\partial C_{12}}{\partial \gamma}(y-y_0) - \frac{\partial C_{13}}{\partial \gamma}f}{Q}$$
$$-(Z_A - Z_S)\left(\frac{\partial C_{31}}{\partial \gamma}(x-x_0) + \frac{\partial C_{32}}{\partial \gamma}(y-y_0) - \frac{\partial C_{33}}{\partial \gamma}f\right)\frac{P}{Q^2}$$

$$\frac{\partial X_A}{\partial \psi} = (Z_A - Z_S)\frac{\frac{\partial C_{11}}{\partial \psi}(x-x_0) + \frac{\partial C_{12}}{\partial \psi}(y-y_0) - \frac{\partial C_{13}}{\partial \psi}f}{Q}$$
$$-(Z_A - Z_S)\left(\frac{\partial C_{31}}{\partial \psi}(x-x_0) + \frac{\partial C_{32}}{\partial \psi}(y-y_0) - \frac{\partial C_{33}}{\partial \psi}f\right)\frac{P}{Q^2}$$

其中,

$$\frac{\partial C_{11}}{\partial \theta} = -\sin\Delta\theta\cos\gamma\cos\psi\cos\theta - \cos\Delta\theta(\sin\Delta\psi\cos\psi\sin\gamma\cos\theta + \cos\Delta\psi\cos\psi\sin\theta)$$

$$\frac{\partial C_{12}}{\partial \theta} = \sin\Delta\gamma\sin\Delta\theta(\sin\Delta\psi\cos\psi\sin\gamma\cos\theta + \cos\Delta\psi\cos\psi\sin\theta) - \cos\Delta\theta\cos\gamma\cos\psi\cos\theta$$
$$-\cos\Delta\gamma(\cos\Delta\psi\cos\psi\sin\gamma\cos\theta - \cos\psi\sin\theta\sin\Delta\psi)$$

$$\frac{\partial C_{13}}{\partial \theta} = \sin\Delta\gamma(\cos\Delta\psi\cos\psi\sin\gamma\cos\theta - \sin\Delta\psi\cos\psi\sin\theta) +$$
$$\cos\Delta\gamma(\sin\Delta\theta(\sin\Delta\psi\cos\psi\sin\gamma\cos\theta + \cos\Delta\psi\cos\psi\sin\theta) - \cos\Delta\theta\cos\gamma\cos\psi\cos\theta)$$

$$\frac{\partial C_{21}}{\partial \theta} = \cos\Delta\theta(-\sin\Delta\psi\sin\gamma\sin\psi\cos\theta - \cos\Delta\psi\sin\theta\sin\psi) - \sin\Delta\theta\cos\gamma\sin\psi\cos\theta$$

$$\frac{\partial C_{22}}{\partial \theta} = \cos\Delta\gamma(-\cos\Delta\psi\sin\gamma\sin\psi\cos\theta + \sin\psi\sin\theta\sin\Delta\psi) -$$
$$\sin\Delta\gamma(\sin\Delta\theta(-\sin\Delta\psi\sin\gamma\sin\psi\cos\theta - \cos\Delta\psi\sin\theta\sin\psi) + \cos\Delta\theta\cos\gamma\sin\psi\cos\theta)$$

$$\frac{\partial C_{23}}{\partial \theta} = -\sin\Delta\gamma(-\cos\Delta\psi\sin\gamma\sin\psi\cos\theta + \sin\psi\sin\theta\sin\Delta\psi) -$$
$$\cos\Delta\gamma(\sin\Delta\theta(-\sin\Delta\psi\sin\gamma\sin\psi\cos\theta - \cos\Delta\psi\sin\theta\sin\psi) + \cos\Delta\theta\cos\gamma\sin\psi\cos\theta)$$

$$\frac{\partial C_{31}}{\partial \theta} = \cos\Delta\theta(\cos\Delta\psi\cos\theta - \sin\theta\sin\Delta\psi\sin\gamma) - \cos\gamma\sin\theta\sin\Delta\theta$$

$$\frac{\partial C_{32}}{\partial \theta} = -\cos\Delta\gamma(\sin\Delta\psi\cos\theta + \cos\Delta\psi\sin\theta\sin\gamma) -$$
$$\sin\Delta\gamma(\sin\Delta\theta(\cos\Delta\psi\cos\theta - \sin\theta\sin\Delta\psi\sin\gamma) + \cos\Delta\theta\cos\gamma\sin\theta)$$

$$\frac{\partial C_{33}}{\partial \theta} = \sin\Delta\gamma(\sin\Delta\psi\cos\theta + \cos\Delta\psi\sin\theta\sin\gamma) -$$
$$\cos\Delta\gamma(\sin\Delta\theta(\cos\Delta\psi\cos\theta - \sin\theta\sin\Delta\psi\sin\gamma) + \cos\Delta\theta\cos\gamma\sin\theta)$$

$$\frac{\partial C_{11}}{\partial \gamma} = \sin\Delta\theta(\cos\gamma\sin\psi + \sin\gamma\cos\psi\sin\theta) - \cos\Delta\theta\sin\Delta\psi(-\sin\gamma\sin\psi + \cos\psi\cos\gamma\sin\theta)$$

$$\frac{\partial C_{12}}{\partial \gamma} = \sin\Delta\gamma\begin{pmatrix}\sin\Delta\theta\sin\Delta\psi(-\sin\gamma\sin\psi + \cos\psi\cos\gamma\sin\theta) + \\ \cos\Delta\theta(\cos\gamma\sin\psi + \sin\gamma\cos\psi\sin\theta)\end{pmatrix}$$
$$-\cos\Delta\gamma\cos\Delta\psi(-\sin\gamma\sin\psi + \cos\psi\cos\gamma\sin\theta)$$

$$\frac{\partial C_{13}}{\partial \gamma} = \sin\Delta\gamma\cos\Delta\psi(-\sin\gamma\sin\psi + \cos\psi\cos\gamma\sin\theta)$$
$$+\cos\Delta\gamma\begin{pmatrix}\sin\Delta\theta\sin\Delta\psi(-\sin\gamma\sin\psi + \cos\psi\cos\gamma\sin\theta) + \\ \cos\Delta\theta(\cos\gamma\sin\psi + \sin\gamma\cos\psi\sin\theta)\end{pmatrix}$$

$$\frac{\partial C_{21}}{\partial \gamma} = \cos\Delta\theta\sin\Delta\psi(-\sin\gamma\cos\psi - \sin\psi\cos\gamma\sin\theta) - \sin\Delta\theta(\cos\gamma\cos\psi - \sin\gamma\sin\psi\sin\theta)$$

$$\frac{\partial C_{22}}{\partial \gamma} = \cos\Delta\gamma\cos\Delta\psi(-\sin\gamma\cos\psi - \sin\psi\cos\gamma\sin\theta)$$
$$-\sin\Delta\gamma\begin{pmatrix}\sin\Delta\theta\sin\Delta\psi(-\sin\gamma\cos\psi - \cos\lambda\sin\psi\sin\theta) + \\ \cos\Delta\theta(\cos\psi\cos\gamma - \sin\gamma\sin\psi\sin\theta)\end{pmatrix}$$

$$\frac{\partial C_{23}}{\partial \gamma} = -\sin\Delta\gamma\cos\Delta\psi(-\sin\gamma\cos\psi - \sin\psi\cos\gamma\sin\theta) -$$
$$\cos\Delta\gamma\begin{pmatrix}\sin\Delta\theta\sin\Delta\psi(-\sin\gamma\cos\psi - \cos\lambda\sin\psi\sin\theta) + \\ \cos\Delta\theta(\cos\psi\cos\gamma - \sin\gamma\sin\psi\sin\theta)\end{pmatrix}$$

$$\frac{\partial C_{31}}{\partial \gamma} = \cos\Delta\theta\cos\theta\sin\Delta\psi\cos\gamma - \sin\gamma\cos\theta\sin\Delta\theta$$

$$\frac{\partial C_{32}}{\partial \gamma} = \cos\Delta\gamma\cos\Delta\psi\cos\theta\cos\gamma - \sin\Delta\gamma(\sin\Delta\theta\cos\theta\sin\Delta\psi + \cos\Delta\theta\sin\gamma\cos\theta)$$

$$\frac{\partial C_{33}}{\partial \gamma} = -\sin\Delta\gamma\cos\Delta\psi\cos\theta\cos\gamma - \cos\Delta\gamma(\sin\Delta\theta\cos\theta\sin\Delta\psi + \cos\Delta\theta\sin\gamma\cos\theta)$$

$$\frac{\partial C_{11}}{\partial \psi} = \sin\Delta\theta(\sin\gamma\cos\psi + \cos\gamma\sin\psi\sin\theta)$$
$$-\cos\Delta\theta(\sin\Delta\psi(\cos\gamma\cos\psi - \sin\psi\sin\gamma\sin\theta) + \cos\Delta\psi\sin\psi\cos\theta)$$

$$\frac{\partial C_{12}}{\partial \psi} = \sin\Delta\gamma\begin{pmatrix}\sin\Delta\theta(\sin\Delta\psi(\cos\gamma\cos\psi - \sin\psi\sin\gamma\sin\theta) + \cos\Delta\psi\sin\psi\sin\theta) + \\ \cos\Delta\theta(\sin\gamma\cos\psi + \cos\gamma\sin\psi\sin\theta)\end{pmatrix}$$
$$-\cos\Delta\gamma(\cos\Delta\psi(\cos\gamma\cos\psi - \sin\psi\sin\gamma\sin\theta) - \sin\psi\cos\theta\sin\Delta\psi)$$

$$\frac{\partial C_{13}}{\partial \psi} = \sin\Delta\gamma(\cos\Delta\psi(\cos\gamma\cos\psi - \sin\psi\sin\gamma\sin\theta) - \sin\psi\cos\theta\sin\Delta\psi)$$
$$+\cos\Delta\gamma\begin{pmatrix}\sin\Delta\theta(\sin\Delta\psi(\cos\gamma\cos\psi - \sin\psi\sin\gamma\sin\theta) + \cos\Delta\psi\sin\psi\sin\theta) + \\ \cos\Delta\theta(\sin\gamma\cos\psi + \cos\gamma\sin\psi\sin\theta)\end{pmatrix}$$

$$\frac{\partial C_{21}}{\partial \psi} = \cos\Delta\theta(\sin\Delta\psi(-\cos\gamma\sin\psi - \cos\psi\sin\gamma\sin\theta) + \cos\Delta\psi\cos\theta\cos\psi)$$
$$-\sin\Delta\theta(-\sin\psi\sin\gamma + \cos\gamma\cos\psi\sin\theta)$$

$$\frac{\partial C_{22}}{\partial \psi} = \cos\Delta\gamma(\cos\Delta\psi(-\cos\gamma\sin\psi - \cos\psi\sin\gamma\sin\theta) - \cos\theta\sin\Delta\psi\cos\psi)$$
$$-\sin\Delta\gamma\begin{pmatrix}\sin\Delta\theta(\sin\Delta\psi(-\cos\gamma\sin\psi - \cos\psi\sin\gamma\sin\theta) + \cos\Delta\psi\cos\theta\cos\psi) + \\ \cos\Delta\theta(-\sin\psi\sin\gamma + \cos\gamma\cos\psi\sin\theta)\end{pmatrix}$$

$$\frac{\partial C_{23}}{\partial \psi} = -\sin\Delta\gamma \left( \cos\Delta\psi (-\cos\gamma\sin\psi - \cos\psi\sin\gamma\sin\theta) - \cos\theta\sin\Delta\psi\cos\psi \right)$$

$$-\cos\Delta\gamma \begin{pmatrix} \sin\Delta\theta(\sin\Delta\psi(-\cos\gamma\sin\psi - \cos\psi\sin\gamma\sin\theta) + \cos\Delta\psi\cos\theta\cos\psi) + \\ \cos\Delta\theta(-\sin\psi\sin\gamma + \cos\gamma\cos\psi\sin\theta) \end{pmatrix}$$

$$\frac{\partial C_{31}}{\partial \psi} = 0, \frac{\partial C_{32}}{\partial \psi} = 0, \frac{\partial C_{33}}{\partial \psi} = 0$$

由误差传递公式和误差合成理论可得，目标在地理辅助系 $X$ 向误差为

$$M_{X_A} = \sqrt{\begin{array}{l} \left(\frac{\partial X_A}{\partial X_S}\delta X_S\right)^2 + \left(\frac{\partial X_A}{\partial Z_S}\delta Z_S\right)^2 + \left(\frac{\partial X_A}{\partial Z_A}\delta Z_A\right)^2 + \left(\frac{\partial X_A}{\partial x}\delta x\right)^2 + \left(\frac{\partial X_A}{\partial y}\delta y\right)^2 + \\ \left(\frac{\partial X_A}{\partial f}\delta f\right)^2 + \left(\frac{\partial X_A}{\partial x_0}\delta x_0\right)^2 + \left(\frac{\partial X_A}{\partial y_0}\delta y_0\right)^2 + \left(\frac{\partial X_A}{\partial \theta}\delta\theta\right)^2 + \left(\frac{\partial X_A}{\partial \gamma}\delta\gamma\right)^2 + \\ \left(\frac{\partial X_A}{\partial \psi}\delta\psi\right)^2 \end{array}}$$

(4-67)

又因为

$$Y_A = Y_S + (Z_A - Z_S)\frac{C_{21}(x-x_0) + C_{22}(y-y_0) - C_{23}f}{C_{31}(x-x_0) + C_{32}(y-y_0) - C_{33}f} \quad (4\text{-}68)$$

对 $Y_A$ 求全微分可得

$$\delta Y_A = \frac{\partial Y_A}{\partial Y_S}\delta Y_S + \frac{\partial Y_A}{\partial Z_S}\delta Z_S + \frac{\partial Y_A}{\partial Z_A}\delta Z_A + \frac{\partial Y_A}{\partial x}\delta x + \frac{\partial Y_A}{\partial y}\delta y + \frac{\partial Y_A}{\partial f}\delta f$$

$$+ \frac{\partial Y_A}{\partial x_0}\delta x_0 + \frac{\partial Y_A}{\partial y_0}\delta y_0 + \frac{\partial Y_A}{\partial \theta}\delta\theta + \frac{\partial Y_A}{\partial \gamma}\delta\gamma + \frac{\partial Y_A}{\partial \psi}\delta\psi \quad (4\text{-}69)$$

式中：

$$M = C_{11}(x-x_0) + C_{12}(y-y_0) - C_{13}f, \quad Q = C_{31}(x-x_0) + C_{32}(y-y_0) - C_{33}f$$

$$\frac{\partial Y_A}{\partial Y_S} = 1, \frac{\partial Y_A}{\partial Z_S} = -\frac{M}{Q}, \frac{\partial Y_A}{\partial Z_A} = \frac{M}{Q}, \frac{\partial Y_A}{\partial x} = (Z_A - Z_S)\frac{C_{21}}{Q} - (Z_A - Z_S)\frac{C_{31}M}{Q^2}$$

$$\frac{\partial Y_A}{\partial f} = (Z_S - Z_A)\frac{C_{23}}{Q} + (Z_A - Z_S)\frac{C_{33}M}{Q^2}, \frac{\partial Y_A}{\partial y} = (Z_A - Z_S)\frac{C_{22}}{Q} - (Z_A - Z_S)\frac{C_{32}M}{Q^2}$$

$$\frac{\partial Y_A}{\partial x_0} = (Z_S - Z_A)\frac{C_{21}}{Q} + (Z_A - Z_S)\frac{C_{31}M}{Q^2}, \frac{\partial Y_A}{\partial y_0} = (Z_S - Z_A)\frac{C_{22}}{Q} + (Z_A - Z_S)\frac{C_{32}M}{Q^2}$$

$$\frac{\partial Y_A}{\partial \theta} = (Z_A - Z_S)\frac{\frac{\partial C_{21}}{\partial \theta}(x-x_0) + \frac{\partial C_{22}}{\partial \theta}(y-y_0) - \frac{\partial C_{23}}{\partial \theta}f}{Q}$$

$$-(Z_A-Z_S)\left(\frac{\partial C_{31}}{\partial \theta}(x-x_0)+\frac{\partial C_{32}}{\partial \theta}(y-y_0)-\frac{\partial C_{33}}{\partial \theta}f\right)\frac{M}{Q^2}$$

$$\frac{\partial Y_A}{\partial \gamma}=(Z_A-Z_S)\frac{\frac{\partial C_{21}}{\partial \gamma}(x-x_0)+\frac{\partial C_{22}}{\partial \gamma}(y-y_0)-\frac{\partial C_{13}}{\partial \gamma}f}{Q}$$

$$-(Z_A-Z_S)\left(\frac{\partial C_{31}}{\partial \gamma}(x-x_0)+\frac{\partial C_{32}}{\partial \gamma}(y-y_0)-\frac{\partial C_{33}}{\partial \gamma}f\right)\frac{M}{Q^2}$$

$$\frac{\partial Y_A}{\partial \psi}=(Z_A-Z_S)\frac{\frac{\partial C_{21}}{\partial \psi}(x-x_0)+\frac{\partial C_{22}}{\partial \psi}(y-y_0)-\frac{\partial C_{23}}{\partial \psi}f}{Q}$$

$$-(Z_A-Z_S)\left(\frac{\partial C_{31}}{\partial \psi}(x-x_0)+\frac{\partial C_{32}}{\partial \psi}(y-y_0)-\frac{\partial C_{33}}{\partial \psi}f\right)\frac{M}{Q^2}$$

同理可得,目标在地理辅助系 $Y$ 向误差为

$$M_{Y_A}=\sqrt{\begin{array}{l}\left(\frac{\partial Y_A}{\partial Y_S}\delta Y_S\right)^2+\left(\frac{\partial Y_A}{\partial Z_S}\delta Z_S\right)^2+\left(\frac{\partial Y_A}{\partial Z_A}\delta Z_A\right)^2+\left(\frac{\partial Y_A}{\partial x}\delta x\right)^2+\left(\frac{\partial Y_A}{\partial y}\delta y\right)^2+\\ \left(\frac{\partial Y_A}{\partial f}\delta f\right)^2+\left(\frac{\partial Y_A}{\partial x_0}\delta x_0\right)^2+\left(\frac{\partial Y_A}{\partial y_0}\delta y_0\right)^2+\left(\frac{\partial Y_A}{\partial \theta}\delta \theta\right)^2+\left(\frac{\partial Y_A}{\partial \gamma}\delta \gamma\right)^2+\\ \left(\frac{\partial Y_A}{\partial \psi}\delta \psi\right)^2\end{array}}$$

(4-70)

由于地理辅助系的 $Z$ 轴指向天向,因此目标在地理辅助系 $Z$ 向误差为目标海拔误差,记作

$$M_{Z_A}=\delta h \tag{4-71}$$

则目标定位的误差为

$$M_A=\sqrt{M_{X_A}^2+M_{Y_A}^2+M_{Z_A}^2} \tag{4-72}$$

2. 采用蒙特卡罗法建立误差模型

传统的全微分方法能够进行误差分析,但是非常复杂,而在误差分析中采用蒙特卡罗思想,既简单准确性又高,因此对蒙特卡罗方法进行简要介绍。

蒙特卡罗思想最早要追溯到 18 世纪的 Buffon 实验,在当时没有计算机的条件下,要进行满足条件的大量随机实验消耗了大量的时间和精力,然而随着计算机的诞生,人们只需在计算机上模拟这些实验即可解决问题。

概率论中的两个基本定理为蒙特卡罗法的理论基础:

(1) 大数定理:设有 $n$ 个独立随机变量 $x_1, x_2, \cdots, x_n$,已知它们来自同一母体且具有相同的分布概率函数,其均值和方差分别用 $u$ 和 $\sigma^2$ 表示,则对任意 $\varepsilon>0$ 有

$$\lim_{n\to\infty} P\left(\left|\frac{1}{n}\sum_{i=1}^{n} x_i - u\right| \geqslant \varepsilon\right) = 0 \quad (4-73)$$

(2) 伯努利定理:若随机事件 $A$ 发生的概率为 $P(A)$,在 $n$ 次的独立的随机试验中,事件 $A$ 发生的次数是 $m$,则对任意 $\varepsilon>0$,有

$$\lim_{n\to\infty} P\left(\left|\frac{m}{n}-P(A)\right| < \varepsilon\right) = 1 \quad (4-74)$$

蒙特卡罗法运用于科学研究或解决实际问题时,大体有如下几个步骤:

(1) 对研究过程中或实际中遇到的问题进行分析,根据问题建立符合问题的数学模型,使数学模型的数学期望和概率分布是我们想得到问题的解。

(2) 根据由问题所建立的概率统计模型的特点,考虑算法的需要,以某种计算原则对建立的概率统计模型进行修正,从而使我们可以得到更小的误差。

(3) 对概率统计模型的随机变量采用符合要求的抽样方法,对问题进行研究,产生符合要求的伪随机数,对产生的伪随机数以符合模型的方法进行计算。

(4) 对所得到的解进行概率统计,得到解的估计值和方差。

在对目标定位误差进行分析时,需要知道直接对地目标定位过程中各参数的测量值及其测量误差对定位结果的影响,所以运用蒙特卡罗法建立误差传递模型为

$$\Delta M = G(x_1+\Delta x_1, x_2+\Delta x_2, \cdots, x_n+\Delta x_n) - G(x_1, x_2, \cdots, x_n) \quad (4-75)$$

式中:$x_i$ 为直接对地目标定位过程中各参数测量值;$\Delta x_i$ 为各参数的测量误差。

在已知相机内外方位元素及目标高程的情况下,假设目标为大地坐标,求解过程为

$$[\lambda, L, H]^T = G(X) \quad (4-76)$$

结合式(4-75),则定位误差模型为

$$[\Delta\lambda, \Delta L, \Delta H]^T = G(X+\Delta X) - G(X) \quad (4-77)$$

式中:$\lambda, L, H$ 为目标在大地坐标系下坐标值;$\Delta\lambda, \Delta L, \Delta H$ 为目标定位结果误差;$G$ 表示直接对地目标定位计算过程;$X, \Delta X$ 分别表示定位计算过程中的参数及其误差,包括:

① $(\lambda_S, L_S, H_S)$ 为相机的大地坐标(经度,纬度,高度);

② $(\theta, \gamma, \psi)$ 为相机的姿态角(俯仰角,滚转角,偏航角);

③ $(x_0, y_0, f)$ 为相机内方位元素(主点,主距);

④ $(x, y, h)$ 为目标状态(目标像点在图像系下坐标);

⑤ $(d\theta, d\gamma, d\psi)$ 为 IMU 相对于相机安装误差角。

### 4.3.3 基于 POS 系统的目标定位误差计算与仿真

1. 采用全微分法计算误差

结合相机实际参数,列出计算某相机直接对地目标定位精度的参数如下:

(1) 相机摄影中心 S 的定位误差:由 POS 输出精度决定,取 $\delta X_S = \delta Y_S = 2m$, $\delta Z_S = 5m$。

(2) 目标点 A 高程误差:与地形地貌及所选取的比例尺数字高程模型有关,依据 GB12340—90 1:50000 地形图航空摄影测量内业规范,取各个地形的平均高程中误差 $\delta Z_A = 5m$。

(3) 相机姿态角误差:与 POS 测量精度、POS 安装标定精度、稳定平台精度有关,本文所选 POS 系统的俯仰角、滚转角误差 $\delta\theta = \delta\gamma = 0.008°$,航向角误差为 $\delta\psi = 0.07°$。

(4) 该相机工作方式为摆扫式拍摄,摆扫轴为飞机纵轴,拍摄时飞机高度与航向均不发生改变,则此时俯仰角与偏航角 $\theta = \psi = 0°$,又因为滚转角越大,定位误差越大,计算精度时,取滚转角最大值 $\gamma = 56°$。

(5) $f$ 为相机的焦距,该相机的焦距为 $0.13m$,焦距标定误差 $\delta f = 9\mu m$。

(6) $x, y$ 为像点在图像坐标系上的坐标值,根据成像靶面的尺寸,计算出 $x$、$y$ 的最大值分别为 $8.3mm$、$7mm$。像点测量误差由目标识别误差和图像畸变等因素造成,综合考虑取 $\delta x = \delta y = 6\mu m$。

(7) 经实验室标定,主点坐标为 $(0.047mm, 0.056mm)$,主点标定误差 $\delta x_0 = \delta y_0 = 3\mu m$。

(8) IMU 相对相机安装误差角: $\Delta\theta = \Delta\gamma = \Delta\psi = 0.1°$。

(9) 设飞机的飞行高度 $H = 5000m$。

将计算公式与输入参数编入 Matlab 程序,得到定位误差如下

$$\begin{cases} M_{X_A} = 8.185m \\ M_{Y_A} = 8.694m \\ M_{Z_A} = 5m \end{cases}$$

计算得对地目标定位误差 $M_A = \sqrt{M_{X_A}^2 + M_{Y_A}^2 + M_{Z_A}^2} = 12.945\text{m}$。

2. 采用蒙特卡罗法进行定位误差仿真

对地目标定位过程所涉及运算量非常庞大,采用 Matlab 进行结果仿真。基于 POS 系统的无源目标定位误差与计算过程中涉及的每一个参数误差都息息相关,而这些误差普遍服从正态分布,假设定位计算涉及的误差 $\Delta X$ 服从于均值为 0,均方差为 $\sigma_{\Delta X}$ 的正态分布,即 $\Delta X \sim N(0, \sigma_{\Delta X})$。

在仿真过程中,利用 Matlab 函数库中的 randn 函数,生成所需求的误差序列,记作 $X'$。经过转换 $\Delta X = \sigma_{\Delta X} X'$ 得到所需要的随机数列。

基于 POS 系统的无源目标定位方程以及根据蒙特卡罗误差法建立的误差模型编写仿真程序,计算流程图如图 4-12 所示。

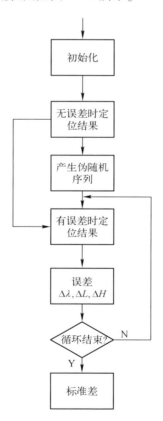

图 4-12 定位过程仿真程序流程图

根据实际情况,列出仿真程序所采用的数据,如表 4-3 所列。

表 4-3 定位仿真计算所采用的数据

| 名　　称 | 符　号 | 名 义 值 | 误　　差 |
|---|---|---|---|
| 相机的大地经度 | λ | 108° | 0.00003° |
| 相机的大地纬度 | L | 34° | 0.00003° |
| 相机大地高度 | H | 5345m | 5m |
| 相机俯仰角 | θ | 0° | 0.008° |
| 相机滚转角 | γ | 45° | 0.008° |
| 相机偏航角 | ψ | 0° | 0.07° |
| 相机主点 | $x_0$ | 0.056mm | 3μm |
| 相机主点 | $y_0$ | 0.047mm | 3μm |
| 相机焦距 | F | 0.13m | 9μm |
| 目标像点 | X | 8.3mm | 6μm |
| 目标像点 | Y | 7mm | 6μm |
| 目标海拔 | H | 345m | 5m |
| 安装误差角(俯仰) | Δθ | 0° | 0.1° |
| 安装误差角(滚转) | Δγ | 0° | 0.1° |
| 安装误差角(偏航) | Δψ | 0° | 0.1° |

仿真程序计算的具体步骤如下：

(1) 启动程序并完成初始化。

(2) 如表 4-3 所列,计算误差为零时的定位结果($\lambda,L,H$)并保存。

(3) 利用 randn() 函数生成服从于标准正态分布 $N(0,1)$ 的随机序列 $X'$,长度为 10000。

(4) 在随机序列 $X'$ 中取数 $X_i'$,则随机误差量 $\Delta X = \sigma_{\Delta X} X'$。用蒙特卡罗法计算加入误差量 $\Delta X_i'$ 后的定位结果($\lambda_i,L_i,H_i$)。

(5) 计算定位误差 $(\Delta\lambda_i,\Delta L_i,\Delta H_i) = (\lambda_i,L_i,H_i) - (\lambda,L,H)$,循环 10000 次。

(6) 统计 $(\Delta\lambda_i,\Delta L_i,\Delta H_i)$ 的标准差并输出结果。

通过 Matlab 仿真程序进行 10000 次计算,对加入误差的定位方程进行仿真,得到如图 4-13 所示结果。

由图 4-13 可以看出,基于机载光电测量系统的目标定位结果中心某点概率最大,越往外概率越小,呈中心分布。由概率论可知,概率越大的位置目标定位结果的可能性越大。目标定位位置误差如图 4-14 所示。对 10000 次计算所得的经度、纬度、大地高进行误差统计,得到图 4-15~图 4-17 所示结果。

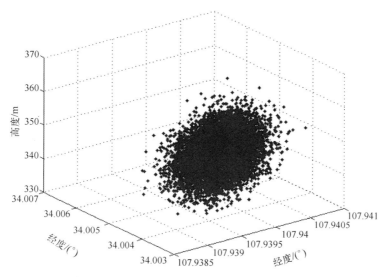

图 4-13 加入误差后计算所得目标空间位置分布

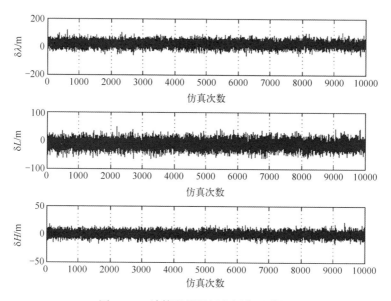

图 4-14 计算所得目标空间位置误差

由图 4-15~图 4-17 可以看出目标定位的经度、纬度和大地高的误差分布都近似服从 $\mu=0$ 的正态分布。统计 10000 次计算结果的标准差,可以得到定位误差如表 4-4 所列。

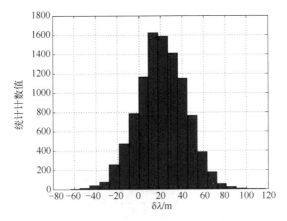

图 4-15　目标定位的经度误差分布图

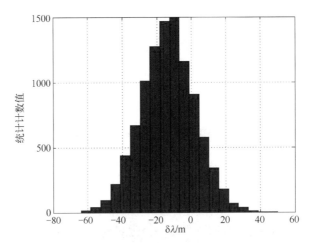

图 4-16　目标定位的纬度误差分布图

表 4-4　定位结果

| 目标定位结果 | 名义值 | 误差（标准差） |
| --- | --- | --- |
| 经度值/(°) | 108 | 0.00024 |
| 纬度值/(°) | 34 | 0.00014 |
| 高度值/m | 5345 | 4.927 |

根据表 4-4，换算成空间位置误差为 24.92m。采用全微分法建立误差模型并分析，得到飞机在 5000m 高空时，定位精度为 12.945m，采用蒙特卡罗法进行误差分析，定位精度为 24.92m，均满足 5000m 高空定位精度优于 30m 的指标，可以满足工程需求。

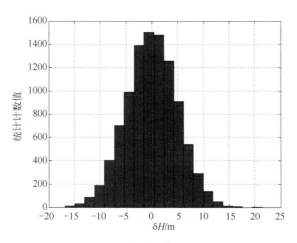

图 4-17 目标定位的高度误差分布图

## 4.4 相机标定及定标技术

### 4.4.1 IMU 与相机安装标定技术

POS 系统直接对地目标定位技术的核心在于利用与相机固联的 IMU 的姿态信息建立共线方程、解算目标位置信息,因此 IMU 与相机之间的安装误差角直接影响到定位的精度。对 IMU 与相机的安装误差角进行标定,有助于提高测姿精度,从而提高目标定位精度。

由于安装误差角可以直接影响到定位精度,这里对其做出分析。设相机 $x$ 轴上安装误差角 $\alpha$,在地面上的偏差 $\Delta x$ 为

$$\Delta x = R \cdot \tan\alpha \tag{4-78}$$

1. 定标目的

在摆扫成像过程中,IMU 是相机运动摆扫过程中的姿态测量设备,通过摆扫拍照时 IMU 的姿态信息,可以对拍摄照片中的目标进行定位以及对批量图像进行拼接。

由于机械安装时 IMU 的敏感轴与相机稳定平台的两个转轴之间存在角度误差,这个误差会影响图片姿态信息的准确性,引起定位误差和图像拼接误差。因此,需要对机械安装的角度误差进行定标测量,在数据计算时将这个误差进行修正。IMU 与相机安装误差除角度误差以外,还存在线位移误差,由于这个

线位移误差与测量精度相比较小,可以忽略。

2. 定标内容

以某型摆扫相机及 IMU 设备为例,如图 4-18 和图 4-19 所示为低照度相机与 IMU 的坐标关系图以及 IMU 测量坐标系定义。

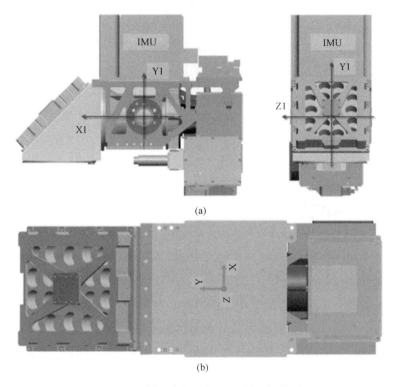

图 4-18 低照度相机与 IMU 的坐标关系

从图 4-19 可以看出,IMU 具有 $X$ 向、$Y$ 向(航向)以及 $Z$ 向三个正交方向测量输出,相机具有沿航向轴($X1$)横滚摆扫以及俯仰轴($Z1$)两个正交姿态运动。根据方案设计要求,机械安装时 IMU 的航向轴($Y$)与稳定平台的横滚轴($X1$)平行,IMU 的旁向轴($X$)与稳定平台的俯仰轴($Y1$)平行,靶面坐标系中水平方向为 $X2$ 轴,与稳定平台的 $Z1$ 轴平行且同向,靶面坐标系垂直方向为 $Y2$ 轴,与稳定平台 $Y1$ 轴同向。

设计中以稳定平台的 $X1$、$Y1$、$Z1$ 轴的交点为参考坐标系 O 点,为过渡坐标系,计算得稳定平台坐标原点在 IMU 测量坐标系 $XYZ$ 中的坐标为(0,26,-107),相机靶面中心坐标原点在 IMU 测量坐标系 $XYZ$ 中的坐标位置为(0,-158,-107)。

# 第 4 章  低照度相机无源目标定位技术

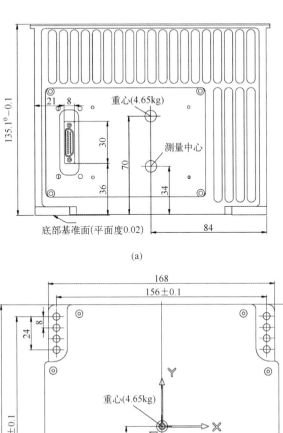

(a)

(b)

图 4-19  IMU 测量坐标系定义

机械安装后,由于零件加工误差和结构安装误差导致 IMU 测量坐标系和靶面坐标系与设计值不一致,会在三个轴向产生线位移误差和角位移误差,从而导致成像系统的测量误差,通过标定,对 IMU 和靶面实际的安装位置进行标定测量,最终确定 IMU 测量坐标系与靶面中心坐标系之间的关系(线位移和角位移误差),为后期的参数修订提供数据,以消除机械加工和结构安装误差对系统的影响。

分别对 IMU 测量坐标系在靶面坐标系中的安装线位移误差和角位移误差进行分析,以作用距离为 1000m 为例,此时的定位精度为 0.5m,当角位移误差大于 0.1°时,计算 1000m 作用距离定位精度误差为 1.7m,远大于 0.5m 的定位精度要求;同样作用距离计算三个轴向的线位移误差均为 10mm 时,定位精度误差为 17mm,远小于 0.5m 的定位精度要求。因此,机械安装引起的线位移误差可忽略不计,只对角位移误差进行标定。

测量过程中以图像的中心像元为参考,因此,取靶面坐标系 $X_3Y_3Z_3O_3$ 为参考坐标系,测量 IMU 测量坐标系在靶面坐标系中的坐标及三个轴的偏角误差。

(1)将相机水平放置到精密转台上,调整稳定平台的转角,使相机光轴处于水平位置。

(2)将带有发光十字丝的经纬仪进行高度调焦,使其大概处于相机中心视场位置,对经纬仪进行调平,使其光轴处于水平方位,十字丝的两条线分别处于水平和垂直位置,三个方向的角误差不大于 5″。

(3)调整相机的姿态,确保经纬仪光轴与相机的光轴重合,十字丝中心成像与靶面中心重合,并且保证十字丝的垂直和水平方向分别与靶面的垂直像元和水平像元重合,误差不大于 1 个像元。

(4)分别读取 IMU 的 $X$ 轴、$Y$ 轴和 $Z$ 轴的角度值为 $\alpha$、$\beta$ 和 $\gamma$,那么,$\alpha$、$\beta$ 和 $\gamma$ 即为 IMU 测量坐标系在靶面中心坐标系中的三个轴向安装角位移误差。

### 4.4.2 相机内方位元素标定

1. 内方位元素标定的内容

相机内方位元素从几何观点看,相片是地面景物的中心投影。确定投影中心与相片之间位置关系的参数称为相机的内方位元素,包括主距 $f$,主点坐标 $(x_0, y_0)$。如图 4-20 所示,$s$ 为投影中心,$o$ 为 $s$ 在像平面上的垂直投影,$so$ 的长度为主距 $f$,$o$ 在以像面中心为原点的坐标系中的坐标 $(x_0, y_0)$ 即为主点坐标。

2. 内方位元素标定过程

精密测角法是实验室内常用的一种精确标定相机内参的方法。标定原理为物方点光源通过星点板、平行光管、光学镜头后成像在遥感相机焦平面中,通

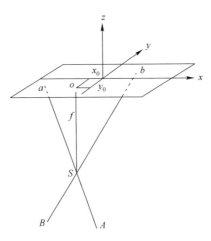

图 4-20　相机中心投影

过高精度精密转台改变并记录平行光线角度,在焦平面中读取并记录像点位置,根据入射光线角度数据和对应的像点坐标数据,根据一定的约束条件求解内方位元素。精密测角法算法直观简洁,易于实现,标定精度较高。

精密测角法相机内参标定需要的设备主要有:高精度两轴精密转台、平行光管、高精度自准直平行光管、经纬仪、计算机、转台电控系统等。两轴精密转台用于测量相机标定的转角,平行光管加星点分划板作为固定点目标发生器,提供用于标定的星点像,星点孔照明用直流灯。自准直平行光管监视转台轴头反射镜,作为仪器标定时满足使用要求。计算机用于数据处理,控制转台控制系统,采集转角数据;转台控制系统驱动转台转动,显示转角值。相机内参标定装置原理图如图 4-21 所示。

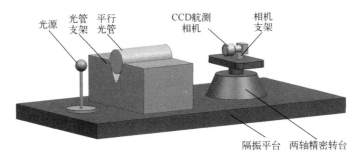

图 4-21　相机内参标定装置原理图

对相机完成光机装调后,把其安装在事先做好的相机支架上,进行初步调整后,将相机连同相机支架安装到精密转台上。首先用 T2 经纬仪利用正倒镜测量将平行光管调水平,然后通过转台旋转使相机对平行光管进行扫描,并调整相机支架的3个调平螺钉,使相机从视场一端扫描到另一端的过程中,星点始终成像在靶面的水平中心线上,即用平行光管将相机扫平。这样就可以利用标定装备,对相机的内方位元素进行标定。将相机对准平行光管,通过扫描使平行光管的星点成像。记录星点坐标和转台角度值。其中,像点坐标利用矩心算法进行细分,使坐标计算达到亚像元精度。转角值由转台电控系统和计算机采集。将相机从一侧到另一侧每隔一定角度进行一点测量。测完一个方向后,把相机旋转90°,按照同样的方法测量另外一个方向。

3. 内方位元素标定的数据处理

数据处理主要是内方位元素的计算,以测角法为基础的相机内方位元素的计算,其实质就是根据像点坐标数据和所测角度数据,寻找一种主点和主距的计算方法。

不同的计算方法会得到不同的主点、主距和畸变。实际中常用的方法有平均值法、谢尔兴算法、畸变平方和最小算法、威特厂计算方法1和威特厂计算方法2。其中,平均值算法精度最低,威特厂计算方法2考虑最为全面,精度最高,其他3种算法具有大致相同的精度。从操作性来说,威特厂的2种方法需要镜头的"标准畸变曲线"。所谓"标准畸变曲线"就是对某种焦距的相机而言,所生产的10~20个物镜的平均畸变差曲线,其目的是为了保证产品质量的稳定。由于没有这样的"标准畸变曲线",我们选用畸变平方和最小算法。

如图4-22所示,$M$为转台处于零位时通过平行光管的星点在像面所成像的初始坐标值,一般取为像面的几何中心;$O$为光学摄影中心;$S_x$为摄影中心在像面上垂足点,即主点;$OS_x$为待求主距。位于物方视场角度$\alpha_i$处星点$P_i$通过平行光管成像于焦平面$P'_i$处。

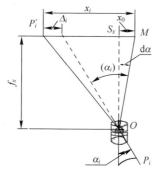

图4-22 精密测角法原理

根据几何光学，$\alpha_i$ 处星点 $P_i$ 光线的光学畸变 $\Delta_i$ 为

$$\Delta_i = x_i - x_0 - f_x \tan(\alpha_i - \mathrm{d}\alpha) \tag{4-79}$$

将 $\tan(\alpha_i - \mathrm{d}\alpha)$ 在 $\alpha_i$ 处展开，并略去高阶项可得

$$\tan(\alpha_i - \mathrm{d}\alpha) = \tan\alpha_i - \sec^2\alpha_i \mathrm{d}\alpha \tag{4-80}$$

式中：$\mathrm{d}\alpha = \arctan\left(\dfrac{x_0}{f_x}\right)$。

若 $x_0 \ll f_x$，近似可得 $\mathrm{d}\alpha = \dfrac{x_0}{f_x}$。经过上述简化，可得

$$\Delta_i = x_i - f_x \tan\alpha_i + x_0 \tan^2\alpha_i \tag{4-81}$$

用精密转台改变角度，待标定相机在多个位置对像点成像，获取多个星点角度及像点位置。观测点记为 $p_1, p_2, \cdots, p_n$，分别定义矩阵 $\boldsymbol{V}, \boldsymbol{B}, \boldsymbol{X}, \boldsymbol{N}$ 如下

$$\boldsymbol{V} = \begin{bmatrix} \Delta_1 \\ \Delta_2 \\ \vdots \\ \Delta_n \end{bmatrix}, \quad \boldsymbol{X} = \begin{bmatrix} x_1 \\ x_2 \\ \vdots \\ x_n \end{bmatrix}, \quad \boldsymbol{B} = \begin{pmatrix} \tan\alpha_1 & -\tan^2\alpha_1 \\ \tan\alpha_2 & -\tan^2\alpha_2 \\ \vdots & \vdots \\ \tan\alpha_n & -\tan^2\alpha_n \end{pmatrix}, \quad \boldsymbol{N} = \begin{bmatrix} f_x \\ x_0 \end{bmatrix}, \tag{4-82}$$

则

$$\boldsymbol{V} = \boldsymbol{X} - \boldsymbol{B}\boldsymbol{N} \tag{4-83}$$

以全视场畸变平方和 $T_{\mathrm{PRS}} = \min \sum\limits_{i=1}^{n} \Delta_i^2 = \min \boldsymbol{V}^{\mathrm{T}}\boldsymbol{V}$ 为约束条件求解内方位元素，由最小二乘可解算出矩阵 $\boldsymbol{N}$，$\boldsymbol{N} = (\boldsymbol{B}^{\mathrm{T}}\boldsymbol{B})^{-1}\boldsymbol{B}^{\mathrm{T}}\boldsymbol{X}$，即

$$\begin{cases} x_0 = \dfrac{-\sum x_i \tan^2\alpha_i \times \sum \tan^2\alpha_i + \sum x_i \tan\alpha_i \times \sum \tan^3\alpha_i}{\sum \tan^2\alpha_i \times \sum \tan^4\alpha_i - \left(\sum \tan^3\alpha_i\right)^2} \\ f_x = \dfrac{\sum x_i \tan\alpha_i \times \sum \tan^4\alpha_i - \sum x_i \tan^2\alpha_i \times \sum \tan^3\alpha_i}{\sum \tan^2\alpha_i \times \sum \tan^4\alpha_i - \left(\sum \tan^3\alpha_i\right)^2} \end{cases} \tag{4-84}$$

根据式(4-85)可算出 $x_0$、$f_x$，同理计算出 $y_0$、$f_y$，相机的主距对两个方向取均值，可得

$$f = \dfrac{1}{2}(f_x + f_y) \tag{4-85}$$

**4. 内方位元素标定精度分析**

我们用主点和主距的标准差来表示相机内参的标定精度。通过误差传递推导误差公式，确定各参数对内参精度的影响关系。为了明确对相机内参精度

的影响因素,对像点位置坐标精度和物方视场角精度与相机内参精度的关系进行研究。在现有的精密测角法的基础上,推导关系公式来确定各参数对内参精度的影响关系。

可以将式(4-85)写为

$$\begin{cases} x_0 = \dfrac{\sum \theta_i^3 \cdot \sum \theta_i x_i - \sum \theta_i^2 x_i \cdot \sum \theta_i^2}{\sum \theta_i^2 \times \sum \theta_i^4 - \left(\sum \theta_i^3\right)^2} \\ f_x = \dfrac{\sum \theta_i^4 \cdot \sum \theta_i x_i - \sum \theta_i^2 x_i \cdot \sum \theta_i^3}{\sum \theta_i^2 \times \sum \theta_i^4 - \left(\sum \theta_i^3\right)^2} \end{cases} \quad (4-86)$$

式中:$\theta_i = \tan\alpha_i$。

精密测角法中误差的来源如下:

(1) 理论误差。在计算 $\tan(\alpha-\mathrm{d}\alpha)$ 时舍去了高阶项 $\mathrm{d}^2\alpha$ 项。

(2) 二维转台误差。实验室中二维转台的测角极限误差为 $\Delta_1$,按均匀分布来考虑,标准差:$\sigma_\alpha = \Delta_1/\sqrt{3}$。

(3) 像点测量误差。星点像位置坐标由探测器像元大小 $\Delta_2$ 决定,实验所采用的探测器测量精度可以达到 1/20Pixel(像元尺寸),$\sigma_x = \dfrac{\Delta_2}{20}$。

(4) 测试环境的影响。在标定中,要对温度、震动、光源、气流等环境因素进行控制,尽量避免或减小环境影响的因素。

(5) 精度影响。精度条件下,测量点数目的多少对结果也有影响,数目过少,会导致误差过大。

(6) 畸变模型与信噪比对误差有一定的影响。根据 $x_0$ 和 $f$ 的计算公式,由误差传播理论计算出由 $x_i$ 和 $\alpha_i$ 的标准差向 $x_0$ 和 $f$ 传递的标准差。

主点的标准差计算步骤如下:在主点 $X$ 轴方向 $x_0$ 的计算中,主点的测量结果与每一次测量的像点位置坐标$(x_i, 0)$及物方视场角 $\alpha_i$ 都有关系,假定位置坐标的标准差 $\sigma_x$ 以及物方视场角的标准差 $\sigma_\alpha$ 是不变的,那么根据误差传递原理可得

$$\sigma_{x_0} = \sqrt{\sum \left(\dfrac{\partial x_0}{\partial x_i}\right)^2 \sigma_x^2 + \sum \left(\dfrac{\partial x_0}{\partial \theta_i}\right)^2 \sigma_\theta^2} \quad (4-87)$$

式中:$\theta_i = \tan\alpha_i$;$\sigma_\theta = \dfrac{\partial \theta_i}{\partial \alpha_i} \sigma_\alpha = \sec^2\alpha_i \cdot \sigma_\alpha$。

所以有

$$\sigma_{x_0}=\sqrt{\sum\left(\frac{\partial x_0}{\partial x_i}\right)^2\sigma_x^2+\sum\left(\frac{\partial x_0}{\partial \theta_i}\sec^2\alpha_i\right)^2\sigma_\alpha^2} \qquad (4-88)$$

经计算

$$\frac{\partial x_0}{\partial x_i}=\frac{\theta_i\cdot\sum\theta_i^3-\theta_i^2\cdot\sum\theta_i^2}{\sum\theta_i^2\cdot\sum\theta_i^4-\left(\sum\theta_i^3\right)^2}=M_1\theta_i+M_2\theta_i^2 \qquad (4-89)$$

式中：

$$M_1=\frac{\sum\theta_i^3}{\sum\theta_i^2\cdot\sum\theta_i^4-\left(\sum\theta_i^3\right)^2}$$

$$M_2=\frac{-\sum\theta_i^2}{\sum\theta_i^2\cdot\sum\theta_i^4-\left(\sum\theta_i^3\right)^2}$$

对于同一组数据，数据个数是一定的，每组测量值也是一定，所以 $M_1$、$M_2$ 是常数，$\sum\left(\frac{\partial x_0}{\partial x_i}\right)^2$ 也可确定。记作

$$\sum\left(\frac{\partial x_0}{\partial x_i}\right)^2=M_1^2\sum\theta_i^2+M_2^2\sum\theta_i^4+2M_1M_2=A_1 \qquad (4-90)$$

按同样的步骤来计算 $\frac{\partial x_0}{\partial \theta_i}\sec^2\alpha_i$。

$$x_0=\frac{(\theta_1^3+\cdots+\theta_n^3)(\theta_1x_1+\cdots+\theta_nx_n)-(\theta_1^2x_1+\cdots+\theta_n^2x_n)(\theta_1^2+\cdots+\theta_n^2)}{(\theta_1^2+\cdots+\theta_n^2)(\theta_1^4+\cdots+\theta_n^4)-(\theta_1^3+\cdots+\theta_n^3)^2}=\frac{F}{M} \qquad (4-91)$$

式中：$F$、$M$ 分别为 $x_0$ 的分子项和分母项。

$$\frac{\partial x_0}{\partial \theta_i}=$$
$$\frac{(3\theta_i^2\sum\theta_ix_i+x_i\sum\theta_i^3-2x_i\theta_i\sum\theta_i^2-2\theta_i\sum\theta_i^2x_i)M-(2\theta_i\sum\theta_i^4+4\theta_i^3\sum\theta_i^2-6\theta_i^2\sum\theta_i^3)F}{M^2}$$
$$(4-92)$$

经化简，可得

$$\frac{\partial x_0}{\partial \theta_i}\sec^2\alpha_i=(K_1x_i+K_2\theta_i+K_3\theta_i^2+K_4\theta_ix_i+K_5\theta_i^3)\cdot\sec^2\alpha_i \qquad (4-93)$$

式中：

$$K_1=\frac{\sum\theta_i^3}{M},K_2=\frac{-2M\sum\theta_i^2x_i-2F\sum\theta_i^4}{M^2}$$

$$K_3 = \frac{3M\sum\theta_i x_i + 6F\sum\theta_i^3}{M^2}, K_4 = \frac{-2\sum\theta_i^2}{M}, K_5 = \frac{-4F\sum\theta_i^2}{M^2}$$

对于一组固定的测量数据,$K_1$、$K_2$、$K_3$、$K_4$、$K_5$ 为常数。将 $\sum\left(\dfrac{\partial x_0}{\partial \theta_i}\sec^2\alpha_i\right)^2$ 展开,有

$$\sum\left(\frac{\partial x_0}{\partial \theta_i}\sec^2\alpha_i\right)^2 = K_1^2\sum(x_i\sec^2\alpha_i)^2 + K_2^2\sum(\theta_i\sec^2\alpha_i)^2 + K_3^2\sum(\theta_i^2\sec^2\alpha_i)^2 +$$

$$K_4^2\sum(\theta_i x_i\sec^2\alpha_i)^2 + K_5^2\sum(\theta_i^3\sec^2\alpha_i)^2 + 2K_1K_2\sum(x_i\theta_i\sec^4\alpha_i) +$$

$$2K_1K_3\sum(x_i\theta_i^2\sec^4\alpha_i) +$$

$$2K_1K_4\sum(x_i^2\theta_i\sec^4\alpha_i) + 2K_1K_5\sum(x_i\theta_i^3\sec^4\alpha_i) + 2K_2K_3\sum(\theta_i^3\sec^4\alpha_i) +$$

$$2K_2K_4\sum(x_i\theta_i^2\sec^4\alpha_i) +$$

$$2K_2K_5\sum(\theta_i^4\sec^4\alpha_i) + 2K_3K_4\sum(x_i\theta_i^3\sec^4\alpha_i) + 2K_3K_5\sum(x_i\theta_i^3\sec^4\alpha_i) +$$

$$2K_4K_5\sum(x_i\theta_i^4\sec^4\alpha_i) \tag{4-94}$$

设 $\sum\left(\dfrac{\partial x_0}{\partial \theta_i}\sec^2\alpha_i\right)^2 = A_2$,给出位置坐标的标准差 $\sigma_x$ 和物方视场角的标准差 $\sigma_\alpha$,求得主点 $X$ 轴方向的标准差 $\sigma_{x_0}$,即

$$\sigma_{x_0} = \sqrt{A_1\sigma_x^2 + A_2\sigma_\alpha^2} \tag{4-95}$$

根据同样的方法步骤以及误差传播原理,可以得到主距的标准差 $\sigma_f$ 的值,即

$$\sigma_f = \sqrt{\sum\left(\frac{\partial x_0}{\partial x_i}\right)^2\sigma_x^2 + \sum\left(\frac{\partial x_0}{\partial \theta_i}\right)^2\sigma_\theta^2} \tag{4-96}$$

式中:$\theta_i = \tan\alpha_i$;$\sigma_\theta = \dfrac{\partial \theta_i}{\partial \alpha_i}\sigma_\alpha = \sec^2(\alpha_i)\cdot\sigma_\alpha$。

所以有

$$\sigma_f = \sqrt{\sum\left(\frac{\partial x_0}{\partial x_i}\right)^2\sigma_x^2 + \sum\left(\frac{\partial x_0}{\partial \theta_i}\sec^2\alpha_i\right)^2\sigma_\alpha^2} \tag{4-97}$$

经计算

$$\frac{\partial f}{\partial x_i} = \frac{\theta_i\cdot\sum\theta_i^4 - \theta_i^2\cdot\sum\theta_i^3}{\sum\theta_i^2\cdot\sum\theta_i^4 - \left(\sum\theta_i^3\right)^2} = M_3\theta_i + M_4\theta_i^2 \tag{4-98}$$

式中:

$$M_3 = \frac{\sum \theta_i^4}{\sum \theta_i^2 \cdot \sum \theta_i^4 - \left(\sum \theta_i^3\right)^2}$$

$$M_4 = \frac{-\sum \theta_i^3}{\sum \theta_i^2 \cdot \sum \theta_i^4 - \left(\sum \theta_i^3\right)^2}$$

对于同一组数据,数据的个数是一定的,每组测量值也是一定的,所以 $M_3$ 和 $M_4$ 为常数,$\sum \left(\frac{\partial f}{\partial x_i}\right)^2$ 可表示为

$$\sum \left(\frac{\partial f}{\partial x_i}\right)^2 = M_3^2 \sum \theta_i^2 + M_4^2 \sum \theta_i^4 + 2 M_3 M_4 = A_3 \tag{4-99}$$

$$f = \frac{(\theta_1^4 + \cdots + \theta_n^4)(\theta_1 x_1 + \cdots + \theta_n x_n) - (\theta_1^2 x_1 + \cdots + \theta_n^2 x_n)(\theta_1^3 + \cdots + \theta_n^3)}{(\theta_1^2 + \cdots + \theta_n^2)(\theta_1^4 + \cdots + \theta_n^4) - (\theta_1^3 + \cdots + \theta_n^3)^2} = \frac{F}{M}$$
$$\tag{4-100}$$

式中:$F$、$M$ 分别为 $x_0$ 的分子项和分母项。

$$\frac{\partial f}{\partial \theta_i} =$$

$$\frac{\left(4\theta_i^3 \sum \theta_i x_i + x_i \sum \theta_i^4 - 2x_i \theta_i \sum \theta_i^3 - 3\theta_i^2 \sum \theta_i^2 x_i\right) M - \left(2\theta_i \sum \theta_i^4 + 4\theta_i^3 \sum \theta_i^2 - 6\theta_i^2 \sum \theta_i^3\right) F}{M^2}$$
$$\tag{4-101}$$

经化简,可得

$$\frac{\partial f}{\partial \theta_i} \sec^2 \alpha_i = (J_1 x_i + J_2 \theta_i + J_3 \theta_i^2 + J_4 \theta_i x_i + J_5 \theta_i^3) \cdot \sec^2 \alpha_i \tag{4-102}$$

式中:

$$J_1 = \frac{\sum \theta_i^4}{M}, J_2 = \frac{-2F \sum \theta_i^4}{M^2}$$

$$J_3 = \frac{-3M \sum \theta_i^2 x_i + 6F \sum \theta_i^3}{M^2}, J_4 = \frac{-2 \sum \theta_i^3}{M}, K_5 = \frac{4M \sum \theta_i x_i - 4F \sum \theta_i^2}{M^2}$$

对于一组固定的测量数据,$J_1$、$J_2$、$J_3$、$J_4$、$J_5$ 为常数。将 $\sum \left(\frac{\partial f}{\partial \theta_i} \sec^2 \alpha_i\right)^2$ 展开

$$\sum \left(\frac{\partial f}{\partial \theta_i} \sec^2 \alpha_i\right)^2 = J_1^2 \sum (x_i \sec^2 \alpha_i)^2 +$$

$$J_2^2 \sum (\theta_i \sec^2 \alpha_i)^2 + J_3^2 \sum (\theta_i^2 \sec^2 \alpha_i)^2 + J_4^2 \sum (\theta_i x_i \sec^2 \alpha_i)^2 +$$

$$J_5^2 \sum (\theta_i^3 \sec^2 \alpha_i)^2 + 2J_1 J_2 \sum (x_i \theta_i \sec^4 \alpha_i) + 2J_1 J_3 \sum (x_i \theta_i^2 \sec^4 \alpha_i) +$$

$$2J_1 J_4 \sum (x_i^2 \theta_i \sec^4 \alpha_i) + 2J_1 J_5 \sum (x_i \theta_i^3 \sec^4 \alpha_i) + 2J_2 J_3 \sum (\theta_i^3 \sec^4 \alpha_i) +$$

$$2J_2 J_4 \sum (x_i \theta_i^2 \sec^4 \alpha_i) + 2J_2 J_5 \sum (\theta_i^4 \sec^4 \alpha_i) + 2J_3 J_4 \sum (x_i \theta_i^3 \sec^4 \alpha_i) +$$

$$2J_3 J_5 \sum (x_i \theta_i^3 \sec^4 \alpha_i) + 2J_4 J_5 \sum (x_i \theta_i^4 \sec^4 \alpha_i) \quad (4-103)$$

设 $\sum \left(\dfrac{\partial f}{\partial \theta_i} \sec^2 \alpha_i\right)^2 = A_4$,给出位置坐标的标准差 $\sigma_x$ 和物方视场角的标准差 $\sigma_\alpha$,求得主距的标准差 $\sigma_{x_0}$,即

$$\sigma_{x_0} = \sqrt{A_3 \sigma_x^2 + A_4 \sigma_\alpha^2} \quad (4-104)$$

同理可得 $\sigma_{y_0}$。

# 第 5 章
# 低照度图像处理技术

##  5.1 低照度图像去噪技术

### 5.1.1 低照度环境下噪声的建模及特性分析

数字图像的噪声主要来源于图像的获取以及传输过程。低照度环境下,在图像或视频采集的过程中,由于受到环境照度不足及目标表面特性等多重因素的影响,使得图像亮度、对比度偏低,且含有大量噪声,严重影响了图像或视频信息的识别。在低照度成像环境下,主要包含了高斯噪声和脉冲噪声(椒盐噪声)等加性噪声、周期噪声等乘性噪声,以及无确定性模型的混合噪声。

1. 高斯噪声

在空间域和频域中,由于高斯噪声在数学上的易处理性,这种噪声(也称为正态噪声)模型经常被用于实践中。事实上,这种处理性非常方便,使高斯模型经常用于临界情况下。高斯噪声的产生源于电子电路噪声和低照明度或高温带来的传感器噪声。

高斯随机变量 $z$ 的概率密度函数为

$$p(z) = \frac{1}{\sqrt{2\pi}\sigma} e^{-(z-\mu)^2/(2\sigma^2)} \tag{5-1}$$

式中:$z$ 为灰度值;$\mu$ 为 $z$ 的平均值或者期望;$\sigma$ 为 $z$ 的标准差。

2. 脉冲噪声(椒盐噪声)

脉冲噪声的概率密度函数为

$$p(z) = \begin{cases} P_a & z=a \\ P_b & z=b \\ 0 & 其他 \end{cases} \tag{5-2}$$

如果 $b<a$，灰度值 $b$ 在图像中将显示为一个亮点，反之则灰度值 $a$ 在图像中将显示为一个暗点。若 $P_a$ 或者 $P_b$ 为零，则脉冲噪声成为单极脉冲。若 $P_a$ 和 $P_b$ 均不可能为零，尤其是它们近似相等时，则脉冲噪声将类似于随机分布在图像上的胡椒和盐粉微粒，也称椒盐噪声。脉冲噪声可以是正的，也可以是负的，总是数字化为最大值(纯黑或者纯白)。

3. 周期噪声

周期噪声是在图像获取时从电力或机电干扰中产生的，这是一种空间依赖型噪声，可以通过频域滤波显著地减少。

典型的频域滤波参数是通过检测图像的傅里叶谱图来进行估计的。噪声的概率密度函数一般可以从传感器的技术说明中得知，但对于特殊的成像装置常常有必要估计这些参数。如果成像系统可用，可以截取一组"平坦"环境的图像。当仅有通过传感器产生的图像可利用时，常常可以从合理的恒定灰度值的一小部分估计概率密度函数的参数。

## 5.1.2 基于三维变换域协同滤波技术的低照度图像去噪

针对低照度图像的噪声特点，为了在对噪声抑制同时，最大限度地保持图像细节，采用三维变换域协同滤波技术。

考虑噪声模型

$$z(x) = y(x) + n(x) \quad x \in X \tag{5-3}$$

式中：$z(x)$ 为观测图像；$y(x)$ 为无噪声图像；$n(x) \sim N(0,\sigma)$ 的高斯白噪声。

利用图像中普遍存在的冗余信息，对相似图像块分组构建三维矩阵，在变换域对其进行能量谱抑制，通过三维反变换在空域进行像素聚合生成基础估计图，再通过估计图与原始噪声图像三维协同滤波得到最终的去噪结果。

算法分为两个主要步骤，即基础估计与最终估计。

1. 基础估计

1) 分组

对原始 $z$ 中任意 $N_1 \times N_1$ 图像块 $z_{xR}$，构建相似的匹配的三维数组

$$Z_{xR} = \{z(x) \mid x \in S_{xR}\}$$

式中:

$$S_{xR} = \{x \in X \mid d(z_{xR}, z_x) < \tau_{\text{match}}\}$$

式中:定义 $d(\cdot,\cdot)$ 为

$$d(z_{x1}, z_{x2}) = N_1^{-1} \| \gamma(T_{2D}(z_{x1}), \lambda_{\text{thr2D}}\sigma(2\log(N_1^2)^{1/2})),$$
$$\gamma(T_{2D}(z_{x2}), \lambda_{\text{thr2D}}\sigma(2\log(N_1^2)^{1/2})) \|_2$$

式中:定义 $\|\cdot\|_2$ 为 $L^2$ 范数;$T_{2D}$ 为 2D 线性变换;$\lambda_{\text{thr2D}}$ 是硬阈值;定义 $\gamma(\cdot,\cdot)$ 为

$$\gamma(\lambda, \lambda_{\text{thr}}) = \begin{cases} \lambda, & |\lambda| < \lambda_{\text{thr}} \\ 0, & \text{其他} \end{cases} \tag{5-4}$$

2) 协同滤波

对 $G_{xR}$ 进行 3D 变换来获取谱密度,对谱密度进行硬阈值处理来抑制噪声,得到 $G_{xRd}$ 的 3D 协同滤波噪声抑制结果。

$$\hat{Y}_{xR}^{\text{basic}} = T_{3D}^{-1}(\gamma(T_{3D}(Z_{xR}), \lambda_{\text{thr3D}}\sigma(2\lg(N_1^2)^{1/2})))$$

式中:$\lambda_{\text{thr3D}}$ 为硬阈值;$T_{3D}$ 为单位 3D 变换。

3) 聚合

将 $Y_{xR}$ 融合到原始像素位置得到基础估计图像

$$\hat{y}^{\text{basic}}(x) = \sum_{xR \in X} \sum_{xm \in SxR} \omega_{xR} \hat{Y}_{xm}^{xR}(x) / \sum_{xR \in X} \sum_{xm \in SxR} \omega_{xR} \chi_{xm}(x)$$

式中:$\chi_{xm}$ 为特征函数;$\omega_{xR}$ 为权重系数

$$\omega_{xR} = \begin{cases} 1/N_{\text{har}} & N_{\text{har}} \geq 1 \\ 1 & \text{其他} \end{cases} \tag{5-5}$$

式中:定义为 $N_{\text{har}}$ 步骤 2 中硬阈值处理后非 0 系数的个数。

2. 最终估计

1) 分组

对估计图像 $\hat{y}^{\text{basic}}$ 的任意 $N_1^{\text{wie}} \times N_1^{\text{wie}}$ 图像块 $\hat{y}_{xR}^{\text{basic}}$

$$\hat{Y}_{xR}^{\text{basic}} = \{\hat{y}^{\text{basic}}(x) \mid x \in S_{xR}\}$$
$$Z_{xR} = \{z(x) \mid x \in S_{xR}\}$$

式中:

$$S_{xR} = \{x \in X \mid d(\hat{y}_x^{\text{basic}}, \hat{y}_x^{\text{basic}}) < \tau_{\text{match}}^{\text{wie}}\}$$

式中:定义 $d(\cdot,\cdot)$ 为

$$d(\hat{y}_{x1}^{\text{basic}}, \hat{y}_{x2}^{\text{basic}}) = \|\hat{y}_{x1}^{\text{basic}} - \hat{y}_{x2}^{\text{basic}}\|_2^2 / (N_1^{\text{wie}})^2$$

2) 协同滤波

对 $G_{xR}$ 进行三维变换,并对变换结果先进行 Wiener 滤波,再进行三维反变

换得到

$$\hat{Y}_{xR}^{\text{wie}} = T_{3D}^{-1}(W_{SxR}\, T_{3D}(Z_{xR}))$$

式中：

$$W_{SxR} = |T_{3D}(\hat{Y}_{xR}^{\text{basic}})|^2 / (|T_{3D}(\hat{Y}_{xR}^{\text{basic}})|^2 + \sigma^2)$$

3）聚合

$$\hat{y}(x) = \sum_{xR\in X}\sum_{xm\in SxR}\omega_{xR}^{\text{wie}}\hat{Y}_{xm}^{\text{wie}}(x) / \sum_{xR\in X}\sum_{xm\in SxR}\omega_{xR}^{\text{wie}}\chi_{xm}(x)$$

式中：

$$\omega_{xR}^{\text{wie}} = \sigma^{-2}\|W_{SxR}\|_2^{-2}$$

得到的 $\hat{y}(x)$ 即为最终噪声抑制的结果。

针对低照度图像，在以上两步估计中，选择的三维变换具有以下形式：

（1）基础估计中，选择三维变换 $T_{3D}$ 先对三维数组中二维块进行 Bior1.5 小波变换，再对第三维进行 Hadamard 变换。

（2）最终估计中，选择三维变换 $T_{3D}$ 先对三维数组中二维块进行 DCT 小波变换，再对第三维进行 Hadamard 变换。

## 5.2 低照度图像增强技术

低照度相机是在低环境照度条件下进行成像，由于环境光照微弱，进入传感器的光线不足，从而导致所拍摄的图像灰度值很低，对比度和颜色等特征都被大量衰减，图像的大量细节不可见，不能很好地满足人们直观观察的需求，也不能直接被研究使用。

为了更好地利用这些质量严重下降的图像，不可避免地需要使用图像增强等处理技术。图像增强技术是有目的性地再现图像的重要信息，是图像的预处理阶段，主要是为了加强图像的识别效果，提高图像中人们感兴趣的特征。而低照度图像增强的主要目的就是使得增强后的图像更符合人们的主观视觉感受，能够便于计算机视觉等设备分析处理。

低照度的成像环境对最终所拍摄的图像质量有非常大的影响，为了再现图像细节，从而获取图像中的有用信息，研究低照度图像的质量提升有着重大意义。针对低照度这一特殊环境，如何对低照度图像进行增强，提升图像质量，是低照度图像处理中一个关键技术问题。

## 5.2.1 低照度图像增强处理的传统算法

图像增强技术是对一幅给定图像进行处理,按照特定的需要突出图像中的感兴趣信息,同时删除或削弱某些不重要信息,使得该幅图像在某些特定应用下比原始图像更加适用。低照度图像是在光照强度较低、环境光微弱以及背景光昏暗的条件下获得的图像,具有灰度水平低、信息不明显、噪声含量高等特点。为了使这样的图像满足人类视觉系统对图像感知的舒适度或满足机器视觉系统中的算法对输入图像的要求,就需要对其做图像增强处理。

针对低照度这类图像的特点,目前有很多传统的图像增强处理算法,分为传统的图像增强算法、传统 Retinex 图像增强算法等。传统的低照度图像增强算法,常见的有灰度变换法和直方图均衡法,这些算法在处理单通道的灰度图像时一般可以取得较好的处理效果,但是在处理彩色图像时,不能分别对 R、G、B 3 个颜色通道进行增强后再重新合成彩色图像,否则将会导致图像的颜色失真。因此,针对待增强的彩色图像,常采用的方法是将 RGB 色彩空间转换到某个颜色空间,如 HSV、CIELab 等颜色空间,然后对其中的亮度信息分量和饱和度信息分量分别进行增强处理,增强后再转换至 RGB 色彩空间,这样处理后的彩色图像可以避免出现颜色失真现象。Retinex 算法以美国国家航空航天局的 Jobson 等[56-57]在 Land 的 Retinex 理论[58]的基础上提出的算法为主要代表。Jobson 及其合作者在前人探索的基础上先后提出了单尺度 Retinex 算法及多尺度 Retinex 算法,后来一些学者还提出了相应的改进算法,或扩展了算法的适用范围,或增加了算法的自适应性,或提高了算法的执行效率。

由于低照度环境下采集到的图像的灰度动态范围非常小,且整体像素的灰度值都处于较低的灰度级,因此对此类图像增强的目的就在于提高图像的动态范围、提高图像的整体灰度,使原本无法辨识的图像信息能够被人眼或机器所识别。可用于低照度图像的传统图像增强的方法如下:

1. 灰度变换法

灰度变化法是通过某种策略将图像的灰度范围映射到另一个灰度范围中,以达到图像灰度拉伸或灰度压缩的目的,这类算法原理简单易于实现,一般可分为线性变换和非线性变换。

1) 线性变换

灰度线性变换法是一种基本的图像增强方法,即建立一个线性变换函数,通过函数将原图的灰度值映射到同一范围的其他灰度值,包括全域线性变换和分段线性变换。

全域线性变换用一个线性单值函数对输入图像的每一个像素灰度值做线性扩展,适用于灰度被局限在一个很小的范围的图像。和全域线性变换相似,分段线性变换也采用线性函数映射,不同之处在于后者考虑了图像灰度的分布情况,对分布在不同区域的像素灰度值采用不同的线性变换函数。通常,灰度水平被分成两段或者多段。

二者都能在一定程度上改善图像质量,增加图像辨识度。由于有了更细致的区分,分段线性变换能产生相对更好的效果。

2) 非线性变换

非线性变换,顾名思义,即采用的灰度变换函数为非线性函数。在图像处理中,常用的非线性变换有对数变换和幂次变换。

对数变换的基本表达式为

$$I(x,y) = c\log_{k+1}(1+I_i(x,y)) \tag{5-6}$$

式中:$c$ 为常数;$I_i(x,y)$ 为输入图像的灰度值($0 \leq I_i(x,y) \leq 1$)。

幂次变换的基本表达式为

$$I(x,y) = cI_i(x,y)^k \tag{5-7}$$

式中:$c$ 和 $k$ 为正常数;$I_i(x,y)$ 为输入图像的灰度值,($0 \leq I_i(x,y) \leq 1$)。

由表达式可以看出,对数变换和幂次变换比较简单,都可以通过调整参数值将输入的窄带暗值映射到宽带输出值,从而改善图像的视觉效果。

2. 直方图均衡化

数字图像的灰度直方图描述了图像的灰度级内容,是对图像灰度分布的统计,反映了该幅图像中灰度级与该灰度出现概率之间的关系。灰度直方图可用两种方法表示:①条形图,即横坐标表示灰度级,纵坐标表示该幅图像中某灰度级出现的像素点的总个数;②数组,即数组下标表示灰度级,对应的数组元素表示该灰度级下像素点的总个数。

1) 直方图均衡化

直方图描述的是图像各灰度级与对应像素点出现概率之间的关系,它反映了一幅数字图像的概貌特征。直方图均衡化(Histogram Equalization,HE)处理是指通过某种变换,将一幅灰度概率密度分布已知的待处理图像,通过变换函数,对原始输入图像进行非线性拉伸处理,从而重新分配图像的像素值,使其尽可能的均匀。直方图均衡化,从根本上说,是使原直方图变换为具有均匀密度分布的直方图,然后按该直方图调整原图像的一种图像处理技术。直方图均衡采用的灰度变换函数为累积分布函数,经变换后得到的新的灰度直方图虽然不是十分平坦,但相对原始输入图像,像素的灰度值间距被拉大,灰度不再集中在一个小范围内,而是分布得更加均匀。从视觉上看,图像中原本较暗的区域变得明亮,隐藏在暗处的细节也将变得可见。因此,直方图均衡化也是一种有效的低照度图像增强方法。通过直方图均衡化可以改善图像的对比度,扩展图像灰度值的动态范围,再现图像的细节信息。

相对于灰度变换法,传统的直方图均衡化算法虽然可以提升整幅图像的对比度和亮度,但是该算法常常是对图像做整体均衡化处理,存在的问题如下:

(1) 在处理过程中,图像的像素较少的灰度级被合并,这会使处理后的图像丢失细节信息,甚至造成图像失真。

(2) 处理后的图像的灰度动态范围与图像所容许达到的最大灰度范围之间仍然有不小的差距,图像的直方图和理想的均匀直方图也有不小的差距。

(3) 处理后的图像往往不容易控制图像的增强程度。

2) 自适应直方图均衡

直方图均衡算法是使用同一个灰度变化函数来处理图像的直方图,即对图像全局进行修正处理的算法,使图像的灰度分布尽可能的均匀,从而提高图像的动态范围。在实际处理时,该算法主要是压缩占有像素较少的灰度级,扩大占有像素较多的灰度级,这将会使图像丢失部分信息。另外,HE 算法是对图像所有的像素点做相同的处理,没有考虑像素点的位置,不能有效地改善图像的局部对比度,因此自适应直方图均衡化(Adaptive Histogram Equalization,AHE)算法应运而生。

自适应直方图均衡化算法是一种局部的直方图均衡算法,该算法首先把图像分成若干个子块,然后在每一个子块内计算图像的直方图和累积分布函数,最后对子块内的像素做直方图均衡化处理。AHE 算法有效地改善了图像的局部对比度,提高图像的亮度,但是在图像的某些平滑区域,噪声被放大了。

3) 限制对比度自适应直方图均衡

限制对比度自适应直方图均衡化(Contrast Limited Adaptive Histogram Equalization,CLAHE)算法主要是为了解决 AHE 算法噪声过大的问题。与 AHE 算法相比,CLAHE 算法在对每一个子块做直方图均衡的同时,还通过限制对比度对图像的直方图进行重新分配。然后通过双线性插值的方法把之前的若干图像子块再拼接起来,从而消除块状效应。CLAHE 算法对图像的对比度进行限制,主要是通过调整图像直方图的变换函数的斜率来控制的,也就是累积分布函数(CDF)的斜率。CDF 是直方图的积分,所以 CDF 的斜率就是直方图的幅度,通过设定一个阈值,对子块中的直方图进行裁剪操作,然后再将裁剪掉的部分均匀地分布在图像的整个灰度空间,从而直方图的总面积可以保持不变。

考虑到该算法每次对子块图像进行直方图均衡操作时,还要再进行对比度限幅操作,算法的复杂度比较高,再加上分块处理后的直方图如果直接按照所属子块的灰度变换得出输出结果,相邻图像块之间会出现块状效应,于是 CLAHE 算法又引入双线性插值操作,在不影响图像块增强的前提下来解决上述问题。

3. 传统 Retinex 图像增强算法

传统的空域和频域两类图像增强算法功能比较单一,只能够处理某类图像,或者加强图像的某一部分特征,而基于 Retinex 的图像增强算法通过模仿人类的视觉特性,具有处理后的图像颜色逼真度比较高、图像动态范围压缩比较大等优点。Retinex 是一个合成词,是"Retina"(视网膜)和"Cortex"(大脑皮层)的缩写。Retinex 模型是 Land 等在 20 世纪 70 年代提出的一个模仿人类视觉去感知图像亮度和真实色彩的新模型。该算法是一种建立在科学实验分析基础上的图像增强处理新算法,它在色彩保真度、边缘增强和动态范围压缩等方面均有明显的提升,对各种不同类型的图像进行自适应性的增强。

根据 Retinex 算法,如图 5-1 所示,人眼视觉系统获取到的视觉信息取决于物体周围环境的照明亮度以及物体表面对于照射光的反射。

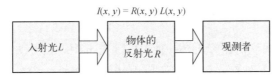

图 5-1 Retinex 算法示意图

其具体的数学表达式为

$$I(x,y) = R(x,y)L(x,y) \tag{5-8}$$

式中:$I(x,y)$ 为观测者观察到的或者采集设备采集到的图像信号;$L(x,y)$ 为物体周围环境光的照射分量,它直接决定了图像中像素所能达到的动态范围;$R(x,y)$ 为图像的反射分量,它主要包含物体的边缘细节信息。

通过分辨图像的照射分量 $L$ 和反射分量 $R$,人们可以辨别图像中的照度信息以及反射信息,从而解决由于照度变化所引起的图像亮度以及颜色变化。Retinex 理论的基本思想就是在原始图像中,通过各种变换方法剔除掉影响人们视觉的照度信息,尽可能地保留物体的反射信息,因为物体本来的属性信息都包含在图像的反射分量中。在整个 Retinex 发展的过程中,人们通过大量的实验,先后提出了各种不同的基于 Retinex 的图像增强算法,如基于中心环绕的单尺度 Retinex(SSR)算法[56]、多尺度 Retinex(MSR)算法、带色彩恢复的多尺度 Retinex(MSRCR)算法以及基于可变框架的 Retinex 算法。目前 Retinex 理论及基于该理论的增强算法已经广泛地应用于图像处理等领域,特别是在图像增强领域中,由于该算法处理后的图像具有更好的视觉效果,再现了图像的边缘轮廓信息等特性,所以该理论不断地被应用于图像的预处理中。

Retinex 算法一般的处理过程为,先对输入图像做对数变换,然后估计出图像的照射分量,再通过对数和指数运算得到反射分量,也就是要求的增强图像。接下来将介绍常用的 SSR 算法、MSR 算法、MSRCR 算法。

1) 单尺度 Retinex 算法

单尺度 Retinex 算法是 Jobson 等对传统的基于中心环绕的 Retinex 算法的改进,主要内容是将原始图像的 R、G、B 3 个通道分别与中心环绕函数进行卷积滤波操作,并把滤波后的图像当作图像的照射分量,通过相关运算得到图像的反射分量,即所要求的增强图像。

其模型公式可表示为

$$r_i(x,y) = \ln(R_i(x,y)) = \ln\left(\frac{I_i(x,y)}{L_i(x,y)}\right)$$
$$= \ln(I_i(x,y)) - \ln(I_i(x,y) * F(x,y)) \tag{5-9}$$

式中:$i$ 为图像的 RGB 颜色通道;$*$ 为卷积运算符,$F(x,y)$ 为高斯环绕函数,也称为低通中心环绕函数,其数学表达式为

$$F(x,y) = \frac{1}{2\pi\sigma^2}\exp\left(-\frac{x^2+y^2}{2\sigma^2}\right) \tag{5-10}$$

式中:高斯函数的标准差 $\sigma$ 为尺度函数,$\sigma$ 的大小对 Retinex 算法的增强效果影响很大。当 $\sigma$ 取值较小时,处理后的图像会较好地增强图像的细节信息,但是容易出现颜色失真和光晕现象;当 $\sigma$ 取值较大时,处理后的图像虽然颜色会保持的比较好,但是图像锐化现象明显,对比度增强效果较差。所以选择合适的尺度因子才能较好地对图像进行增强。

单尺度Retinex算法能实现图像增强效果是因为该算法将观测图像与低通中心环绕函数卷积后,剔除观察图像中照度分量的影响,再通过相关运算,得到描述物体自身属性的反射分量信息,还原物体真实亮度和颜色信息。

但是单尺度Retinex算法也有自身的局限性,由于其尺度参数单一的原因,该算法处理后的图像总是会出现细节信息与颜色保真度难以维持在一个比较好的平衡中,因此多尺度Retinex算法应运而生。

2) 多尺度Retinex算法

针对单尺度Retinex算法存在的局限性,多尺度Retinex算法对观测图像进行多个不同尺度的SSR算法的加权求和运算,从而得到较好的处理效果。多尺度Retinex算法的数学表达式为

$$r(x,y) = \sum_{k=1}^{N} w_k \{\ln(I_i(x,y)) - \ln(I_i(x,y) * F_k(x,y))\} \quad (5-11)$$

式中:$k$为第$k$个尺度参数;$N$为尺度参数的总个数;$w_k$表示相应的中心环绕函数$F_k(x,y)$的权重,通常$N$设置为3,$w_k=1/3$。可以发现,如果$N=1$,式(5-11)就变成了单尺度Retinex算法的表达式。

经过多次实验对比分析,多尺度Retinex算法的尺度参数一般设置为小、中、大3个尺度,可以获得较好的处理效果。和SSR算法相比,MSR算法在图像的局部边缘细节信息、图像的颜色保真、图像的对比度等方面都有较好的效果。

但是,多尺度Retinex算法在一些特殊的环境情况下,处理后的图像会出现图像淡化和色彩失真等现象,出现这种情况的原因是由于处理后图像的R、G、B 3个分量的相对比值与原始图像的R、G、B的相对比值出现了变动。因此,人们又提出了带有色彩恢复的多尺度Retinex算法。

3) 带色彩恢复的多尺度Retinex算法

对多尺度Retinex算法在处理低照度图像时,是对原始图像的RGB通道分别进行增强处理,导致处理后的图像出现图像淡化和色彩失真等问题,带色彩恢复的多尺度Retinex算法又走进了人们的视野。该算法的基本思想是引入了色彩恢复因子,该因子根据原始图像的RGB 3个颜色通道的相对比值关系来校正处理后图像的RGB的比例关系,从而解决了多尺度Retinex算法中存在的图像淡化和色彩失真等问题。MSRCR算法的数学表达式为

$$\begin{cases} r_i(x,y) = \sum_{k=1}^{N} C_i(x,y) w_k \{\ln(I_i(x,y)) - \ln(I_i(x,y) * F_k(x,y))\} \\ C_i(x,y) = f\left(\dfrac{I_i(x,y)}{\sum_{i=1}^{3} I_i(x,y)}\right) \end{cases} \quad (5-12)$$

式中:$C_i(x,y)$为色彩恢复因子;$I_i(x,y)$为第 $i$ 个通道的灰度值;$f$ 表示映射函数,通常选择对数函数。和前面介绍的两种 Retinex 算法相比,MSRCR 算法图像的局部边缘轮廓信息、图像的对比度、色彩保真度等方面都有了较好的改善,然而如果原始图像的色彩信息丢失严重的话,色彩恢复因子就无法还原出原始的 R、G、B 的相对比例关系。

## 5.2.2 基于自适应参数调整的 Retinex 域低照度图像增强技术

可见光摄像机在航拍过程中,在晨昏、傍晚、云雾以及照度不均等条件下,拍摄的全色和多光谱图像往往呈现亮度、对比度、清晰度偏低和色彩失真,导致图像模糊不清,给判读人员目标识别带来一定困难。图像增强算法对低照度图像进行处理,使图像目标信息更加清晰准确有着重要的应用价值[59]。

Retinex 图像增强算法具有色彩恒常[60]、高动态范围压缩和颜色高保真等特性[61],已经发展出 SSR、MSR、MSRCR 等多种方法,其中 MSR 和 MSRCR 算法可以改善图像亮度的同时保存更多的图像细节信息,已得到了广泛应用。但在对图像增强时,需要根据图像目标信息特征选取适当大小的高斯模板和权值,以获取更优增强效果[62],无法做到自适应增强,在批量处理航拍图像时效率低下,同时由于增强参数需要根据经验确定,导致增强图像质量因人而异,稳定性较差。此外,使用传统的 MSR 和 MSRCR 算法对图像增强的同时,会导致图像色彩自然度和饱和度降低,视觉效果较差[63]。

针对传统 MSR 和 MSRCR 算法存在的各种问题,本节通过结合遗传算法和基于人眼色彩感知的图像质量评价方法,对高斯模板大小、高斯环绕函数标准差以及各尺度权值等参数进行自适应求解,并选取最优参数对低照度相机拍摄影像进行 MSR 增强处理。经试验验证,本节介绍的算法可以对低照度、薄雾和照度不均条件下的低照度影像进行自适应增强处理,在对图像亮度和清晰度提升的同时,可以避免图像增强带来的色彩自然度和饱和度失真。

1. 基于人眼视觉特性多尺度 Retinex 算法

1) 多尺度 Retinex 增强算法

Land 于 1964 年从人眼对颜色感知特性出发,提出了基于颜色恒常性的 Retinex 理论。Retinex 算法将图像分解为入射分量和反射分量,入射分量决定图像达到的动态范围,反射分量决定图像信息特征,通过对图像低频光照信息即照度信息进行估算,进而提取图像的反射分量,还原图像信息特征,达到增强效果。但从原图像计算图像照度在数学上是一个奇异问题,只能做到近似估计。按照图像照度估计差异,可分为同态滤波法、泊松方程法、非线性滤波法、基于无限冲击响应低通滤波等算法;按照照度估计路径选择差异,发展成了分段线性路径的 Frankle-McCann Retinex、基于多尺度迭代的 McCann Retinex、基于二维路径的 Center/Surround Retinex、可变框架 Retinex、模拟视椎体在视网膜上分布的 Random Spray Retinex 等算法。其中,中心环绕 Retienx 方法以其无需迭代、较高的可操作性和较好的处理效果应用最为广泛。基于中心环绕单尺度 Retinex 方法通过计算像素与其邻域像素加权平均的比值来消除照度变化的影响,从而对图像暗区域进行增强。Jonbon 等对不同环绕函数的处理效果进行对比,发现高斯形式的环绕函数处理效果最佳。SSR 算法模型可表示为

$$R_i(x,y) = \ln I_i(x,y) - \ln\{F(x,y) * I_i(x,y)\} \quad (5-13)$$

式中:$F(x,y)$ 为高斯环绕函数,即 $\quad F(x,y) = K\exp[-(x^2+y^2)/\sigma^2] \quad (5-14)$

式中:$K$ 为归一化因子,使

$$\iint F(x,y)\mathrm{d}x\mathrm{d}y = 1 \quad (5-15)$$

式中:$\sigma$ 为高斯环绕函数的标准偏差,它决定卷积核的作用范围。标准偏差 $\sigma$ 越小,动态范围压缩越大,图像局部细节越突出,但会导致图像全局照度损失,图像呈现"白化";标准偏差 $\sigma$ 越大,图像整体效果越好,颜色越自然,但图像细节不清晰,强边缘处有明显的"光晕"。因此小尺度 SSR 能够有效对图像动态范围进行压缩,大尺度 SSR 色感一致性较好。为了兼顾图像的色彩和细节信息,通过实验发现,采用一个小尺度、一个中尺度和一个大尺度 SSR 可以得到较好的处理效果。

基于中心环绕多尺度 Retinex 方法分别对多个不同尺度的 SSR 处理结果进行加权平均。在对图像进行动态范围压缩的同时,又可以保证图像的色感一致性,可以有效抑制强边缘处"光晕"现象。其算法可表示为

$$R_{M_i}(x,y) = \sum_{n=1}^{N} \omega_n \{\ln I_i(x,y) - \ln[F_n(x,y) * I_i(x,y)]\} \quad (5-16)$$

式中:$R_{M_i}(x,y)$为 MSR 第 $i$ 个光谱的输出图像;$N$ 为尺度个数;$\omega_n$ 为各尺度权值。对于 MSR 算法,各尺度高斯模板大小、高斯环绕函数标准差 $\sigma$ 和权重 $\omega_n$ 的选择对最终图像光照补偿效果有着重要的影响。为了达到更好的增强效果,需要根据图像信息统计特征和增强结果对参数进行反复调节,效率较低,增强效果因人而异,稳定性较差。

2) 基于人眼视觉特性 MSR 算法

对于彩色图像,图像亮度与图像色彩自然度是重要的指标,增强后的图像应尽可能还原图像真实色彩,使图像更加清晰、可读。传统的 MSR 增强算法通常在 RGB 颜色模型下进行,需要分别对图像 R、G、B 分量进行单独增强[64],计算量较大,同时在增强过程中通常会改变各色彩通道之间的比例,导致图像颜色失真,特别是当原始图像严重违背灰度世界假设时,增强后的图像颜色失真更为严重。颜色恢复多尺度 Retinex 算法通过引入原始图像中各通道颜色比例关系,对 MSR 处理结果进行校正,可以改善图像色彩饱和度损失的状况,可表示为

$$C_i(x,y) = \beta \left\{ \ln[\alpha I_i(x,y)] - \ln\left[\sum_{i \in \{r,g,b\}} I_i(x,y)\right] \right\} \quad (5-17)$$

式中:$\beta$ 为增益常量;$\alpha$ 为非线性参数调节因子。$\alpha$ 和 $\beta$ 需要根据图像信息特征和增强效果进行反复调节,适应性较差。同时,色彩恢复过程还会放大低照度图像中噪声,导入更多错误信息。

通常低照度可见光图像仍保留较为完整的图像色彩信息,因此在对图像亮度进行增强同时保留图像色彩信息可以尽可能还原图像真实色彩,同时提高计算效率。

HSI 色彩空间是一种较为直观的颜色模型,用色调(Hue)、饱和度(Saturation)和亮度(Intensity)来描述色彩,HSI 模型与 RGB 模型最大的区别在于 HSI 模型将图像亮度信息从色彩信息中剥离出来,亮度分量与图像色彩信息无关,同时色调和饱和度与人眼对色彩感知相对应,因此 HSI 模型更接近人眼的视觉特性[65]。将其应用在色彩增强领域得到的增强效果往往更接近期望。本节介绍的基于迭代算法的 MSR(GA-MSR)算法首先将图像由 RGB 色彩空间转换到 HSI 空间,对图像亮度分量进行基于遗传算法的 MSR 增强处理,然后将得到的图像重新转换至 RGB 色彩空间。

图像色彩自然度与图像亮度、饱和度和色度相关。CIELUV 色彩空间是一种与人的视觉统一的色彩空间,在 CIELUV 色彩空间中颜色之间的欧几里德距离与视觉上的距离成正比,是一种均色坐标系。因此,将图像转换至 CIELUV

色彩空间并对图像色彩质量进行评价,可以作为图像色彩质量判断的依据之一。

本节是基于与人眼视觉特性较为接近的 HSI 色彩空间和 CIELUV 色彩空间对图像增强和质量进行评估。图像增强过程中色彩空间转换流程如图 5-2 所示。

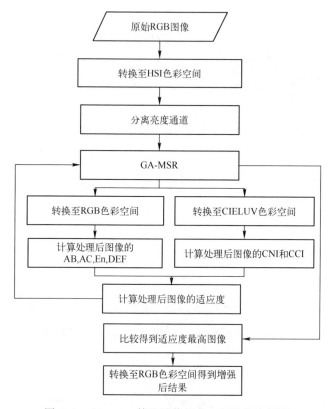

图 5-2  GA-MSR 算法图像颜色空间转换流程图

首先将待增强的图像转换至 HSI 颜色空间,分离图像亮度信息,对图像亮度信息进行基于遗传算法的自适应 MSR 增强,将增强后的图像分别转换至 CIELUV,计算图像色彩自然度、色彩饱和度,将图像转换至 RGB 色彩空间,计算图像的平均亮度、对比度、信息熵、清晰度等指标,将其作为图像综合质量评价依据,并根据适应度函数值对增强参数进行自适应调整。将最终处理结果重新转换至 RGB 色彩空间,获得增强后彩色的图像。

对于全色图像,无需对图像色彩质量进行评价,可以直接对图像进行基于遗传算法的自适应 MSR 增强,并计算图像的平均亮度、对比度、信息熵、清晰度等指标,将其作为图像综合质量评价依据,并根据适应度函数值对增强参数进行自适应调整,得到增强后的全色图像。

2. 基于遗传算法的自适应求解

1) 遗传算法实现过程

遗传算法(Genetic Algorithm,GA)是模拟优胜劣汰自然选择和群体遗传学原理开发出的一种全局优化自适应搜索算法[66],通过对群体反复遗传和淘汰操作,寻求最优或近似最优解[67-69]。

本算法使用遗传算法分别对大、中、小3个尺度的高斯函数环绕函数尺度$n$,高斯环绕函数标准差$\sigma$和各尺度Retinex的权值$\omega_n$进行自适应求解,使用遗传迭代得到的参数集合对低照度图像亮度通道进行MSR增强处理,并对增强后的图像的适应度进行计算。所采用的遗传算法的步骤包括染色体编码、生成初始群体、构造适应度函数、遗传操作(包括选择、交叉、变异)、判断遗传算法的收敛性、最优个体解码。使用的遗传算法具体步骤如下:

(1) 染色体编码。当高斯模板大小取图像大小的1%~15%时,可以得到较好的图像细节;当模板大小为图像大小的15%~30%时,可以得到比较均衡的图像细节信息和色彩信息;当模板大小为图像大小的30%~50%时,可以得到比较平衡的色彩。因此本节采用的MSR算法包含大、中、小3个尺度,每条染色体包含3个高斯函数尺度$n_{小尺度}$、$n_{中尺度}$、$n_{大尺度}$,3个高斯函数标准差$\sigma_{小尺度}$、$\sigma_{中尺度}$、$\sigma_{大尺度}$和3个SSR尺度权值$\omega_{小尺度}$、$\omega_{中尺度}$、$\omega_{大尺度}$,染色体编码排序示意图如图5-3所示。

图5-3 染色体编码排序示意图

对优化问题中的可行解进行编码,也就是将解空间的设计变量转换为遗传算法中的基因型数据结构,通常用一个固定长度的二进制位串来形成遗传算法中的染色体个体。

在进行二进制编码时,确定二进制编码串的长度$l$,$l$依赖于变量的定义域以及问题所要求的精度。通过实验发现,当高斯滤波函数标准差大于16384时,图像的增强结果变化极小,即标准差$\sigma$取值范围为[0,16384],因此取长度为14的二进制字符串来表示标准差这个变量;高斯滤波模板尺寸$n$取值范围为[0,512],因此使用长度为9的一个二进制字符串来表示模板大小;各SSR尺度权值取值范围为[0,1],取长度为7的一个二进制字符串表示SSR尺度数值,并计算各尺度数值占三个尺度数值之和的百分比作为各尺度权值。综上所述,选择的二进制编码串长度为(14+9+7)×3=90。二进制数值与高斯函数尺度$n$、高斯函数标准差和SSR尺度权值$\omega$的转换过程为

$$n = n'\left(\sum_{i=k}^{k+8} b_i 2^{i-k}\right) \frac{1}{2^9 - 1} \quad (5-18)$$

$$\sigma = \sigma'\left(\sum_{i=j}^{j+13} b_i 2^{i-j}\right) \frac{1}{2^{14} - 1} \quad (5-19)$$

$$\omega_i = \frac{\sum_{j=l_i}^{l_i+6} b_j 2^{j-l_i}}{\left(\sum_{i=1}^{3} \sum_{j=l_i}^{l_i+6} b_j 2^{j-l_i}\right)} \quad (5-20)$$

式中:$n'$和$\sigma'$分别为所规定的模板大小的取值范围和标准差的取值范围。在3个不同尺度中,$n'$的大小是发生变化的,模板大小应依次取图像大小的0~15%、15%~30%、30%~50%,$\sigma'$取值范围分别为0~500、500~5000、5000~40000。因此,可以在相应的范围内得出最好的模板尺寸和方差值。

(2) 生成初始群体。由于遗传算法是对群体的反复操作,因此需要建立一个初始迭代的群体。本节选择的群体大小为20,初始群体的每个个体都是随机产生的。

(3) 构造适应度函数。构造适应度函数是遗传算法中最重要的一步,因为在群体进化过程中,个体的优劣就是靠适应度函数来进行评价的。

(4) 遗传操作。在初始群体的基础上,通过遗传操作产生后代群体,遗传操作影响着群体的进化过程和效率。选择、交叉、变异是遗传算法的3个主要算子。

① 选择运算。选择是遗传算法的基本算子,它是从当前群体中选择出一定数量的优良个体,作为下一代群体繁殖的父代个体,使它们有机会繁殖后代,体现了"适者生存"的自然法则。个体的选择是根据适应度大小进行的,适应度越大被保留的概率越高。

② 交叉运算。交叉运算是产生新个体的操作过程。一般交叉操作要求不要太多破坏优良个体的优良特性,同时能产生一些较好的新的个体模式。交叉的主要内容包括在配对库中随机产生配对个体组,并依概率决定是否进行交叉

操作;设定配对交叉点,完成交叉操作。交叉示例如图5-4所示。

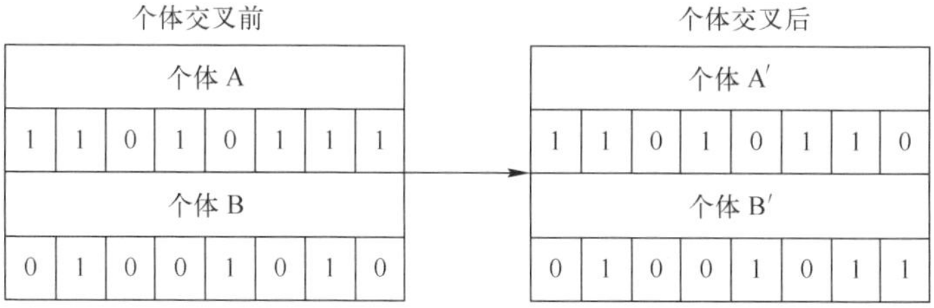

| 个体交叉前 | | | | | | | | | 个体交叉后 | | | | | | | | |
|---|---|---|---|---|---|---|---|---|---|---|---|---|---|---|---|---|---|
| 个体A | | | | | | | | | 个体A′ | | | | | | | | |
| 1 | 1 | 0 | 1 | 0 | 1 | 1 | 1 | | 1 | 1 | 0 | 1 | 0 | 1 | 1 | 0 | |
| 个体B | | | | | | | | | 个体B′ | | | | | | | | |
| 0 | 1 | 0 | 0 | 1 | 0 | 1 | 0 | | 0 | 1 | 0 | 0 | 1 | 0 | 1 | 1 | |

图5-4 染色体交叉示意图

交叉操作可以保持群体个体多样性,从而扩大了遗传算法的搜索范围,加快了优化算法的收敛速度。本算法交叉发生的概率选择为0.6。

③ 变异运算。在生物遗传和生物进化过程中,有时可能因为某些外界因素而发生变异,从而产生新的染色体,表现出新的生物性状。

个体变异主要起两个作用:维持群体多样性,防止出现未成熟收敛现象,保证算法过程不会产生无法进行的单一群体;使遗传算法具有局部的随机搜索能力,当接近最优解时,可以通过变异加速最优解收敛速度。

变异发生的概率一般比较小,但它仍然起着不可忽视的作用。算法变异发生的概率为0.001。

(5)最优个体解码。

当群体进化结束时,对适应度最大的个体进行解码,从而可以得到相应变量的值,这就是优化问题的最优解。

本算法提出的基于遗传算法的自适应参数求解流程如图5-5所示。

2)构建适应度函数

图像增强的目的是提高图像的质量,对图像质量的评价分为主观评价和客观评价。主观评价因人而异,需要人为干预,无法实现对图像自适应处理;客观评价可以对图像质量进行量化评价,便于实现图像自适应处理[81]。对于全色低照度图像,通常期望增强后的图像应具有较高的对比度、亮度、清晰度、丰富的细节、较低的噪声,对于彩色低照度图像,通常期望增强后的图像应不仅具有较高的对比度、亮度、清晰度、丰富的细节、较低的噪声,同时保证色彩尽可能自然不失真等,为此本算法结合人眼视觉特性和传统图像质量评价方法,针对全色和彩色图像,分别提出图像综合质量评价方法。

(1)图像亮度信息评估函数。低照度图像往往亮度较低,视觉效果较差,因此图像平均亮度(Average Brightness,AB)作为图像增强质量的评价依据之

一,其计算公式可表示为

$$AB = \frac{1}{MN} \sum_{y=0}^{N-1} \sum_{x=0}^{M-1} G(x,y) \quad (5-21)$$

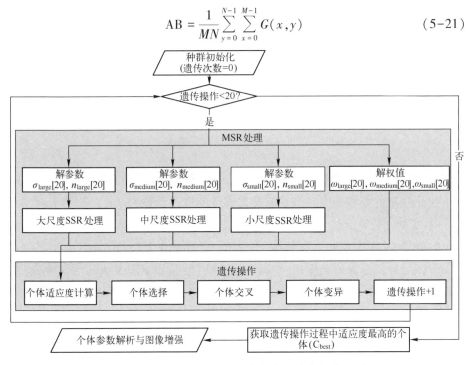

图 5-5 基于遗传算法增强参数自适应求解流程图

式中:$M$ 和 $N$ 分别为图像横向和纵向分辨率。

图像对比度(Average Contrast,AC)可以反映图像灰度层次的丰富程度。图像对比度越高。表明图像动态范围越高,质量越好,图像对比度为

$$AC = \sqrt{\frac{\sum_{y=0}^{N-1} \sum_{x=0}^{M-1} (R(x,y) - AB)^2}{MN}} \quad (5-22)$$

图像信息熵是用来衡量图像信息含量多少的重要评价指标,图像信息熵越大表明图像纹理复杂度越高,其所包含的信息越多。根据 Shannon 原理,图像信息熵可表示为

$$En = \sum_{i=0}^{2^k-1} P_i \log_2 P_i \quad (5-23)$$

式中:$k$ 为图像位深。

图像清晰度是描述获取图像信息的容易程度,本算法采用一种用点锐度方法来计算图像清晰度的算法。清晰度指数为

$$\text{DEF} = \frac{\sum_{i=1}^{M\times N}\sum_{j=1}^{8}|df|\times|dx|}{MN} \tag{5-24}$$

（2）图像色彩评估。彩色图像的质量主要由两类因素共同决定：色彩自然度和色彩丰富度。

本算法采用 CNI 表征图像色彩自然度。首先，将图像转换至 CIELUV 空间，保留 L 通道；处于[20,80]，S 通道大于 0.1 的像素点，然后根据 H 通道值对其划分，位于[25,70]的像素称为"skin"像素，位于[95,135]的像素称为"grass"像素，位于区间[180,260]的像素称为"sky"像素。

分别计算和统计 3 类像素 S 通道均值和数量：Saver-skin，Naver-skin；Saver-grass，Naver-grass；Saver-sky，Naver-sky。

分别计算 3 类像素的色彩自然度指标 CNI，计算公式如下

$$\text{CNI}_{skin} = \exp\left\{-\frac{(\text{Saver-skin}-0.76)^2}{2\times 0.52^2}\right\}$$

$$\text{CNI}_{grass} = \exp\left\{-\frac{(\text{Saver-grass}-0.81)^2}{2\times 0.53^2}\right\} \tag{5-25}$$

$$\text{CNI}_{sky} = \exp\left\{-\frac{(\text{Saver-sky}-0.43)^2}{2\times 0.22^2}\right\}$$

图像色彩自然度指标 CNI 计算公式为

$$\text{CNI} = \frac{\text{naver-skin}\cdot\text{CNI}_{skin}+\text{naver-grass}\cdot\text{CNI}_{grass}+\text{naver-sky}\cdot\text{CNI}_{sky}}{\text{naver-skin}+\text{naver-grass}+\text{naver-sky}} \tag{5-26}$$

CNI 取值范围为[0,1]，其值越接近 1，表示图像颜色自然程度越高。

图像色彩丰富度（Color Colorfulness Index，CCI）可以表征图像场景色彩的鲜艳生动程度，可表示为

$$C_k = S_k + \sigma_k \tag{5-27}$$

式中：$S_k$ 为图像 $k$ 的饱和度分量 $S$ 的均值；$\sigma_k$ 为其标准差。当 CCI 值在[16,20]区间内，图像色彩视觉效果最佳。

图像色彩综合质量 CQI 可以由图像色彩自然度和色彩丰富度进行综合评价，可表示为

$$\text{CQI} = \omega\text{CNI}+(1-\omega)\text{CCI} \tag{5-28}$$

式中：通常人们对于彩色图像的自然度比图像饱和度要求更高，因此 $\omega$ 取 0.75，通过大量实验表明 CQI 指数与图像色彩质量相关度达 90%。

(3) 综合评估适应度函数。

本算法结合低照度图像增强多个评价指标:亮度、对比度、信息熵、清晰度、色彩自然度和色彩丰富度。针对全色和彩色图像,分别提出了 GA-MSR 自适应算法的适应度函数、全色图像适应度函数为

$$T = 2\sqrt{\frac{0.75}{(AB-120)^2+1} \times AC \times DEF} \tag{5-29}$$

彩色图像适应度函数为

$$T = CQI \times 2\sqrt{\frac{0.75}{(AB-120)^2+1} \times AC \times DEF} \tag{5-30}$$

式中:$T$ 值越大图像综合质量越好。

遗传迭代次数直接影像图像的最终增强效果,迭代次数过少,种群无法得到充分的筛选和进化,无法得到最优个体;迭代次数过多,计算量过大,图像增强效率过低。遗传算法收敛速度与适应度函数有关,为了确定采用综合适应度函数遗传算法的迭代次数,分别选取了环境低照度、雨雾天气、高动态范围等图像对该适应度函数的收敛性进行测试。结果表明,为了保证种群得到充分筛选和进化,本算法遗传迭代操作选取 20 次。

3) 算法仿真与适应度函数评价

为了对基于人眼视觉特性 MSR 算法和图像综合评价函数的有效性和自适应性进行验证,对低照度相机在低环境照度条件下拍摄的图像进行增强处理,并使用综合适应度函数对图像效果进行评价。

图 5-6(a) 为在地面照度 22lux,航高 3000m 条件下低照度相机拍摄的图像,采用 GA-MSR 算法处理后的图像如图 5-6(b) 所示。可以看出,GA-MSR 算法能够有效提高图像的视觉效果。

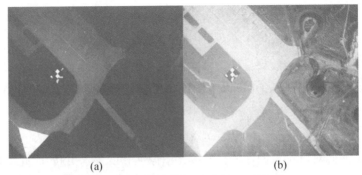

图 5-6 低照度相机拍摄图像处理效果对比

对比靶标局部图像,如图 5-7 所示。可以看出,采用 GA-MSR 算法对图像进行增强的同时,图像分辨率几乎没有损失。

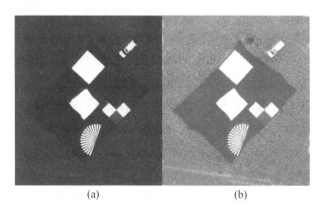

图 5-7 分辨率靶标处理效果对比

## 5.3 低照度图像超分辨率重构技术

高分辨率图像在测绘、军事、民用领域一直有着迫切的需求,高分辨率遥感影像的获取技术是遥感领域人员研究的重要课题之一,然而在获取过程中,图像会受到各种降质因素影响,无法完全满足应用需求。在获取成像影像的过程中,遥感系统不可避免会受到众多因素影响,从而引起图像像质下降,如成像衍射、气流扰动、相对运动姿态变化、环境因素变化、传输干扰、下采样、系统附加噪声等。目前,遥感影像的空间分辨率一直受到传感器体积、制造成本和工艺等因素的约束,通过传统硬件途径去提高图像空间分辨率的方法存在着众多因素的限制[70]。超分辨率(Super Resolution,SR)重构技术可以在现有的成像系统基础上,利用信号处理知识,由单帧或多帧低分辨率图像,重构出具备丰富细节和高像素密度的高分辨率图像,已经在众多领域广泛应用,是图像复原领域最有前景的研究方向之一。

超分辨率重构[71]是指在不改变观测系统的前提下,利用图像处理算法恢复图像获取过程中丢失的成像系统截止频率之上的高频分量信息,从而获得具有更多高频细节信息的高分辨率图像的技术。从广义层面上讲,可以成功恢复成像系统截止频率以外高频信息的一系列方法,均包括在超分辨率重构的范畴之内,具体分为单帧图像重构方法和多帧序列图像重构方法。

多帧序列图像重构方法由于可以充分利用图像间的冗余和互补信息,结合高分辨率图像先验知识的提取和运用,获得了更好的重构效果和更广泛的应用,是目前超分辨率重构研究领域的热点。然而在很多应用场景下并不能直接获得序列影像,此时,针对单帧图像的超分辨率重构方法研究就显得尤为重要。事实上,单帧图像重构是一个典型的线性或非线性的逆问题和数学反问题,该方面的算法研究利用先验知识对以混叠形式存在于截止频率之下频率成分之中的高频信息进行图像的重构,相比多帧序列图像重构更加具有挑战性。超分辨率重构被称为第二代的图像复原,在深空探测、地质勘探、对地观测、医学成像诊断、气象监测预报、交通管制等军用和民用领域均获得了广泛的应用。随着应用领域的不断扩展和深入,如何通过发展理论和算法来更有效地进行超分辨率重构的研究和应用已经成为目前图像恢复领域最有前途的研究热点。

### 5.3.1 基于张量扩散和方向估计的单帧超分辨率重构算法

1. 单帧超分辨率重构基本模型

给定场景的一帧低分辨率图像,认为它是由一幅高分辨率图像经过一系列的降质过程产生,过程包括光学模糊、亚采样以及附加噪声。基于单帧的超分辨率重构降质观测模型表述为

$$y = DHx + n \tag{5-31}$$

式中:**H** 为模糊矩阵;**D** 为降采样矩阵;$n$ 为加性高斯噪声。

目前针对单帧图像的超分辨率重构算法包括插值法、迭代反投影法、正则化方法和基于学习的方法等,其中正则化技术获得了比较广泛的应用,通过在算法处理过程中加入正则项,也就是加入对高分辨率图像先验知识的约束,可以限制最终的迭代结果。实践证明,基于偏微分方程理论的单帧超分辨率图像重构算法,可以有效重构出高分辨率图像中的边缘和纹理等细节信息,同时平滑图像的噪声。

2. 相关偏微分方程经典模型

偏微分方程在图像算法领域中获得了广泛应用,变分问题或其正则化逼近的过程[72],可以通过对应的欧拉-拉格朗日方程有效求解,不同的方法在本质上来讲具有互通的作用。1990 年,Osher 和 Rudin[73]首次提出了基于双曲线模型实现的冲击滤波器,该模型描述为

$$\frac{\partial u}{\partial t} = -\text{sign}(u_{\eta\eta}) |\nabla u| \tag{5-32}$$

式中:$u_{\eta\eta}$ 为图像沿梯度方向的二阶导数;符号函数 $\text{sign}(\cdot)$ 定义为

$$\text{sign}(x) = \begin{cases} -1, & x<0 \\ 0, & x=0 \\ 1, & x>0 \end{cases} \tag{5-33}$$

利用 $u_{\eta\eta}$ 的符号调节图像水平曲线传播的方向,该冲击滤波器对于图像具备增强作用,但是对噪声较为敏感,后续 Alvarez 等提出在此基础上增加扩散项,在冲击项及扩散项间,通过自适应选取系数,将各向异性扩散和冲击滤波器有效结合,提出适用于增强带噪声图像的冲击滤波器模型,该模型称为 ADSF 模型,描述为

$$\frac{\partial u}{\partial t} = -\text{sign}(G_\sigma * u_{\eta\eta})|\nabla u| + cu_{\varepsilon\varepsilon} \tag{5-34}$$

式中:$G_\sigma$ 为标准差为 $\sigma$ 的高斯函数;$c$ 为正常数。第一项在经过平滑的图像二阶法向导数零交叉点,形成冲击波[74],新增加的扩散项可以保证偏微分方程沿切线方向进行各向异性扩散。

为了更好地增强滤波器对噪声的鲁棒性,Gilboa[75]等将问题从实值域扩散推广至复数域中,提出复扩散冲击滤波器,描述为

$$\frac{\partial u}{\partial t} = -\frac{2}{\pi}\arctan\left(a\text{Im}\left(\frac{u}{\theta}\right)\right)|\nabla u| + \lambda u_{\eta\eta} + \tilde{\lambda} u_{\varepsilon\varepsilon} \tag{5-35}$$

式中:$\text{Im}(\cdot)$ 为复变量的虚部;$\lambda = \gamma e^{i\theta}$ 是复的标量;$\tilde{\lambda}$ 为实的标量;$\theta$ 为小角度;$a$ 为斜坡锐度控制参数;$|\nabla u|$ 通过迎风格式计算获得

$$|\nabla u| = \sqrt{(\text{minmod}(u_x^+(x,y), u_x^-(x,y)))^2 + (\text{minmod}(u_y^+(x,y), u_y^-(x,y)))^2} \tag{5-36}$$

$$\text{minmod}(x,y) = \begin{cases} \min(|x|,|y|), & xy>0 \\ 0, & \text{其他} \end{cases} \tag{5-37}$$

$$\begin{cases} u_x^+(x,y) = u(x+1,y) - u(x,y) & u_x^-(x,y) = u(x,y) - u(x-1,y) \\ u_y^+(x,y) = u(x,y+1) - u(x,y) & u_y^-(x,y) = u(x,y) - u(x,y-1) \end{cases} \tag{5-38}$$

MCF 模型是各向异性扩散中的一种,将图像看作等亮度轮廓图组成的集合,即水平集[76],这些轮廓可以逐渐扩散移动,描述为

$$\frac{\partial u}{\partial t} = \kappa|\nabla u| = \text{div}\left(\frac{\nabla u}{|\nabla u|}\right)|\nabla u| \tag{5-39}$$

式中:$\kappa$ 为等亮度的轮廓线曲率。式(5-39)表示轮廓线沿内法线方向以曲率为速度进行扩散,从而使得轮廓线的平均曲率最小,该扩散形式使得锯齿状边缘被拉直,使得凹凸不平的水平集变平滑,非常利于去除斜向边缘上的锯齿效应,

随着不断扩散,将会导致纹理结构的消失。

梯度向量流场是由边缘图像向量扩散构建的外力场 $V(x,y)=[u(x,y),v(x,y)]$,用 $f(x,y)$ 表示梯度边缘图像,GVF 的最优问题可以描述为

$$\begin{cases}\dfrac{\partial V(x,y)}{\partial t}=\mu\nabla^2 V_t(x,y)-(V_t(x,y)-\nabla f(x,y))|\nabla f(x,y)|^2\\ V_0(x,y)=\nabla f(x,y)\end{cases} \quad (5\text{-}40)$$

GVF 在平坦区域的向量幅值大致接近于零,在边缘附近较大,并且向量的方向指向附近边缘,不是完全的无旋场和无散场[77],对于梯度场表现出来的边缘锯齿效应,GVF 可以使其呈现平滑的流线型,从而更好地保持纹理结构区域。

广义的 GVF 外力场[78]通过在 GVF 当中引入权值函数来实现,通过求解如下欧拉方程可以获得 GGVF

$$\begin{cases}e^{-(|\nabla f|/k)}\nabla^2 u-(1-e^{-(|\nabla f|/k)})(u-f_x)=0\\ e^{-(|\nabla f|/k)}\nabla^2 v-(1-e^{-(|\nabla f|/k)})(v-f_y)=0\end{cases} \quad (5\text{-}41)$$

Yu 等将 GVF 引入各向异性扩散当中,提出如下经典的改进型 GVF 外力场[79]

$$\dfrac{\partial I(x,y)}{\partial t}=r\kappa|\nabla I(x,y)|-(1-r)V(x,y)\cdot I(x,y) \quad (5\text{-}42)$$

式中:$r$ 为调节系数。该扩散模型中,GVF 以外力形式来影响 MCF 模型,当 GVF 方向与水平集内法线一致时,模型加速扩散,当 GVF 方向与水平集内法线相反时,模型会削弱扩散,力场的平衡使得纹理结构得到较好保持。

3. 结合张量扩散和方向估计的单帧重构方法

单帧超分辨率重构算法由于不能采用序列图像间的冗余信息,所以比多帧重构更具挑战性,主流单帧重构可以分为基于插值的超分辨率算法[80-82]、基于正则化重构的超分辨率算法[83-85]和基于学习的超分辨率重构算法[86-92]。

图像当中的角点和交叉点是图像理解的丰富信息来源,若能在重构过程当中对角点和交叉点进行更好的局部特征描述和方向估计,将会取得更好的超分辨率重构结果。从本质上讲,图像中的平坦区域方向内在维度为零,边缘属于一维方向维度特征,角点和交叉点属于二维方向维度特征。Stuke[93]等对方向运动估计进行了深入探讨,引入混合方向参数(Mixed Orientation Parameters,MOP)将问题线性化,首先针对二维信号进行了二维方向的分解与分解形式唯一性证明,针对多维信号,通过将问题降低到级联的二维分解问题来解决,方向二维分解示意图如图 5-8(a)~(d)所示,其中图 5-8(b)、(d)分别为图 5-8(a)、(c)的二维方向分解图。

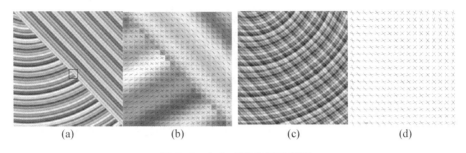

图 5-8　方向二维分解示意图

Mota 和 Stuke 等[94]针对角点和连接点的多重定向估计进行了相应研究,将特征建模为两个不同方向的叠加,并且基于两个方向导数的张量积导出新的约束方程,提出新的具有闭合解的理论框架用于分析图像中的二维特征,并将边界和交叉点中心进行局部位置定位。Shao 等[95]运用二阶张量表示方法构造了边角保持正则项,更好地估计了图像的局部特征,保留了边缘和角点信息,然而基于二阶张量的估计方法还不够精确描述图像特征。本章在综合考虑平滑区域、边缘、角点和交叉点三类不同维度特征的基础上,结合高阶张量分析,提出了基于偏微分方程统一架构的单帧 PDE 重构基本模型,公式表述为

$$\frac{\partial X}{\partial t} = -\sigma_1 \cdot \bm{H}^{\mathrm{T}} * ((H*X)*D-Y) * D^{\mathrm{T}} + \sigma_2 \cdot g(\beta_1(X) \cdot |\nabla X|)X_{\varepsilon\varepsilon} + \sigma_3 \cdot g(|\nabla X|)X_{\eta\eta} - \sigma_4 \cdot (|\nabla Y|*D^{\mathrm{T}} - |\nabla X|) \cdot \mathrm{sign}(G_\sigma * X_{\eta\eta}) \cdot |\nabla X|$$

(5-43)

式中:第一项是数据保真项,用于衡量数据拟合程度;第二项是沿切线方向的正则扩散项;第三项是沿法线方向的正则扩散项;第四项是细节增强正则项。$\sigma_1$、$\sigma_2$、$\sigma_3$、$\sigma_4$ 为正则化参数;$G_\sigma$ 为尺度很小的高斯核函数;$\beta_1(X)$ 为基于结构张量的单方向估计准则;$g(x)$ 是单调递减的边缘截止函数。

结构张量在图像去噪领域具有基础性作用,不仅综合邻域梯度信息,而且通过计算其特征向量和特征值,可以获得比梯度更加丰富的结构信息,从而用于定位图像的局部几何结构。由于对于几何结构的准确描述能力,结构张量已经被广泛应用于纹理分析、方向估计、光流分析等领域,并取得了很好的应用效果。

经典结构张量等价于对各个通道进行线性扩散去噪,将线性结构张量公式应用于系统得到基于线性结构张量的扩散方程组,称为 LST System;各向同性非线性滤波随像素张量度量增大而平滑力度递减,将各向同性非线性结构张量公式应用于系统得到基于各向同性非线性结构张量的扩散方程组,称为 INLST

System;各向异性非线性滤波充分结合方向滤波,在沿着边缘有较大平滑力度,在垂直边缘方向抑制平滑力度,将各向异性非线性结构张量公式应用于系统得到基于各向异性非线性结构张量的扩散方程组,称为 ANLST System。LST System 随着迭代次数的增加,会显著模糊图像的细节信息,ANLST System 取得了相比其他两种算法较好的去噪效果,并且在去除噪声的同时,可以很好地保留图像的细节信息,ANLST System 将会被引入单帧超分辨率图像重构统一偏微分方程模型当中,针对有噪声图像进行相应算法处理,ANLST System 在重构过程当中表现出了针对噪声的鲁棒性。

定义二维图像 $f:R^2 \rightarrow R$,假设在区域 $\Omega$ 中存在方向 $\varpi$,使得

$$f(x)=f(x+s\varpi), \quad \forall x, x+s\varpi \in \Omega \tag{5-44}$$

则对于方向 $\varpi$ 的估计过程等同于求解如下能量函数最小化

$$\psi(\varpi)=\int_\Omega \left|\frac{\partial f}{\partial \varpi}\right|^2 \mathrm{d}\Omega = \varpi^\mathrm{T} J_1 \varpi \tag{5-45}$$

式中:$J_1$ 为结构张量,对称且半正定,可表示为

$$J_1 = \int_\Omega \begin{bmatrix} |f_x|^2 & f_x \cdot f_y \\ f_x \cdot f_y & |f_y|^2 \end{bmatrix} \mathrm{d}\Omega \tag{5-46}$$

结构张量可以准确估计图像局部几何结构,$J_1$ 存在两个正交的单位特征向量,假设 $\mu$ 和 $\mu^\perp$ 是对应于结构张量 $J_1$ 的特征值,特征值反映特征方向的平均对比度。在图像中的平滑区域,$\mu \approx \mu^\perp \approx 0$;在图像边缘区域,$\mu \gg \mu^\perp \approx 0$;在图像中的角形区域,$\mu \gg \mu^\perp \gg 0$。$\mu$ 和 $\mu^\perp$ 可以用于式(5-43)第二项和第三项的系数定义,以此来控制两个截止函数 $g(s)$ 的计算,$\mu$ 和 $\mu^\perp$ 定义为

$$\begin{cases} \mu=(J_{11}+J_{22}+\sqrt{(J_{22}-J_{11})^2+4J_{12}^2}) \\ \mu^\perp=(J_{11}+J_{22}-\sqrt{(J_{22}-J_{11})^2+4J_{12}^2}) \end{cases} \tag{5-47}$$

$\mu$ 对应的特征向量代表波动最大方向,也就是梯度方向,$\mu^\perp$ 对应的特征向量代表波动最小方向,也就是具备一致性结构的纹线方向。假设 $\beta_1(X)$ 表示在区域 $\Omega$ 中基于结构张量的单方向估计准则,定义为

$$\beta_1(f)=\frac{\det(J_1)}{\mathrm{trace}^2(J_1)}<\varepsilon_1 \tag{5-48}$$

若满足式(5-48),则相对于最小特征值的特征向量体现了图像的纹线方向,即局部的切线方向,若不满足式(5-48),说明该区域被认为是较为平滑的区域或者角形结构和连接点,则此时需要利用高阶张量分析进行多方向估计。

混合方向参数(Mixed Orientation Parameters，MOP)的估计过程等同于利用最小二乘估计法求解能量泛函的最小化问题，即

$$E(\boldsymbol{m}) = \int \Omega \left\| m_{xx} f_x \otimes f_x + \frac{m_{xy}}{2}(f_x \otimes f_y + f_y \otimes f_x) + m_{yy} f_y \otimes f_y \right\|^2 d\Omega \quad (5-49)$$

式中：向量 $\boldsymbol{m} = (m_{xx}, m_{yy}, m_{xy})^T$ 称为混合方向参数向量，即 MOP 向量，包含了对于特征信息的两个方向的表达，各个参数定义为

$$\begin{cases} m_{xx} = u_x v_x \\ m_{yy} = u_y v_y \\ m_{xy} = u_x v_y + u_y v_x \end{cases} \quad (5-50)$$

最终期望分解得到的两个方向定义为

$$\boldsymbol{u} = (u_x, u_y)^T, \boldsymbol{v} = (v_x, v_y)^T \quad (5-51)$$

用 $J_2$ 表示高阶结构张量，定义为

$$J_2 = \int \Omega \begin{bmatrix} |f_x|^4 & |f_x|^2 f_x \cdot f_y & |f_x \cdot f_y|^2 \\ |f_x|^2 f_x \cdot f_y & \frac{1}{2}(|f_x|^2 |f_y|^2 + |f_x \cdot f_y|^2) & |f_y|^2 f_x \cdot f_y \\ |f_x \cdot f_y|^2 & |f_y|^2 f_x \cdot f_y & |f_y|^4 \end{bmatrix} d\Omega$$

$$(5-52)$$

将对应于 $J_2$ 最小特征值的特征向量选为 MOP 向量，用 $\beta_2(f)$ 表示在区域 $\Omega$ 中基于高阶张量的多方向估计准则，具体定义为

$$\beta_2(f) = \frac{\det^2(J_2)}{\text{trace}^3(M_{11} + M_{22} + M_{33})} < \varepsilon_2 \quad (5-53)$$

式中：$M_{ij}$ 为在 $J_2$ 的第 $i$ 行和第 $j$ 列，删除第 $i$ 行和第 $j$ 列后，其他行列对应的矩阵值，若满足式(5-53)，则选择对应于最小特征值的特征向量为 MOP 向量，通过高阶结构张量模型，角点和连接点可以被更加准确地进行方向估计。

对于多方向的分析描述需要将 MOP 向量分解到两个方向，将混合方向参数向量 $\boldsymbol{m} = (m_{xx}, m_{yy}, m_{xy})^T$ 改写成 2×2 的矩阵形式，可表示为

$$\begin{bmatrix} m_{xx} & u_x v_y \\ u_y v_x & m_{yy} \end{bmatrix} = \begin{bmatrix} u_x v_x & u_x v_y \\ u_y v_x & u_y v_y \end{bmatrix} \quad (5-54)$$

令 $z_1 = u_x v_y, z_2 = u_y v_x$，则 $z_1 + z_2 = m_{xy}, z_1 z_2 = m_{xx} m_{yy}$，于是，$z_1$ 和 $z_2$ 可以通过求解二次多项式的根来获得，即

$$Q(z) = z^2 - m_{xy} z + m_{xx} m_{yy} \quad (5-55)$$

于是,最终求解得到的两个方向描述为

$$\boldsymbol{u} = (m_{xx}, z_2)^T = (z_1, m_{yy})^T, \boldsymbol{v} = (m_{yy}, z_1)^T = (z_2, m_{yy})^T \qquad (5-56)$$

GVF 定义为由边缘图像向量扩散得到的外力场,ADSF 滤波器最早将冲击滤波器和各向异性扩散联合起来,同时实现了噪声消除和边缘锐化,更好地增强了边缘信息。利用梯度场来影响 GVF 外力场,对两种力场进行相应平衡,可以更好地保持纹理结构,并对噪声具备更好的鲁棒性[96],该冲击滤波器表述形式为

$$\frac{\partial f}{\partial t} = -(1-w)\,\text{sign}(G_\sigma * f_{\eta\eta})\sqrt{|\boldsymbol{V}_{\text{GVF}} \cdot f|} + w f_{\varepsilon\varepsilon} \qquad (5-57)$$

式中:$w = \dfrac{1}{1+\beta |\nabla f|}$;$\beta$ 为常数,根据具体噪声程度来定,随噪声增大而减小;$f_{\eta\eta} = \dfrac{f_{xx} f_x^2 + 2 f_{xy} f_x f_y + f_{yy} f_y^2}{f_x^2 + f_y^2}$;$f_{\varepsilon\varepsilon} = \dfrac{f_{xx} f_y^2 - 2 f_{xy} f_x f_y + f_{yy} f_x^2}{f_x^2 + f_y^2}$。

GVF 是图像边缘引起的外力场 $\boldsymbol{V}(x,y) = [u(x,y), v(x,y)]$,GVF 沿两个梯度方向同时扩散,具备很好的收敛性,使用变分法求解如下欧拉方程可得 GVF,即

$$\begin{cases} \mu \nabla^2 u - (u - f_x)(f_x^2 + f_y^2) = 0 \\ \mu \nabla^2 v - (v - f_y)(f_x^2 + f_y^2) = 0 \end{cases} \qquad (5-58)$$

式中:$\nabla^2 u = u_{\varepsilon\varepsilon} + u_{\eta\eta}$ 为拉普拉斯算子,$u_{\varepsilon\varepsilon}$ 和 $u_{\eta\eta}$ 分别表示沿切线和法线方向的二阶导数,封建湖等[97]提出在变分方程当中引入以图像梯度为变量的两个函数,得到比 GVF 更加完善的 IGVF 外力场,从而更好地解决窄带凹区域 GVF 收敛不好的问题,该文献提出的 IGVF 外力场类似于 GGVF,定义为

$$\begin{cases} g(|\nabla f|) \nabla^2 u - h(|\nabla f|)(u - f_x) = 0 \\ g(|\nabla f|) \nabla^2 v - h(|\nabla f|)(v - f_y) = 0 \\ \qquad g(|\nabla f|) = e^{-(|\nabla f|/k_1)^2} \\ \qquad h(|\nabla f|) = e^{(|\nabla f|/k_2)^2} - e^{-(|\nabla f|/k_1)^2} \end{cases} \qquad (5-59)$$

式中:$k_1$ 和 $k_2$ 为权重参数,$k_1$ 取值较小,$k_2$ 取值较大。

本节将冲击滤波器与各向异性扩散梯度向量流[98]相结合,提出一种新的各向异性冲击滤波器,使得该滤波器实现沿切线和法线方向扩散速度的局部自适应选择,依据图像局部结构,来自适应地选择扩散速度进行权衡,从而使其更好地适应噪声条件,描述为

$$\begin{cases} \dfrac{\partial f}{\partial t} = -\mathrm{sign}(G_\sigma * f_{\eta\eta})\sqrt{|\boldsymbol{V}_{\mathrm{ANGVF}} \cdot f|} + cf_{\varepsilon\varepsilon} \\ \mu(\exp(-(1-f)/k)u_{\varepsilon\varepsilon} + (1-\exp(-(1-f)/k))u_{\eta\eta}) - (u-f_x)(f_x^2+f_y^2) = 0 \\ \mu(\exp(-(1-f)/k)u_{\varepsilon\varepsilon} + (1-\exp(-(1-f)/k))u_{\eta\eta}) - (v-f_y)(f_x^2+f_y^2) = 0 \end{cases}$$

(5-60)

GVF-GF-ADSF 较好地平衡了去噪与增强，但是对于细节的辨识能力还有提高的空间，ANGVF-GF-ADSF 更好地平衡了去噪与增强，使得细节更为明显，获得了比其他算法更高的客观评价值，从主观视觉上来讲，边缘更加清晰。ANGVF-GF-ADSF 将会被引入单帧重构整体框架当中，用于在有噪声条件下对图像进行更好的重构。

本章提出的统一框架单帧 PDE 超分辨率重构方法模型表示为

$$\dfrac{\partial X}{\partial t} = -\sigma_1 \cdot H^{\mathrm{T}} * ((H*X)*D - Y)*D^{\mathrm{T}} + \sigma_2 \cdot g(\sqrt{\mu^\perp})X_{\mathrm{ANLST}\varepsilon\varepsilon} + \sigma_3 \cdot g(\sqrt{\mu+\mu^\perp}) \cdot X_{\mathrm{ANLST}\eta\eta} - \sigma_4 \cdot ((|\nabla Y|*D^{\mathrm{T}} - |\nabla X|) \cdot \mathrm{sign}(G_\sigma * X_{\eta\eta}) \cdot \sqrt{|\boldsymbol{V}_{\mathrm{ANGVF}} \cdot X|} + cX_{\varepsilon\varepsilon})$$

(5-61)

本章提出的统一框架单帧 PDE 超分辨率重构方法的具体计算步骤描述为：

(1) 初始化：取双三次插值的结果作为初始图像估计值。

(2) 循环迭代至满足收敛条件 $\|\hat{X}_{n+1} - \hat{X}_n\|^2 / \|\hat{X}_n\|^2 < \varepsilon$，$\varepsilon$ 为预先设定阈值，公式为

$$\hat{X}_{n+1} = -\sigma_1 \cdot H^{\mathrm{T}} * ((H*\hat{X}_n)*D - Y)*D^{\mathrm{T}} + \sigma_2 \cdot g(\sqrt{\mu^\perp})\hat{X}_{n_{\mathrm{ANLST}\varepsilon\varepsilon}} + \sigma_3 \cdot g(\sqrt{\mu+\mu^\perp})\hat{X}_{n_{\mathrm{ANLST}\eta\eta}} + \sigma_4 \cdot (-(|\nabla Y|*D^{\mathrm{T}} - |\nabla \hat{X}_n|) \cdot \mathrm{sign}(G_\sigma * \hat{X}_{n_{\eta\eta}}) \cdot \sqrt{|\boldsymbol{V}_{\mathrm{ANGVF}} \cdot \hat{X}_n|} + c\hat{X}_{n_{\varepsilon\varepsilon}})$$

(5-62)

(3) 在无噪情况下，直接计算 $\hat{X}_{n_{\varepsilon\varepsilon}}$ 和 $\hat{X}_{n_{\eta\eta}}$ 获得前两项正则项值，在冲击滤波器中直接使用 $\nabla \hat{X}_n$，不进行与梯度向量流的合成，其中关于切线和法线的二阶导数均是通过高阶张量分析计算的结果；在有噪声的情况下，利用 ANLST System 计算获得前两项正则项值 $\hat{X}_{n_{\mathrm{ANLST}\varepsilon\varepsilon}}$ 和 $\hat{X}_{n_{\mathrm{ANLST}\eta\eta}}$，利用新的梯度与 GVF 合成的各向异性冲击滤波器进行相应计算。

4. 低照度图像超分辨率重构实验结果

下面进行面阵遥感影像重构实验，图 5-9 和图 5-10 均是面阵影像在无噪

声下的重构结果，图 5-11 和图 5-12 分别是面阵影像在噪声为 5 和 15 情况下的重构结果，从左到右的对比算法依次包括 Bi-cubic、ASDS、CSC、NLM-SKR 以及提出的单帧超分辨率算法，根据重构结果计算出客观质量评价值。

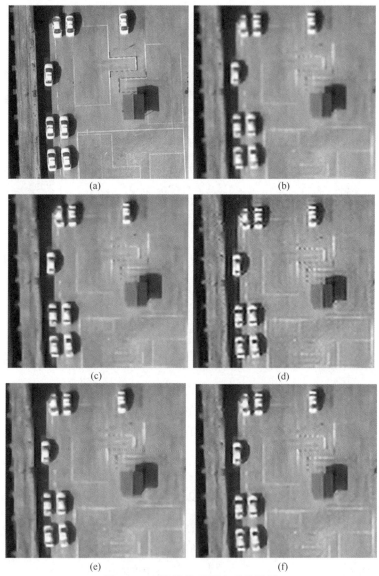

图 5-9　面阵影像无噪声重构结果

(a) $\sigma=0$ 原始图像；(b) Bi-cubic(PSNR=23.52 SSIM=0.7153)；(c) ASDS(PSNR=26.23 SSIM=0.7939)；(d) CSC(PSNR=22.61 SSIM=0.6733)；(e) NLM-SKR(PSNR=26.12 SSIM=0.7819)；(f) Proposed(PSNR=26.81 SSIM=0.7976)。

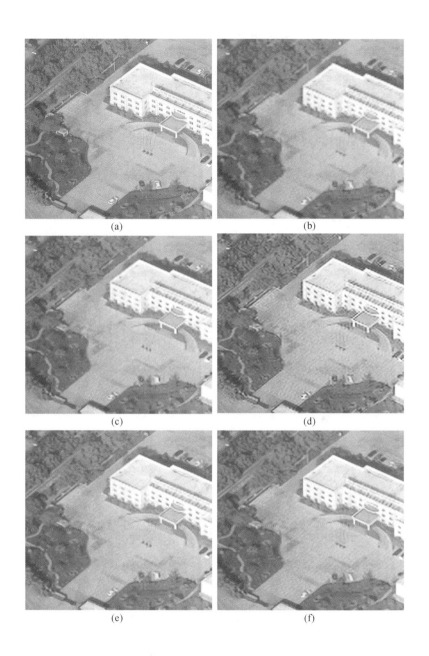

图 5-10 面阵影像无噪声重构结果

(a) $\sigma=0$ 原始图像;(b) Bi-cubic(PSNR=23.65 SSIM=0.5837);(c) ASDS(PSNR=26.07 SSIM=0.6860);(d) CSC(PSNR=22.45 SSIM=0.5399);(e) NLM-SKR(PSNR=26.14 SSIM=0.6850);(f) Proposed(PSNR=26.39 SSIM=0.6979)。

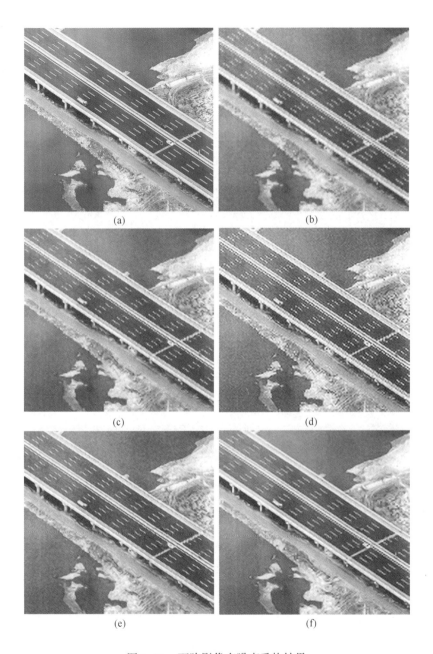

图 5-11 面阵影像有噪声重构结果

(a) $\sigma=5$ 原始图像;(b) Bi-cubic(PSNR=17.74 SSIM=0.5028);(c) ASDS(PSNR=19.58 SSIM=0.6192);(d) CSC(PSNR=17.11 SSIM=0.4545);(e) NLM-SKR(PSNR=19.85 SSIM=0.6056);(f) Proposed(PSNR=19.74 SSIM=0.6276)。

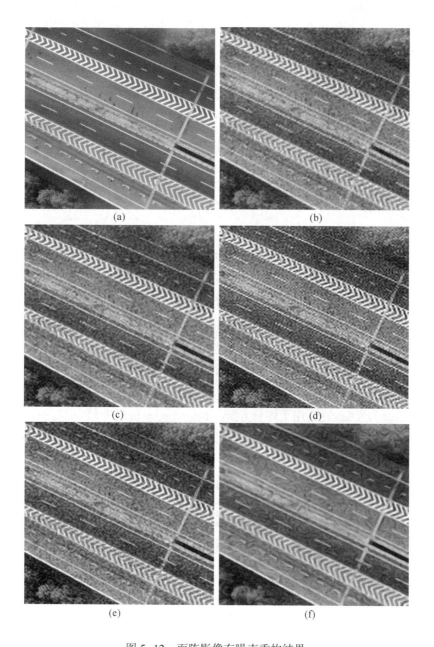

图 5-12 面阵影像有噪声重构结果

(a) $\sigma=15$ 原始图像;(b) Bi-cubic(PSNR=19.85 SSIM=0.4431);(c) ASDS(PSNR=22.57 SSIM=0.5274);(d) CSC(PSNR=17.95 SSIM=0.3468);(e) NLM-SKR(PSNR=22.27 SSIM=0.5044);(f) Proposed(PSNR=23.06 SSIM=0.5513)。

从重构结果可以看出:Bi-cubic 方法获得的细节信息最少;针对无噪声遥感影像,相比 ASDS 和 NLM-SKR 方法,新算法保留了更多的细节信息,CSC 算法细节信息丰富但是平滑度不够;针对低噪声影像,ASDS 和 NLM-SKR 方法取得的重构效果最好,CSC 算法整体来讲,重构得到的遥感影像信息较为丰富,但是却放大了噪声。总体来讲,新算法针对各种强度的遥感影像均取得了较好的重构效果,尤其针对无噪声和高噪声强度的遥感影像,取得了相比其他算法更好的重构结果,在拟制噪声的同时更好地恢复了遥感影像的细节信息。

### 5.3.2 基于 CUDA 和 OpenMP 的并行配准算法

1. 图像配准定义

图像配准(Image Registration),是指对在不同时间内从不同传感器获取的两幅图像实施最佳匹配的处理过程,配准过程包括图像的特征空间、相似性测度、搜索策略三个要点,它们对于配准精度和速度起决定作用,实现高精度配准是进行图像超分辨率重构的重要前提。

设 $f_1(x,y)$ 和 $f_2(x,y)$ 分别表示要配准的两幅图像,$f_1(x,y)$ 为参考图像,$f_2(x,y)$ 为待配准的图像,二者之间的配准关系表示为

$$G(T) = G(f_1, f_2(T_A(\cdot))) \qquad (5-63)$$

式中:$G(\cdot)$ 为度量函数,用于评价 $f_1(x,y)$ 和 $f_2(x,y)$ 的配准结果;$T_A(\cdot)$ 为变换函数,用于对 $f_2(x,y)$ 进行空间变换。配准过程归结为寻求最优空间变换,假设 $R_1(\cdot)$ 表示相似性度量,则

$$\Lambda = \underset{\Lambda}{\arg\min}\, R_1(T) \qquad (5-64)$$

配准过程使得式(5-64)成立,从而获得相似度最大时的变换结果。

2. 基于自适应双边结构张量的多尺度检测与配准

SIFT 特征点是在尺度和空间位置上的灰度极值点,并不是真正视觉意义的角点,大部分的特征点并不能够准确地反映影像的结构信息,并且会产生大量冗余特征点。本章试图从人眼视角的角度,构建一种更有效的、更具视觉意义的、更为精确的特征点检测算子,从而取代 SIFT 方法中影像极值点的提取过程。

在基于 Harris 方法的角点检测改进算法研究上,基于梯度双边滤波的改进型 Harris 角点检测算法[99],利用改进的双边滤波器得到改进的局部自相关函数,并设计了一种基于多尺度空间的伪角点剔除机制,获得了相比 Harris 角点

更精确的角点定位。梯度双边滤波[100]采用梯度距离与几何距离分别构建梯度相似度核与几何邻近度核,通过对邻域像素加权平均实现滤波,梯度双边滤波核函数定义为

$$N_{\rho,\sigma}(i) = \frac{\exp(-(d_i^s)^2/2\rho^2)\exp(-(d_i^g)^2/2\sigma^2)}{\sum_W \exp(-(d_i^s)^2/2\rho^2)\exp(-(d_i^g)^2/2\sigma^2)}, (x_i, y_i) \in W \quad (5-65)$$

式中:$\rho$ 和 $\sigma$ 分别为空间距离标准差和梯度距离标准差;$d_i^s$ 和 $d_i^g$ 定义为

$$d_i^s = \sqrt{(x_i-x_0)^2+(y_i-y_0)^2} \quad (5-66)$$

$$d_i^g = \sqrt{(\nabla_i^h-\nabla_0^h)^2+(\nabla_i^v-\nabla_0^v)^2} \quad (5-67)$$

改进的局部自相关函数描述为

$$\zeta(i) = \begin{bmatrix} \sum w_{GST}(i)(\nabla_i^h)^2 & \sum w_{GST}(i)\nabla_i^h\nabla_i^v \\ \sum w_{GST}(i)\nabla_i^v\nabla_i^h & \sum w_{GST}(i)(\nabla_i^v)^2 \end{bmatrix} \quad (5-68)$$

利用式(5-68)计算角点响应函数,从而确定角点的具体位置

$$R(\zeta(i)) = \det(\zeta(i)) - k \cdot \text{trace}^2(\zeta(i)) \quad (5-69)$$

该算法未考虑几何结构的相似度度量[101],而边缘、角形结构、平坦区域上的几何属性可以表明图像的重要局部结构特征,因此在双边滤波计算过程当中,非常有必要将图像块间的几何结构相似性纳入考虑范围当中。此外,通过实验分析算法提取特征点的定位位置,发现点的定位位置信息依然存在改进的空间,分析原因,该算法没有考虑滤波窗口大小对于滤波结果的影响。此外,梯度双边滤波改进算法不具备尺度不变性,并且未基于亚像素精度,这对于后续配准过程也会产生算法适应性和精度影响等问题,由于双边滤波算法计算量较大,文献中也并没有给出相关优化加速的方法。

本节首先将结构张量作为角点检测的预处理步骤,结构张量是图像分析的重要工具,属于矩阵数据场范畴,图像中所有像素的初始张量是 2×2 的矩阵场,通过将初始张量与高斯函数进行卷积可以获得经典线性结构张量,可表示为

$$J_\rho(\nabla u_\sigma) = G_\rho * (\nabla u_\sigma \otimes \nabla u_\sigma) = (J_{m,n})_{m=1,2,n=1,2}$$

$$= \begin{bmatrix} \left(\frac{\partial u_\sigma}{\partial x}\right)^2 * G_\rho & \left(\frac{\partial u_\sigma}{\partial x}\frac{\partial u_\sigma}{\partial y}\right) * G_\rho \\ \left(\frac{\partial u_\sigma}{\partial y}\frac{\partial u_\sigma}{\partial x}\right) * G_\rho & \left(\frac{\partial u_\sigma}{\partial y}\right)^2 * G_\rho \end{bmatrix} \quad (5-70)$$

式中: $\nabla$ 为梯度算子; $G_\rho$ 为尺度为 $\rho$ 的高斯函数; $J_\rho$ 对称且半正定,存在两个正交的单位特征向量,并对应相应的特征值,特征值公式可表示为

$$\mu, \mu^\perp = \frac{1}{2}(J_{11}+J_{22} \pm \sqrt{(J_{22}-J_{11})^2 + 4J_{12}^2}) \quad (5-71)$$

在图像平缓区域, $\mu \approx \mu^\perp \approx 0$;在图像角形区域, $\mu \geq \mu^\perp \geq 0$;在图像边缘区域, $\mu \geq \mu^\perp \approx 0$。利用二者之差的范数度量,可以体现像素点处的几何结构相似性,这里采用二范数来度量该相似性,表示为

$$st(x) = |\mu(x) - \mu^\perp(x)|^2 \quad (5-72)$$

式中: $st(x)$ 为局部线性结构张量的特征值之差,当其大于一定的阈值范围时,说明图像中参与计算的区域属于角形和边缘区域,此时进行后续相应滤波,这种基于结构张量的初步筛选可以有效减小算法的复杂度。

双边张量滤波在双边滤波的基础上,充分结合局部的结构张量,同时利用局部结构的各向异性性质和灰度相似性,使得在图像的边缘区域,沿着平行局部结构的方向进行滤波,在图像平缓区域,进行各向同性滤波,具备更好的细节保持能力。本节所采用的基于梯度信息的双边张量滤波,描述为

$$\tilde{I}^{BST}(x) = \frac{1}{C^{BST}} \sum_{y \in N(x)} d(x,y)$$

$$\begin{bmatrix} st(x) \cdot s(\nabla I(x), \nabla I(y)) \cdot w(st(x), st(y)) + \\ (1-st(x)) \cdot (s(\nabla I(x), \nabla I(y)) + w(st(x), st(y)))/2 \end{bmatrix} I(y)$$

$$(5-73)$$

其中

$$C^{BST} = \sum_{y \in N(x)} d(x,y) \begin{bmatrix} st(x) \cdot s(\nabla I(x), \nabla I(y)) \cdot w(st(x), st(y)) + \\ (1-st(x)) \cdot (s(\nabla I(x), \nabla I(y)) + w(st(x), st(y)))/2 \end{bmatrix}$$

$$(5-74)$$

$$d(x,y) = \exp(-\|y-x\|^2 / 2\sigma_d^2) \quad (5-75)$$

$$s(\nabla I(x), \nabla I(y)) = \exp(-\|\nabla I(y) - \nabla I(x)\|^2 / 2\sigma_r^2) \quad (5-76)$$

$$w(st(x), st(y)) = \exp(-\|st(y) - st(x)\|^2 / 2\sigma_t^2) \quad (5-77)$$

当图像局部结构越明显,则 $st(x) \to 1$,当图像局部结构越不明显,则 $st(x) \to 0$,两种情况下可以充分结合各向异性和各向同性滤波。此外,在梯度双边张量滤波的过程中,可以考虑加入判断机制,从而自适应地针对相应类型的角点进行滤波窗口的大小变化,这样可以更为合理地对图像进行滤波。

由于之前已经基于结构张量对边缘和角点进行过初步筛选,要实现针对不

同边缘点和角点的自适应,需要考虑被处理点处的具体特性,从而实现更为精细的处理。在此利用像素点八邻域相似性度量方法,设定角点灰度阈值 $t$,计算像素点 $I(i,j)$ 与其八邻域内像素点 $I(i+m,j+n)\{-1\leqslant m\leqslant 1, -1\leqslant n\leqslant 1\}$ 的梯度差,当其小于阈值的个数处于 $[2,6]$ 区间范围内时,判断其为角点,梯度小于阈值个数表示为

$$\mathrm{NUM}(i,j) = \sum_{(m,n)}^{\sum\{-1\leqslant m\leqslant 1, -1\leqslant n\leqslant 1, m\neq 0, n\neq 0\}} K(i+m,j+n) \quad (5-78)$$

$$K(i,j) = \begin{cases} 1, & |I(i,j)-I(i+m,j+n)|\leqslant t \\ 0, & |I(i,j)-I(i+m,j+n)|> t \end{cases} \quad (5-79)$$

针对梯度差小于阈值的个数处于不同区间的差别,在滤波过程当中,当区间较小,说明该像素点与周围像素点的差别较大,此时相似性滤波窗口取为较小值,当区间较大,说明该像素点与周围像素点的差别较小,此时相似性滤波窗口取为较大值,从而针对不同区间赋予不同的滤波窗口大小,使得滤波窗口具体参数可以依据边缘点和角点信息内容进行相关调整。例如:当 $\mathrm{NUM}(i,j)$ 数目为 2 时,相似性滤波窗口取 2;当 $\mathrm{NUM}(i,j)$ 数目为 3 时,相似性滤波窗口取 3;当 $\mathrm{NUM}(i,j)$ 数目为 4 时,相似性滤波窗口取 4;当 $\mathrm{NUM}(i,j)$ 数目区间处于 $[5,6]$ 时,相似性滤波窗口取 5。这样通过动态调整平滑窗口参数,可以实现基于不同类型边缘点和角点自适应的梯度双边张量滤波。

实验证明,通过建立 $L$ 层尺度空间可以有效去除伪特征点,由于真实角点随尺度增长,变化缓慢,伪角点则快速减少。假设 $\mathrm{CRF}_i$ 代表第 $i$ 层中当前角点在 3×3 邻域中的最大响应值,阈值公式可表示为

$$\sum_{i=0}^{L} \frac{\mathrm{CRF}_i}{\mathrm{CRF}_0} \geqslant T \quad (5-80)$$

在此计算过程当中,同时考虑结构张量预筛选、梯度相似性、几何结构相似性度量,对图像进行更为合理的滤波,对于满足式(5-80)的特征点则为有效角点。

**3. 加权高斯曲面亚像素插值**

高斯曲面亚像素拟合[102]是一种较为常用的拟合曲面,比抛物线拟合法具备更高定位精度,且相比迭代法来讲更省时间,高斯曲面在曲面的顶端和底部均连续可导,可以有效减小模型的系统误差,和多项式拟合相比而言,多项式拟合使用了幂函数系,而高斯拟合使用了高斯函数系,其函数定义为

$$z = f(x,y) = \frac{k}{2\pi\sigma^2} e^{-\frac{(x-x_0)^2+(y-y_0)^2}{2\sigma^2}} \tag{5-81}$$

式中：$(x_0, y_0)$ 为角点偏移量；$\sigma$ 为标准方差。式(5-81)两边进行取对数操作，可得

$$\ln(z+\text{eps}) = \ln k - \ln(2\pi\sigma^2) - \frac{(x-x_0)^2+(y-y_0)^2}{2\sigma^2} \tag{5-82}$$

将式(5-82)写成如下形式

$$\ln(z+\text{eps}) = k_0 + k_1 x + k_2 y + k_3 (x^2+y^2) \tag{5-83}$$

推导公式可得

$$\begin{cases} k_0 = \ln(k) - \ln(2\pi\sigma^2) - \dfrac{x_0^2}{2\sigma^2} - \dfrac{y_0^2}{2\sigma^2} \\[4pt] k_1 = \dfrac{x_0}{\sigma^2} \\[4pt] k_2 = \dfrac{y_0}{\sigma^2} \\[4pt] k_3 = -\dfrac{1}{2\sigma^2} \end{cases} \tag{5-84}$$

针对 $m$ 个测量点，具体表示为 $Q(x_i, y_i, z_i)$，$i=1,2,\cdots,n$，假设 $\psi$ 代表所求高斯曲面，$k_0$、$k_1$、$k_2$ 和 $k_3$ 为待求的未知参数，用于控制曲面形状。根据最小二乘方法原则，给定测量点进行拟合时，应当设法求取测量值与曲线值间的差值平方最小值，有

$$J = \min \sum_{i=1}^{n} (k_0 + k_1 x_i + k_2 y_i + k_3 (x_i^2 + y_i^2) - \ln(z_i + \text{eps}))^2 \tag{5-85}$$

为了更好地衡量像素邻域点的贡献大小，本小节提出一种加权度量方法，加入对各点权值的约束，并对整个计算过程进行公式推导。其中，权值项通过计算该点角点响应占据邻域空间内整体角点响应的比值来获得，从而使得角点响应比值较大的点能够在曲面拟合过程当中发挥更大的作用，而角点响应比值较小的点则发挥较小的作用。权值项定义为

$$p_i = \frac{R_i}{\sum_{j=1}^{n} R_j} \tag{5-86}$$

于是，加权高斯曲面最小二乘公式定义为

$$J = \min \sum_{i=1}^{n} p_i (k_0 + k_1 x_i + k_2 y_i + k_3 (x_i^2 + y_i^2) - \ln(z_i + \text{eps}))^2 \quad (5-87)$$

由于求取最小值，通过差分公式，可得

$$\frac{\partial \sum_{i=1}^{n} p_i (k_0 + k_1 x_i + k_2 y_i + k_3 (x_i^2 + y_i^2) - \ln(z_i + \text{eps}))^2}{\partial (k_0, k_1, k_2, k_3)} = 0 \quad (5-88)$$

假设 $\boldsymbol{a} = [k_0, k_1, k_2, k_3]^T$, $f_i = \ln(z_i + \text{eps})$，则

$$\boldsymbol{a} = [\hat{k}_0, \hat{k}_1, \hat{k}_2, \hat{k}_3]^T = \min \sum_{i=1}^{n} p_i (f(x_i, y_i, \boldsymbol{a}) - f_i)^2 \quad (5-89)$$

$$2 \sum_{i=1}^{n} p_i (f(x_i, y_i, \boldsymbol{a}) - f_i) \frac{\partial f(x_i, y_i, \boldsymbol{a})}{\partial (\boldsymbol{a})} = 0 \quad (5-90)$$

对 $f(x, y, \boldsymbol{a}) = k_0 + k_1 x + k_2 y + k_3 (x^2 + y^2)$ 求取每个参数偏导值，可得

$$\frac{\partial f(x_i, y_i)}{\partial k_0} = 1 \quad (5-91)$$

$$\frac{\partial f(x_i, y_i)}{\partial k_1} = x \quad (5-92)$$

$$\frac{\partial f(x_i, y_i)}{\partial k_2} = y \quad (5-93)$$

$$\frac{\partial f(x_i, y_i)}{\partial k_3} = x^2 + y^2 \quad (5-94)$$

通过以上公式，获得联立方程组为

$$\begin{cases} \sum_{i=1}^{n} p_i (k_0 + k_1 x_i + k_2 y_i + k_3 (x_i^2 + y_i^2) - \ln(z_i + \text{eps})) \times 1 = 0 \\ \sum_{i=1}^{n} p_i (k_0 + k_1 x_i + k_2 y_i + k_3 (x_i^2 + y_i^2) - \ln(z_i + \text{eps})) \times x_i = 0 \\ \sum_{i=1}^{n} p_i (k_0 + k_1 x_i + k_2 y_i + k_3 (x_i^2 + y_i^2) - \ln(z_i + \text{eps})) \times y_i = 0 \\ \sum_{i=1}^{n} p_i (k_0 + k_1 x_i + k_2 y_i + k_3 (x_i^2 + y_i^2) - \ln(z_i + \text{eps})) \times (x_i^2 + y_i^2) = 0 \end{cases}$$

$$(5-95)$$

$$\begin{cases}
-\sum_{i=1}^{n}p_i\ln(z_i+\text{eps})+k_0\sum_{i=1}^{n}p_i+k_1\sum_{i=1}^{n}p_ix_i+k_2\sum_{i=1}^{n}p_iy_i+k_3\sum_{i=1}^{n}p_i(x_i^2+y_i^2)=0\\
-\sum_{i=1}^{n}p_i\ln(z_i+\text{eps})x_i+k_0\sum_{i=1}^{n}p_ix_i+k_1\sum_{i=1}^{n}p_ix_i^2+k_2\sum_{i=1}^{n}p_iy_ix_i+k_3\sum_{i=1}^{n}p_i(x_i^2+y_i^2)x_i=0\\
-\sum_{i=1}^{n}p_i\ln(z_i+\text{eps})y_i+k_0\sum_{i=1}^{n}p_iy_i+k_1\sum_{i=1}^{n}p_ix_iy_i+k_2\sum_{i=1}^{n}p_iy_i^2+k_3\sum_{i=1}^{n}p_i(x_i^2+y_i^2)y_i=0\\
-\sum_{i=1}^{n}p_i\ln(z_i+\text{eps})(x_i^2+y_i^2)+k_0\sum_{i=1}^{n}p_i(x_i^2+y_i^2)+k_1\sum_{i=1}^{n}p_ix_i(x_i^2+y_i^2)+\\
\quad k_2\sum_{i=1}^{n}p_iy_i(x_i^2+y_i^2)+k_3\sum_{i=1}^{n}p_i(x_i^2+y_i^2)^2=0
\end{cases} \quad (5-96)$$

写成矩阵形式如下：

$$\begin{bmatrix}
\sum_{i=1}^{n}p_i & \sum_{i=1}^{n}p_ix_i & \sum_{i=1}^{n}p_iy_i & \sum_{i=1}^{n}p_i(x_i^2+y_i^2)\\
\sum_{i=1}^{n}p_ix_i & \sum_{i=1}^{n}p_ix_i^2 & \sum_{i=1}^{n}p_iy_ix_i & \sum_{i=1}^{n}p_i(x_i^2+y_i^2)x_i\\
\sum_{i=1}^{n}p_iy_i & \sum_{i=1}^{n}p_ix_iy_i & \sum_{i=1}^{n}p_iy_i^2 & \sum_{i=1}^{n}p_i(x_i^2+y_i^2)y_i\\
\sum_{i=1}^{n}p_i(x_i^2+y_i^2) & \sum_{i=1}^{n}p_ix_i(x_i^2+y_i^2) & \sum_{i=1}^{n}p_iy_i(x_i^2+y_i^2) & \sum_{i=1}^{n}p_i(x_i^2+y_i^2)^2
\end{bmatrix}$$

$$\begin{bmatrix}k_0\\k_1\\k_2\\k_3\end{bmatrix}=\begin{bmatrix}
\sum_{i=1}^{n}p_i\ln(z_i+\text{eps})\\
\sum_{i=1}^{n}p_i\ln(z_i+\text{eps})x_i\\
\sum_{i=1}^{n}p_i\ln(z_i+\text{eps})y_i\\
\sum_{i=1}^{n}p_i\ln(z_i+\text{eps})(x_i^2+y_i^2)
\end{bmatrix} \quad (5-97)$$

解表示为 $AX=B$，其中 $A$ 矩阵为对称阵，可以求得 $X=A^{-1}B$，$k_0$、$k_1$、$k_2$ 和 $k_3$ 进行反求解得到如下公式：

$$\begin{cases}
x_0=-\dfrac{k_1}{2k_3} \quad y_0=-\dfrac{k_2}{2k_3}\\
k=\dfrac{k_3}{\pi}e^{k_0-\frac{k_1^2}{4k_3}-\frac{k_2^2}{4k_3}} \quad \sigma=\sqrt{\dfrac{-1}{2K_3}}
\end{cases} \quad (5-98)$$

式中：$Q(x_0,y_0)$为所求极值点的位置，即为所求得的亚像素角点新坐标。

此外，采用经典 SIFT 算法中的 128 维描述子对提取的特征点进行相应描述，具体步骤描述如下：

（1）基于自适应双边梯度结构张量特征点检测算法和加权高斯曲面亚像素插值方法，在各个尺度下提取参考影像和待配准影像各自的亚像素特征点。

（2）分别确定两幅影像中特征点的主方向，计算各个尺度的影像来代表特征点当前所在尺度的影像，利用角点邻域中的各像素梯度模值和方向，构建直方图，每个加入直方图的梯度和幅值都进行高斯加权处理，使得特征点附近梯度幅值具有较大权重，从而弥补没有仿射不变性所可能导致的特征点不稳定问题，针对位置$(x,y)$处的梯度模值和方向表达式为

$$m(x,y)=\sqrt{(I(x+1,y)-I(x-1,y))^2+(I(x,y+1)-I(x,y-1))^2} \quad (5-99)$$

$$\theta(x,y)=\arctan\left(\frac{(I(x,y+1)-I(x,y-1))}{(I(x+1,y)-I(x-1,y))}\right) \quad (5-100)$$

（3）将角点周围的区域顺时针旋转主方向角度，之后以关键点为中心，取邻域 16×16 窗口，平均分为 4×4 的子区域，分别计算 8 个方向的梯度直方图，形成 128 维特征向量，进一步对长度归一化，去除光照影响。

（4）取参考影像关键点，找出与待配准影像欧式距离最近的两个点，将最近邻与次近邻距离比设定为相似性度量指标，通过阈值进行特征点的取舍，并通过 RANSAC 算法检验并剔除错误匹配点。

配准精度检验方法定义为，分别计算所有匹配特征点对在透视变换后相对于参考坐标的均方根误差 RMSE，RMSE 值越小，说明配准精度越高。RMSE 公式定义为

$$\text{RMSE}=\sqrt{\frac{\sum_{i=1}^{k}\|f(q_i,H)-p_i\|^2}{k}} \quad (5-101)$$

4. 基于 CUDA 和 OpenMP 平台的算法设计

由于所采用的新的算法计算过程涉及双边张量滤波，计算时间较长，尤其针对大幅分辨率的遥感影像，配准速度的提升对于遥感影像处理系统来讲非常重要。使用并行加速算法，使得算法可以获得更高的加速比，在配准精度的前提下，获得更高的配准速度。

并行计算[103]是指在并行计算机上，将应用任务分解成为多个子任务，通过分配给不同的处理器，并使各个处理器间相互协同并行执行这些子任务，达到

降低求解规模或加速求解的目的。针对图形处理器(Graphics Processing Unit, GPU),Nvidia 在 2006 年 11 月推出统一架构计算平台[104-105](Compute Unified Device Architecture,CUDA),为高效图形计算与通用计算奠定基础,CUDA 完全抛弃传统图形编程接口,可加速十几到几十倍,目前针对影像配准,最为广泛的研究均是基于该架构。CUDA 是架构也是语言,从架构来讲包括硬件体系结构如 Fermi、Kepler 等、硬件计算能力和 CUDA 程序映射到 GPU 的原理,从语言来讲提供了利用 GPU 计算的各方面功能。CUDA 是串行和并行混杂的设计模型,计算量较小并且难以实现并行化的程序部分交给 CPU 串行执行,计算密集并行度高的程序部分交给 GPU 并行执行,CPU 与 GPU 进行协同工作提高整体效率。

CUDA 的管理结构是基于 Grid、Block 和 Thread 3 级模式的,核函数以 kernel 形式运行于 GPU 设备端,kernel 以线程栅格 Grid 的形式进行组织,每个线程栅格由若干线程块 Block 组成,Block 将被分配到流多处理器(Streaming Multiprocessor,SM)中运行,主流架构的 SM 一般包含 32 个流处理器(Streaming Processor,SP),一个 SM 上有多个线程块 Block 等待执行,当一个 Block 同步或访问显存时,另外一个 Block 就可趁机占用 GPU 的资源,最大限度地利用 SM 的计算能力。任意时刻都会有大量的线程运行在设备 GPU 上,被分配至同一 SM 上的块被划分为 32 个线程一组为单位的线程束(Warp),每个 SM 可以同时处理多个 Warp,所以说 Block 是内核运行的基本单元,线程束才是执行的最小单元。用于 CUDA 通用计算的存储器分为片上和片外两类。片上存储器速度最快且可扩展性最佳,容量通常在 KB 级别,板载全局内存容量可达 GB,是最大最慢的存储器;局域内存用于存储从寄存器当中溢出的局部数据;板载内存位于片外的显存中,可以分别由片内的常量内存缓存及纹理内存缓存对其进行加速访问,是为特殊目的设计的内存;纹理内存用于优化二维数据访问设计,使其在随机存取时仍然可以保证较高效率,合理使用内存模型可以显著提升程序性能。

OpenMP[106-107](Open Multi-Processing)已经多次被应用于遥感影像处理相关领域,李晓静等针对正射影像中纠正计算密集问题,提出基于 OpenMP 的纠正方法,对投影计算及双线性的重采样并行加速,并进行多核计算机程序运行并行性能分析。刘扬等[108]针对资源三号卫星产品的遥感影像数据分析算法进行研究,设计基于 OpenMP 的并行聚类算法,优化算法中样本点聚类和聚类样本中心标准差的计算,实现共享内存式的多核并行处理。巫小婷等针对压缩感知算法中时间效率和重构质量问题,提出基于压缩感知的多描述性并行算法,采用 OpenMP 将子图像分配至各个线程上，实现了并行分块压缩感知。也有学者利用 OpenMP 在仿真数据处理领域[109-112]进行相关专业应用。

针对基于自适应双边结构张量的多尺度角点检测与配准算法的特点，本节提出基于 CUDA 和 OpenMP 联合的并行设计方法，在基于 CUDA 的平台上实现多尺度图像配准，在 CPU 平台上基于 OpenMP 进行任务级和操作级两个层次的并行加速调用处理，最终输出配准影像，并行设计流程图如图 5-13 所示。

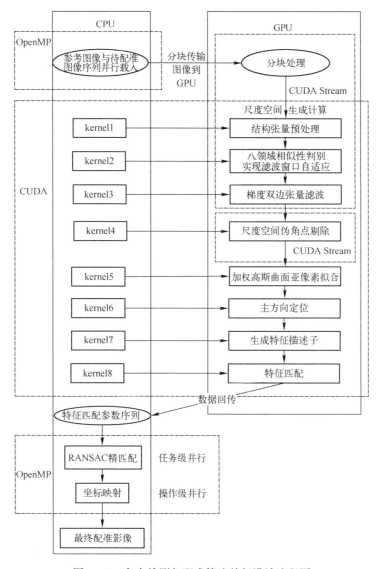

图 5-13　角点检测与配准算法并行设计流程图

基于 CUDA 和 OpenMP 平台算法的实现过程涉及的主要技术特点如下：

首先利用 OpenMP 的#pragma omp sections 指令,将参考图像与待配准图像序列进行任务级并行载入,OpenMP 的使用需要添加"omp.h"头文件。图像全部载入内存之后,利用#pragma omp parallel for 将图像序列进行操作级并行大小分块,设置分块大小,若载入图像小于块大小则无需进行分块处理。通过合理设计程序并利用 OpenMP,可以将仅使用 CPU 不到 5% 的多核程序瞬间提升至 100%CPU 多核并行计算示意图,如图 5-14 所示。

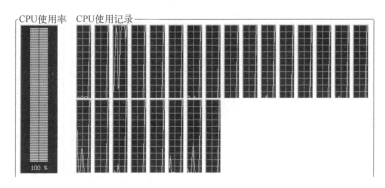

图 5-14　CPU 多核并行计算示意图

GPU 在计算核函数计算之前,首先要等待主存数据复制到 GPU。在支持核函数执行与内存复制相互重叠的设备上,使用多个 CUDA 流(CUDA Stream)时将会使得程序整体性能获得提升,支持设备重叠的 GPU 可以在执行一个核函数的同时,在主机与设备间执行数据复制操作,从而实现数据传输与计算的重叠。在分块传输图像至 GPU 的同时,在 GPU 端启动 Stream,并将内存复制函数、结构张量预处理 Kernel 函数和相似性判别 Kernel 函数依次添加进流队列,防止阻塞,并调用 CudaDeviceSynchronize 函数对流进行同步,调度过程如图 5-15 所示。

根据八邻域相似性法,针对不同区间赋予不同的滤波窗口大小,为不同高斯模板定义常量内存,即_constant_内存,在 CPU 端事先计算好相应模板,将相关参数传入常量内存,对常量内存单次读操作会广播至其他邻近线程,节约读取操作,并将数据缓存起来,对相同地址连续读操作不产生额外内存信息量。常量内存针对程序运行当中始终不变变量的优化访问所设计,有效减少访问时间。

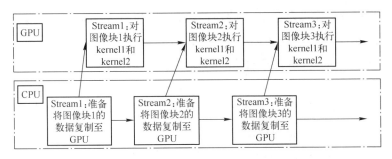

图 5-15　CUDA Stream 流程图

GPU 通过并行地执行线程块 Block 来实现并行处理,定义线程模型,分别声明表示线程块数量及线程数量的相关变量,为每个像素开辟线程,定义为

线程数量 dim3 gridSize((width+256−1)／256,(height+256−1)／256);

线程块数量 dim3 blockSize(256,256);

其次通过一定形式对核函数进行调用,如调用的 kernel4 函数形式定义为

adaptive_STbilateral_filter<<< gridSize,blockSize>>>(dDest,width,height);

kernel 函数中对应的 x 和 y 位置索引表示为

int x = blockIdx. x * blockDim. x + threadIdx. x;

int y = blockIdx. y * blockDim. y + threadIdx. y;

针对图像数据和计算获得的局部自相关函数的 3 项梯度相关数据,绑定纹理内存。纹理内存是 GPU 内存,定义为 texture<uchar4、2> imageTex、texture<float、2> IxxTex 等,首先在 CPU 上定义 Texture 参考,即绑定到 Texture 的标识,然后利用函数 CudaBindTexture 函数绑定该参考到纹理内存,随后利用纹理获取函数 Tex2D(imageTex,x,y) 随机取得二维图像数据,最后调用 CudaUnbindTexture(imageTex) 函数删除纹理内存。纹理内存可以重复读取纹理缓存当中的数据,有效避免对于显存的频繁性访问,优化二维数据访问设计,提高局部性的数据读取访问性能,对于二维图像数据可以进行高效滤波。

对于检测到的极值点位置信息,开辟适当大小的显存区域,在存储空间连续的条件下,利用 CUDA 原子操作进行极值点的累加存储,确定极值点的总个数。由于在同一时刻,只有一个线程会操作累加地址,成千个线程访问少量内存位置将发生大量竞争,为确保原子操作的递增性,对相同位置的操作将被串行化,从而抵消并行化的性能提升。在此结合共享内存和原子操作来实现优化,首先在线程块内分配共享内存缓冲区,利用三维浮点数据类型来存储位置信息,用于保存每个线程块相应的极值点位置,利用 AtomicAdd 函数累加共享内存缓冲区中代表特征点个数的变量,并利用 Syncthreads 函数确保提交写入操作,最后利用 AtomicAdd 函数将所有线程块的临时极值点个数变量合并至全局缓冲区当中。

在尺度空间生成计算核函数组及空间伪角点剔除核函数计算过程当中,分别启用 CUDA 流操作,流可以用于实现在一个 GPU 设备上同时运行多个 Kernel 函数。流并行可以执行不同 Kernel 函数或实现对同一 Kernel 函数传递不同参数,从而将程序进行任务级并行,任务级并行是指并行执行多个不同任务而不是在大量数据之上执行同一任务。首先调用 CudaStreamCreate 创建流,创建流的个数等于尺度空间的个数,然后进行流调用操作,对于不同尺度的图像进行任务级别的并行滤波计算,最后调用 CudaDeviceSynchronize 来同步整个设备上的所有流,并调用 CudaStreamDestory 销毁流。流操作的调用函数描述为 scale_STbilateral_filter<<< gridSize, blockSize, 0, stream[ i ] >>>( scaleDst+i ⋯ ),其中,scaleDst+i 代表对图像进行不同尺度高斯滤波后的结果数据,由于参与滤波的数据量较大,在高斯滤波过程当中,对高斯核进行二维分解,先对图像进行行卷积,再进行列卷积,从而降低算法复杂度。

在亚像素拟合过程中,点积运算步骤较多,针对点积运算,首先声明共享内存缓冲区,用于保存每个 Thread 计算得到的加和值,共享内存数组大小声明为线程块中的线程数目,便于将每个 Thread 计算结果保存至某一位置,缓存偏移为线程索引,利用_syncthreads 函数进行同步,然后进行归约操作,最终将计算结果保存在第 0 个线程的共享内存缓冲区中,将其保存至全局内存当中。

绑定纹理内存,为每个关键点设置一个 CUDA 线程,计算在特征点附近的像素梯度大小和方向,对每个加入直方图的梯度和幅值均进行高斯加权,直方图构建过程可参考第 6 项,基于共享内存上的原子操作来实现直方图统计过程的优化,直方图中的最高方向即为主方向。生成描述子时,128 维数据基于共享内存实现并行直方图统计,减小原子操作中线程竞争的性能损失。匹配时利用欧式距离进行判断,将任意两个特征点间的距离计算分配到一个 Block 中进行,每一维度的差平方根计算由一个 Thread 完成,基于 Thread 并行计算求解,并利用共享内存与并行归约累加获得最终匹配值,利用最小和次小值进行阈值判断,依据待匹配图像序列的个数,将相应数目的特征参数序列传回 CPU 端进行处理。

RANSAC 算法随机选取最小抽样集当作内点获得模型参数的估计,在进行精匹配时,依据待匹配图像序列个数,利用 OpenMP 的#pragma omp sections 指令,将参考图像与待配准图像序列进行任务级并行精匹配,剔除错误匹配点。

透视变换坐标映射步骤,对图像进行分块,在操作级别进行 4 级循环并行计算,最大限度地利用多核 CPU,主要结构代码和并行结构图如图 5-16 所示。

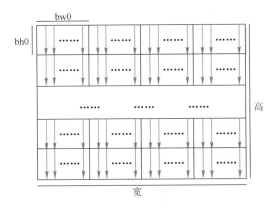

图 5-16　坐标映射并行计算示意图

```
#pragma omp parallel for
for( int y = 0; y < height; y += bh0 )
    for( int x = 0; x < width; x += bw0 )
    {
        int bw = std::min( bw0,width - x);
        int bh = std::min( bh0,height - y);
        for( int y1 =0; y1 < bh; y1++ )
        {……
            for( int x1 = 0; x1 < bw; x1++ )
            {//透视变换操作}
        }
    }
```

CUDA 可以无缝地与 OpenGL 进行交互,在 GPU 上配准后,可以利用 OpenGL 驱动进行渲染,声明两个全局变量 CudaGraphicsResource * cuda_pbo_resource 和 GLuint pbo 保存句柄,用于保存指向同一缓冲区的两个不同句柄,分别指向 CUDA 和 OpenGL 的共享数据缓冲区。利用 CudaGLSetGLDevice 函数选择设备执行 CUDA 和 OpenGL。通过 GlGenBuffers 和 GlBindBuffer 生成缓冲区句柄并绑定到像素缓冲区，利用 GlBufferData 分配缓冲区，从而创建像素缓冲区对象，并利用 CudaGraphicsGLRegisterBuffer 函数通知 CUDA 运行时该对象将在二者之间共享。利用 GLUT 来显示回调函数，通过 GlBindBufferARB 函数将 Pbo 中的纹理进行加载，对图像数据进行渲染。

分别选取 4 组影像进行配准应用，影像分辨率大小均为 6400×4400，首先进行粗级降采样匹配配准，然后分块精配准，分块策略为每块分辨率 1600×1100，分块数目为 16 块，待配准影像间的视点、灰度、角度、尺度及光照均有差别，变换参数未知。图 5-17 至图 5-20 中(a)分别为利用提出算法所得的配准结果，图 5-17 至图 5-20 中(b)分别为利用提出算法和标准 SIFT 算法所得的配准结果，配准统计结果如表 5-1 所列。

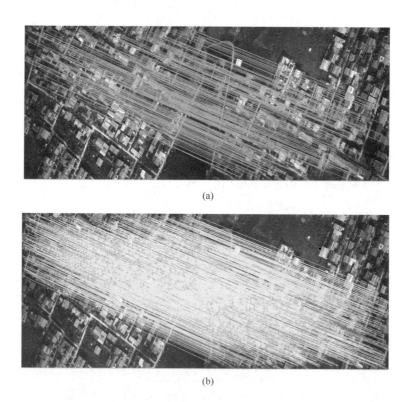

(a)

(b)

图 5-17　算法所得的配准结果

(a) 提出算法配准结果；(b) 标准 SIFT 算法的配准结果。

第 5 章 低照度图像处理技术

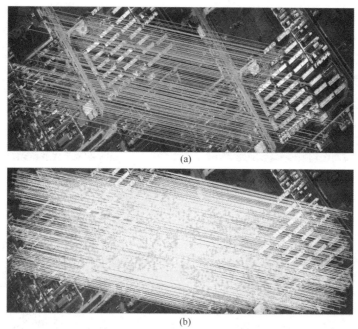

图 5-18 算法所得的配准结果

（a）提出算法配准结果；(b) 标准 SIFT 算法的配准结果。

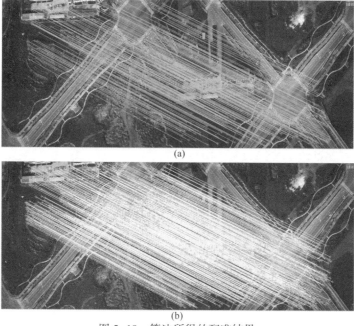

图 5-19 算法所得的配准结果

（a）提出算法配准结果；(b) 标准 SIFT 算法的配准结果。

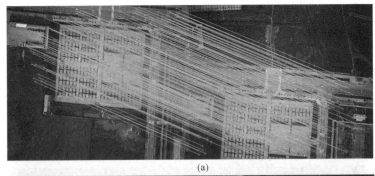

(a)

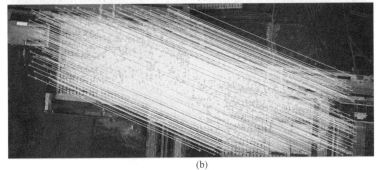

(b)

图 5-20 算法所得的配准结果

(a) 提出的算法配准结果;(b) 标准 SIFT 算法的配准结果。

表 5-1 面阵遥感影像不同配准算法统计结果

| 配准算法 | | 提取的特征点数目 | 配准算法 | 匹配数目 | 正确匹配数目 | 正确匹配率百分比/% |
|---|---|---|---|---|---|---|
| 3-16 Left | Proposed | 985 | Proposed | 270 | 258 | 95.56 |
| | 多尺度 Zhang | 971 | | | | |
| | SIFT | 3239 | 多尺度 Zhang | 264 | 251 | 95.08 |
| 3-16 Right | Proposed | 959 | | | | |
| | 多尺度 Zhang | 942 | SIFT | 1051 | 1000 | 95.15 |
| | SIFT | 3234 | | | | |
| 3-17 Left | Proposed | 986 | Proposed | 310 | 295 | 95.16 |
| | 多尺度 Zhang | 972 | | | | |
| | SIFT | 3012 | 多尺度 Zhang | 301 | 286 | 95.02 |
| 3-17 Right | Proposed | 978 | | | | |
| | 多尺度 Zhang | 961 | SIFT | 1415 | 1346 | 95.12 |
| | SIFT | 2824 | | | | |

(续)

| 配准算法 | | 提取的特征点数目 | 配准算法 | 匹配数目 | 正确匹配数目 | 正确匹配率百分比/% |
|---|---|---|---|---|---|---|
| 3-18 Left | Proposed | 770 | Proposed | 238 | 220 | 92.44 |
| | 多尺度 Zhang | 761 | | | | |
| | SIFT | 2761 | 多尺度 Zhang | 234 | 216 | 92.31 |
| 3-18 Right | Proposed | 648 | | | | |
| | 多尺度 Zhang | 637 | SIFT | 658 | 607 | 92.25 |
| | SIFT | 2559 | | | | |
| 3-19 Left | Proposed | 991 | Proposed | 345 | 301 | 87.25 |
| | 多尺度 Zhang | 972 | | | | |
| | SIFT | 2957 | 多尺度 Zhang | 330 | 287 | 86.97 |
| 3-19 Right | Proposed | 995 | | | | |
| | 多尺度 Zhang | 974 | SIFT | 1078 | 937 | 86.92 |
| | SIFT | 3019 | | | | |

分块前后两种算法的配准精度值比较如表 5-2 所列。

表 5-2 分块前后不同配准算法配准精度值统计结果

| 配 准 算 法 | 图像组 3-16 | 图像组 3-17 | 图像组 3-18 | 图像组 3-19 | 平均值 |
|---|---|---|---|---|---|
| 分块前配准精度 Proposed | 1.3234 | 1.3325 | 1.3785 | 1.3638 | 1.3496 |
| 分块前配准精度多尺度 Zhang 算法 | 1.3327 | 1.3416 | 1.3845 | 1.3751 | 1.3585 |
| 分块前配准精度 SIFT | 1.3412 | 1.3502 | 1.3925 | 1.3812 | 1.3663 |
| 分块后配准精度 Proposed | 0.4015 | 0.4151 | 0.4371 | 0.4234 | 0.4193 |
| 分块后配准精度多尺度 Zhang 算法 | 0.4387 | 0.4408 | 0.4627 | 0.4562 | 0.4496 |
| 分块后配准精度 SIFT | 0.4468 | 0.4436 | 0.4634 | 0.4587 | 0.4531 |

分块处理后程序总体运行时间记录如表 5-3 所列。

表 5-3 面阵影像分块处理程序总体运行时间统计结果

| 图像序列 | 实验步骤 | 配准算法 | 时间/s | 加速比 |
|---|---|---|---|---|
| 3-16 | 分块处理程序总体运行时间 | 并行前 | 515.2 | 5.57 |
| | | 并行后 | 92.5 | |
| 3-17 | 分块处理程序总体运行时间 | 并行前 | 533.3 | 5.51 |
| | | 并行后 | 96.8 | |

(续)

| 图像序列 | 实验步骤 | 配准算法 | 时间/s | 加速比 |
|---|---|---|---|---|
| 3-18 | 分块处理程序总体运行时间 | 并行前 | 582.2 | 5.62 |
|  |  | 并行后 | 103.6 |  |
| 3-19 | 分块处理程序总体运行时间 | 并行前 | 569.1 | 5.68 |
|  |  | 并行后 | 100.2 |  |

通过分析可知,若仅仅进行粗配准,配准精度不高,分块处理后配准精度显著提升,均可达到0.5个像素以内,且提出的算法相比其他算法,获得了更高的配准精度。经过加速后的分块处理程序可以达到的加速比约为5.5,在保证配准精度的情况下,获得了更快的配准速度。

前两组面阵影像经透视变换后的重叠部分如图5-21(a)~(b)所示,针对重叠部分,可以进行多帧超分辨率重构,从而获取更详细的地物信息,后两组面阵影像经透视变换后的配准结果如图5-22(a)~(b)所示。

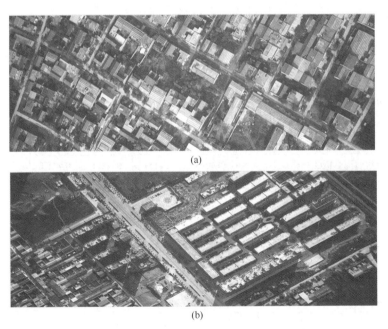

图5-21 前两组面阵影像经透视变换后的重叠部分
(a) 第一组影像透视变换后重叠部分;
(b) 第二组影像透视变换后重叠部分。

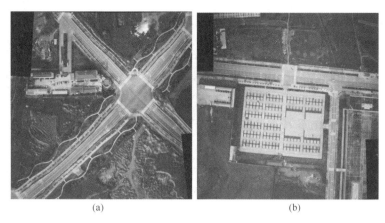

图 5-22　后两组面阵影像的配准结果

(a) 第一组影像配准结果；(b) 第二组影像配准结果。

### 5.3.3　基于偏微分方程的双正则项多帧超分辨率重构算法

1. 多帧超分辨率重构基本模型

已知实际场景的 $p$ 幅低分辨率图像，认为低分辨率图像是由一幅高分辨率图像经过几何运动、光学模糊(包括大气模糊和光学模糊)、亚采样以及附加噪声产生，多帧图像降质过程观测过程如图 5-23 所示。

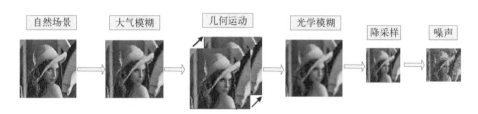

图 5-23　多帧图像降质过程图

假设高分辨率图像尺寸为 $L_1N_1 \times L_2N_2$，参数 $L_1$ 和 $L_2$ 分别表示水平和垂直方向的下采样因子，基于多帧超分辨率重构的降质观测模型表示为

$$y_k = D_k B_k M_k u + n_k, k=1,2,\cdots,p \quad (5-102)$$

式中：$M_k$ 为第 $k$ 帧影像所对应的几何运动矩阵；$B_k$ 为第 $k$ 帧影像所对应的模糊矩阵；$D_k$ 为第 $k$ 帧影像所对应的降采样矩阵；$n_k$ 为第 $k$ 帧影像所对应的加性高斯噪声。通过已知的 LR 图像序列 $y_k$，采取正则化方法可以求解得出 HR 图像 $u$，加入正则化项后的代价函数表示为

$$\hat{u} = \underset{u}{\arg\min} \left\{ \sum_{k=1}^{p} \| D_k B_k M_k u - y_k \|_l^l + \lambda \int_{\Omega} \varphi(|\nabla u|) \mathrm{d}x \right\} \quad (5-103)$$

式中:第一项为数据保真项,用于衡量数据拟合程度,$l$ 为范数阶数,通常取 1 或 2;第二项为正则化项,用于衡量信号奇异性,$\varphi(\cdot)$ 称为稳健误差范数,$\varphi'(s) = g(s)s$,选择不同的函数 $g(s)$,可以得到不同的扩散方程,$x = (x, y)$ 为像素位置,$\lambda$ 为正则化参数,重构过程即是对式(5-102)进行最优化求解的过程。

2. 相关偏微分方程经典模型

基于偏微分方程的模型根据像素点的局部邻域信息,判断该点区域特征,在不同区域进行各向异性扩散,从而在平滑噪声的同时保持或者增强边缘。偏微分方程的发展经历了由线性到非线性、由各向同性到各向异性扩散的过程,归结为求解初始值为输入图像的非线性扩散问题。Koenderink[113] 和 Witki[114] 最先将偏微分方程理论应用于图像处理领域,建立了图像的多尺度表达分析理论。

比较经典的非线性 PDE 方程[115]利用保边缘的扩散代替各向同性扩散,根据区域结构自动调节系数,实施各向异性扩散。Catte 等[116]首先对图像进行高斯核卷积平滑,再取其梯度模值作为边缘估计变量,这种方法与保边并且光滑的思想不一致。Alvarez 等[117]基于几何角度,提出平均曲率(Mean Curvature Motion, MCM)扩散模型,解决 P-M 方程的不适定问题,MCM 方程沿边缘切向扩散速度与局部曲率相关,在实际扩散过程中,会造成目标尖角演化速度高于边缘,从而引起触点的模糊,且容易受到噪声影响。

Weickert[118-119]把结构张量的局部分析理论应用于 P-M 方程中,扩散系数以矩阵形式表达,在边缘方向有较大扩散系数,法线方向有较小扩散系数,并给出了相干增强型和边缘保持型两种扩散模型。Osher 提出基于冲击滤波器[120](Shock Filter, SF)的偏微分方程增强方法,有效增强了细节信息,但对噪声比较敏感。Alvarez 等将各向异性扩散和冲击滤波器结合[121],提出增强带噪声图像的冲击滤波器模型,提高了模型对于噪声的鲁棒性。

针对二阶 PDE 去噪过程中引起的阶梯效应,有学者提出高阶 PDE 模型[122],用拉普拉斯算子模替换梯度模,可以在保护边缘并滤除噪声的同时,有效避免阶梯效应。林宙辰等提出了林石算子[123],在控制平滑的函数中将二阶导数和梯度模相加视为边缘的评判标准,从而保持了较强窄边缘和尖峰。也有学者将小波分析理论和非线性 PDE 结合[124],很好地应用了小波多分辨率和时频的分析特性。

在物理学中,把杂质放入浓度不均匀的介质里,杂质将从浓度高的区域扩散至浓度低的区域,基于类似的原理,介质在温度分布不均匀的情况下,由高温向低温传递能量称为热扩散。假设 $u(x,y,t)$ 代表温度$\nabla u$ 表示温度分布不均匀性,对于各向同性介质的热扩散过程可表示为

$$\frac{\partial u}{\partial t}=\mathrm{div}(k\nabla u) \tag{5-104}$$

在任意正交坐标系下,两个方向的扩散系数相同,可表示为

$$\frac{\partial u}{\partial t}=\frac{\partial}{\partial x}\left(k\frac{\partial u}{\partial x}\right)+\frac{\partial}{\partial y}\left(k\frac{\partial u}{\partial y}\right) \tag{5-105}$$

二维的线性扩散过程,在忽略常数 $k$ 时,可表示为

$$\begin{cases} \dfrac{\partial u}{\partial t}=\mathrm{div}(\nabla u)=\Delta u \\ u(x,y,0)=u_0(x,y), \quad (x,y)\in R^2 \end{cases} \tag{5-106}$$

式中:$u(x,y,0)$ 为演化过程中的图像;$u_0(x,y)$ 为初始的噪声图像。利用热扩散方程对图像滤波时,图像会随着迭代次数增加及高斯尺度参数增大而越加模糊,直至灰度值到达平均常数终止。

P-M 方程开创了 PDE 应用新的领域,扩散方程可表示为

$$\begin{cases} \dfrac{\partial u(x,y,t)}{\partial t}=\mathrm{div}(g(|\nabla u|)\nabla u),\Omega\times[0,T] \\ u(x,y,0)=u_0(x,y) \\ \dfrac{\partial u(x,y,t)}{\partial t}=0,\partial\Omega\times[0,T] \end{cases} \tag{5-107}$$

式中:$g(s)(s=|\nabla u|)$ 为非增标量的扩散系数,满足 $g(0)=1$,$\lim\limits_{s\to\infty}g(s)=0$,当 $g(s)=1$ 时,即为热扩散方程模型。Perona 和 Malik 在文章中提出了两种形式

$$g(s)=\frac{1}{1+(s/k)^2}W_k^{BP} \tag{5-108}$$

$$g(s)=\exp\left(-\left(\frac{s}{k}\right)^2\right)[n_x,n_y,n_z]^{\mathrm{T}}=\sum_{j=1}^{n}\frac{T_j[n_x,n_y,n_z]_j^{\mathrm{T}}}{T} \tag{5-109}$$

式中:$k$ 为梯度的阈值,当梯度值大于 $k$ 时,扩散较弱,边缘保持;当梯度值小于 $k$ 时,扩散较强,图像平滑。在局部坐标系下,P-M 方程可以表示为

$$\frac{\partial u}{\partial t}=g(|\nabla u|)u_{\varepsilon\varepsilon}+[g(|\nabla u|)+g/(|\nabla u|)|\nabla u|]u_{\eta\eta} \qquad (5-110)$$

可以看出,当 $g(|\nabla u|)$ 不为常数时,两个正交方向的扩散系数不同,P-M 方程将保持各向异性扩散行为。P-M 方程的不足之处包括:①解的不稳定性,相同初始条件可以有不同的解,有出现发散的可能;②噪声对梯度会产生干扰;③固定阈值的局限性;④块效应的产生。Catte 的选择平滑模型解决了 P-M 方程存在的病态性,通过高斯平滑更准确计算梯度,从而提高抗噪性,该模型完全适定,存在唯一解,并对于初值连续依赖,不足之处是其参数高斯核标准差和阈值选择困难。

Alvarez 提出的基于平均曲率流的非线性扩散模型为

$$\begin{cases} \dfrac{\partial u}{\partial t}=g(|G_\sigma * \nabla u|)|\nabla u|\mathrm{div}\left(\dfrac{\nabla u}{|\nabla u|}\right) \\ u(x,y,0)=u_0(x,y) \end{cases} \qquad (5-111)$$

在局部坐标系下,扩散仅沿边缘切向进行从而保持边缘,扩散方程可表示为

$$\frac{\partial u}{\partial t}=g(|\nabla u|)u_{\varepsilon\varepsilon} \qquad (5-112)$$

在 $g(s)=\dfrac{1}{s},\sigma=0$ 时,方程存在极限情况

$$\frac{\partial u}{\partial t}=\mathrm{div}\left(\frac{\nabla u}{|\nabla u|}\right) \qquad (5-113)$$

对应如下能量泛函的最小化

$$E(u)=\int\Omega|\nabla u(x,y)|\mathrm{d}x\mathrm{d}y \qquad (5-114)$$

考虑到可以将灰度变化小的图像区域进行各向同性扩散,从而在灰度变化程度不同的区域进行不同的扩散行为,Alvarez 给出改进方程

$$\begin{cases} \dfrac{\partial u}{\partial t}=g(|G_\sigma * \nabla u|)\left[(1-w(|\nabla u|))\Delta u+w(|\nabla u|)|\nabla u|\mathrm{div}\left(\dfrac{\nabla u}{|\nabla u|}\right)\right] \\ u(x,y,0)=u_0(x,y) \end{cases}$$

$$(5-115)$$

式中:$w(s)$ 为光滑的递增函数,该模型在保边缘的同时可以去除孤立噪声。

偏微分方程由线性扩散发展到非线性扩散,也由向量扩散发展到张量扩散,通过考虑梯度局部变化,得到散布矩阵 $J_\rho$,从而获得丰富的图像局部信息。Weickert 在很多文献中详细介绍了张量型的扩散方程模型

$$\begin{cases} \dfrac{\partial u(x,y,t)}{\partial t} = \mathrm{div}(D(J_\rho(u_\sigma))\nabla u) \\ u(x,y,0) = u_0(x,y) \\ <D(J_\rho(u_\sigma))\nabla u, N> = 0 \end{cases} \quad (5-116)$$

式中:$D(J_\rho(u_\sigma))$ 为 2×2 的扩散张量,其元素基于结构张量进行计算,扩散张量与结构张量具备相同特征向量,可以更好地表征图像的局部区域,对于不同的处理,将特征向量、特征值和结构张量进行相应的设计。若需要在特定方向扩散,则将扩散特征值沿该方向进行较大数值设计,正交方向进行较小数值设计。

2 阶偏微分方程的解,趋于分片常数,会产生较大灰度跳跃,容易在光滑区域产生阶梯效应,4 阶 PDE 可以克服这种阶梯效应,4 阶 PDE 方程可表示为

$$\begin{cases} \dfrac{\partial u}{\partial t} = -\nabla^2[g(|\nabla^2 u|)\nabla^2 u] \\ u(x,y,0) = u_0(x,y) \end{cases} \quad (5-117)$$

$\nabla^2 u$ 代表拉普拉斯算子,当 $\nabla^2 u$ 为零时,图像要求分片,而不是要求块状图像,避免块状效应,式(4-16)理论上不适定,可采用中值滤波消除斑点。4 阶 PDE 将图像向分片演化。例如,对于 1 维信号、2 阶 PDE 和 4 阶 PDE 均以分段直线来逼近信号,当时间趋于无穷大时,2 阶 PDE 处理情况下的各分段直线均为水平直线,而 4 阶 PDE 处理情况下各分段直线中会有斜线,其逼近的光滑性更好。

3. 基于双正则项的多帧重构方法

梯度代表着图像局部灰度变化的强度,不足以充分表达结构信息。基于数据结构张量(Structure Tensor)的表达方法是一种符合人类视觉特性的空间结构特征提取算法,常被用于估计和分析图像的局部几何结构方向,是图像分析的强有力的工具。初始结构张量是一个矩阵数据场,用于描述图像的局部特征,通过梯度求解得到具体矩阵,假设点 $u(i,j)$ 的梯度表示为

$$\nabla u(i,j) = (u(i,j)_x, u(i,j)_y)^\mathrm{T} \quad (5-118)$$

则该点的初始结构张量定义为

$$ST(i,j) = \nabla u(i,j) \nabla u(i,j)^T$$
$$= \begin{bmatrix} u(i,j)_x^2 & u(i,j)_x u(i,j)_y \\ u(i,j)_y u(i,j)_x & u(i,j)_y^2 \end{bmatrix} = \begin{bmatrix} s_{11} & s_{12} \\ s_{21} & s_{22} \end{bmatrix} \quad (5-119)$$

使用梯度进行方向估计和利用结构张量进行方向估计的区别如图 5-24 所示。可以看出，结构张量通过特征值分解获得的两维方向对于图像结构信息进行了更好的描述，使得用于描述的方向拥有了更好的一致性。

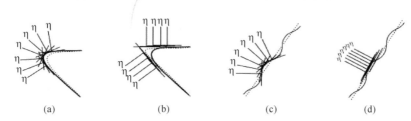

图 5-24 梯度方向和结构张量方向估计
(a)、(c)梯度方向估计；(b)、(d)结构张量特征分解后的方向估计。

经典结构张量通过将初始结构张量场与高斯核函数卷积，在综合邻域信息的同时使得边缘的结构张量模糊，等价于对各个通道进行线性扩散去噪，用 $S_{ij}$ 表示结构张量各通道数据，则经典结构张量表示为

$$\partial_t S_{ij} = \text{div}(\nabla S_{ij}) \quad (i,j = 1,2) \quad (5-120)$$

各向同性非线性滤波通过一种随像素张量度量增大而平滑力度递减的滤波函数 $g(\cdot)$ 来完成，通过求解偏微分方程式(5-121)完成滤波。

$$\frac{\partial S_{ij}}{\partial t} = \text{div}\left(g\left(\sum_{k=1}^{2}\sum_{l=1}^{2} \nabla S_{kl}^T \nabla S_{kl}\right) \nabla S_{ij}\right) \quad (i,j = 1,2) \quad (5-121)$$

各向异性非线性滤波不仅平滑力度根据矩阵场自适应，同时充分结合方向滤波，在沿着边缘有较大平滑力度，在垂直边缘方向抑制平滑力度，可表示为

$$\frac{\partial S_{ij}}{\partial t} = \text{div}\left(g\left(\sum_{k=1}^{2}\sum_{l=1}^{2} \nabla S_{kl} \nabla S_{kl}^T\right) \nabla S_{ij}\right) \quad (i,j = 1,2) \quad (5-122)$$

式(5-121)和式(5-122)都可以避免线性结构张量的模糊效应，而且对处理区域中的不连续或模糊部分有着较好的处理结果。

图像在 $t$ 时刻的扩散度取决于结构张量从 $t—t+s_0$ 时间段内的扩散，$g_{\text{tensor}}$ 为平滑滤波函数，扩散率函数 $g$ 决定了扩散张量的构造，本文中扩散张量特征值的取法选自 Weickert 给出的两种选择，$D_{\text{tensor}}$ 的计算过程为

$$\begin{cases} \dfrac{\partial u}{\partial t}(t;x) = \mathrm{div}(D_{\mathrm{NLST}} u(t;x)) \\ u(0,x) = u_0(x) \\ D_{\mathrm{NLST}} = g(S(t+s_0;x)) \\ \dfrac{\partial S_{ij}}{\partial s}(s;x) = \mathrm{div}(D_{\mathrm{tensor}} \cdot S_{ij}(s;x)) \quad (i,j=1,2) \\ D_{\mathrm{tensor}} = g_{\mathrm{tensor}}\Big(\sum_{k=1}^{2}\sum_{l=1}^{2} \nabla S_{kl} \nabla S_{kl}^{\mathrm{T}}\Big) \\ S(s;x)\big|_{s=t} = \nabla u_\sigma(t;x) \nabla u_\sigma^{\mathrm{T}}(t;x) \end{cases} \qquad (5\text{-}123)$$

在张量场非线性平滑时，$D_{\mathrm{tensor}}$ 结合了各个通道的信息，使得同一时刻不同通道的数据具有相同的扩散张量，从而防止了奇异结果的发生。

$$D_{\mathrm{tensor}} = g_{\mathrm{tensor}}\Big(\sum_{k=1}^{2}\sum_{l=1}^{2} \nabla S_{kl} \nabla S_{kl}^{\mathrm{T}}\Big) = g_{\mathrm{tensor}}\begin{pmatrix} a & b \\ b & c \end{pmatrix} \qquad (5\text{-}124)$$

式中：

$$\sum_{k=1}^{2}\sum_{l=1}^{2} \nabla S_{kl} \nabla S_{kl}^{\mathrm{T}} =$$

$$\begin{pmatrix} (s_{11})_x^2 + 2(s_{12})_x^2 + (s_{22})_x^2 & (s_{11})_x(s_{11})_y + 2(s_{12})_x(s_{12})_y + (s_{22})_x(s_{22})_y \\ (s_{11})_x(s_{11})_y + 2(s_{12})_x(s_{12})_y + (s_{22})_x(s_{22})_y & (s_{11})_y^2 + 2(s_{12})_y^2 + (s_{22})_y^2 \end{pmatrix}$$

$$(5\text{-}125)$$

$$a = (s_{11})_x^2 + 2(s_{12})_x^2 + (s_{22})_x^2$$
$$b = (s_{11})_x(s_{11})_y + 2(s_{12})_x(s_{12})_y + (s_{22})_x(s_{22})_y$$
$$c = (s_{11})_y^2 + 2(s_{12})_y^2 + (s_{22})_y^2 \qquad (5\text{-}126)$$

改写滤波张量 $D_{\mathrm{tensor}}$ 为正交基形式

$$D_{\mathrm{tensor}} = V \mathrm{diag}(g_{\mathrm{tensor}}(\lambda_1), g_{\mathrm{tensor}}(\lambda_2)) V^{\mathrm{T}} = g_{\mathrm{tensor}}(\lambda_1)\theta_1\theta_1^{\mathrm{T}} + g_{\mathrm{tensor}}(\lambda_2)\theta_2\theta_2^{\mathrm{T}}$$
$$(5\text{-}127)$$

假设 $\mu_1$ 和 $\mu_2$ 是对应于结构张量的特征值，在图像中的平滑区域，$\mu_1 \approx \mu_2 \approx 0$，在图像中的边缘区域，$\mu_1 \gg \mu_2 \approx 0$，在图像中的角形区域，$\mu_1 \gg \mu_2 \gg 0$，从而实现各向异性的平滑滤波。公式定义为

$$\mu_1, \mu_2 = \frac{1}{2}\Big(s_{11}+s_{22} \pm \sqrt{(s_{22}-s_{11})^2 + 4s_{12}^2}\Big) \qquad (5\text{-}128)$$

$\theta_1$ 和 $\theta_2$ 是分别对应于 $\mu_1$ 和 $\mu_2$ 的单位特征向量，$\theta_1 \perp \theta_2$，$\theta_1$ 对应几何结构的最大对比度方向，即梯度方向，$\theta_2$ 指向具有一致性结构的纹路方向，其中

$$\theta_1 = (2s_{12}, s_{22}-s_{11}+\sqrt{(s_{22}-s_{11})^2+4s_{12}^2})^T \tag{5-129}$$

将 $\theta_1$ 和 $\theta_2$ 作为 $D_{\text{tensor}}$ 的特征向量，按照下列公式构造 $D_{\text{tensor}}$，分别为边缘增强型张量扩散和相干增强型张量扩散。

$$\lambda_2 = 1 \quad \lambda_1(\mu_1) = g(\mu_1)$$

$$g(s) = \begin{cases} 1, & s \leq 0 \\ 1-\exp\left(\dfrac{-C_m}{\left(\dfrac{s}{\lambda}\right)^m}\right), & s>0, m \in N, C_m>0, \lambda>0 \end{cases} \tag{5-130}$$

$$\lambda_1 = \beta$$

$$\lambda_2 = \begin{cases} \beta, & \mu_1 = \mu_2 \\ \beta+(1-\beta)\exp\left[-\dfrac{c}{(\mu_1-\mu_2)^2}\right], & \beta \in (0,1), c>0 \end{cases} \tag{5-131}$$

假设 $\boldsymbol{\theta}_1 = (\cos\alpha, \sin\alpha)^T, \theta_2 = (-\sin\alpha, \cos\alpha)^T$，通过式(4-28)，可得

$$\mathrm{tg}\alpha = \frac{s_{22}-s_{11}+\sqrt{(s_{22}-s_{11})^2+4s_{12}^2}}{2s_{12}} \tag{5-132}$$

$$\cos 2\alpha = \frac{s_{11}-s_{22}}{\sqrt{(s_{22}-s_{11})^2+4s_{12}^2}} \tag{5-133}$$

$$\sin 2\alpha = \frac{2s_{12}}{\sqrt{(s_{22}-s_{11})^2+4s_{12}^2}} \tag{5-134}$$

则 $D_{\text{tensor}}$ 可表示为

$$D_{\text{tensor}} = \begin{bmatrix} g_{\text{tensor}}(\lambda_1)\cos^2\alpha + g_{\text{tensor}}(\lambda_2)\sin^2\alpha & (g_{\text{tensor}}(\lambda_1)-g_{\text{tensor}}(\lambda_2))\cos\alpha\sin\alpha \\ (g_{\text{tensor}}(\lambda_1)-g_{\text{tensor}}(\lambda_2))\cos\alpha\sin\alpha & g_{\text{tensor}}(\lambda_1)\sin^2\alpha + g_{\text{tensor}}(\lambda_2)\cos^2\alpha \end{bmatrix} \tag{5-135}$$

$D_{\text{tensor}}$ 的每一项为

$$\begin{cases} a = \dfrac{1}{2}\left(g_{\text{tensor}}(\lambda_1)+g_{\text{tensor}}(\lambda_2)+(g_{\text{tensor}}(\lambda_1)-g_{\text{tensor}}(\lambda_2))\dfrac{s_{11}-s_{22}}{\sqrt{(s_{22}-s_{11})^2+4s_{12}^2}}\right) \\ b = (g_{\text{tensor}}(\lambda_1)-g_{\text{tensor}}(\lambda_2))\dfrac{s_{12}}{\sqrt{(s_{22}-s_{11})^2+4s_{12}^2}} \\ c = \dfrac{1}{2}\left(g_{\text{tensor}}(\lambda_1)+g_{\text{tensor}}(\lambda_2)-(g_{\text{tensor}}(\lambda_1)-g_{\text{tensor}}(\lambda_2))\dfrac{s_{11}-s_{22}}{\sqrt{(s_{22}-s_{11})^2+4s_{12}^2}}\right) \end{cases}$$

(5-136)

离散形式可表示为

$$\frac{u^{p+1}-u^p}{\Delta t} = \operatorname{div}(D_{\text{NLST}}\nabla u^p) \tag{5-137}$$

式中：$\Delta t$ 为迭代步长；$p$ 为迭代次数，迭代公式可表示为

$$u^{p+1} = u^p + \Delta t \operatorname{div}(D_{\text{NLST}}\nabla u^p) \tag{5-138}$$

$$\begin{aligned}
\operatorname{div}(D_{\text{NLST}}\nabla u^p) &= (\partial x, \partial y)\begin{bmatrix} a & b \\ b & c \end{bmatrix}\begin{pmatrix} \partial_x f^p \\ \partial_y f^p \end{pmatrix} \\
&= \partial_x(a\partial_x f^p + b\partial_y f^p) + \partial_y(b\partial_x f^p + c\partial_y f^p) \\
&= \partial_x(a\partial_x f^p) + \partial_x(b\partial_y f^p) + \partial_y(b\partial_x f^p) + \partial_y(c\partial_y f^p)
\end{aligned} \tag{5-139}$$

式(5-138)右端微分,利用对称的中心差分代替,从而形成迭代公式为

$$u^{p+1} = u^p + \Delta t \begin{bmatrix} -\dfrac{1}{4}\times(b_{m-1,n}+b_{m,n+1})\times u^p_{m-1,n+1}+\dfrac{1}{2}\times(c_{m,n+1}+c_{m,n})\times u^p_{m,n+1} \\ +\dfrac{1}{4}\times(b_{m+1,n}+b_{m,n+1})\times u^p_{m+1,n+1}+\dfrac{1}{2}\times(a_{m-1,n}+a_{m,n})\times u^p_{m-1,n} \\ -\dfrac{1}{2}\times(a_{m-1,n}+2a_{m,n}+a_{m+1,n}+c_{m,n-1}+2c_{m,n}+c_{m,n+1})\times u^p_{m,n} \\ +\dfrac{1}{2}\times(a_{m+1,n}+a_{m,n})\times u^p_{m+1,n}+\dfrac{1}{4}\times(b_{m-1,n}+b_{m,n-1})\times u^p_{m-1,n-1} \\ +\dfrac{1}{2}\times(c_{m,n-1}+c_{m,n})\times u^p_{m,n-1}-\dfrac{1}{4}\times(b_{m+1,n}+b_{m,n-1})\times u^p_{m+1,n-1} \end{bmatrix} \tag{5-140}$$

非线性各向异性结构张量可以克服线性张量的边缘模糊问题,平滑力度与平滑方向均是根据矩阵场的计算来自适应地获得,在边缘方向始终保持较大平滑力度,在垂直边缘方向抑制平滑。本节基于各向异性非线性结构张量,设计

了张量场的扩散张量,综合了 4 个通道的跳变信息,在各向同性区域,加快扩散速度,在各向异性区域,使得扩散沿跳变最小方向进行,可以保持边缘并去除噪声,对于图像纹理也有一定提升作用,在此基础上设计了多帧 SR 模型的约束正则项。

为了保持重构高分辨率图像与原始 HR 之间的梯度连续性,有多位学者在文献中引入了梯度连续正则项,使得模型在重构过程当中能够更好地保持边缘信息。梯度连续正则项能量泛函用公式表示为

$$\rho/(\nabla y_k, D_k B_k M_k \nabla u) = \sum_{k=1}^{p} \sum_{i=1}^{4} |D_k B_k M_k \nabla_i u - \nabla_i y_k| \qquad (5-141)$$

式中:$\nabla_1 y_k$、$\nabla_2 y_k$、$\nabla_3 y_k$、$\nabla_4 y_k$ 分别为低分辨率图像在水平、垂直和两个对角方向的梯度;$\nabla_i u$ 分别为高分辨率图像在水平、垂直和两个对角方向的梯度;$S_x^{\pm 1}$ 和 $S_y^{\pm 1}$ 分别为图像在水平方向和垂直方向平移算子,用公式表示为

$$\begin{aligned}
\nabla_1 y_k &= S_x^1 u_k + S_x^{-1} u_k - 2 u_k \\
\nabla_2 y_k &= S_y^1 u_k + S_y^{-1} u_k - 2 u_k \\
\nabla_3 y_k &= \frac{1}{2}[(S_x^{-1} S_y^1 u_k) + (S_x^1 S_y^{-1} u_k)] - u_k \\
\nabla_4 y_k &= \frac{1}{2}[(S_x^1 S_y^1 u_k) + (S_x^{-1} S_y^{-1} u_k)] - u_k
\end{aligned} \qquad (5-142)$$

传统梯度算子计算的是单个像素的梯度信息,不同像素的梯度之间缺乏相关性,梯度向量流(Gradient Vector Flow,GVF)最初用于解决动态轮廓模型的初始化和收敛难题,是指由边缘图像向量扩散得到的外力场,通过将梯度向量扩散到图像强度均匀或者离边缘较为遥远的区域中,将突变问题转为渐变问题。在靠近边缘位置,梯度向量强度最大,梯度向量场算子可以提取任意梯度方向信息,并且每个点的梯度向量和周围梯度向量密切联系,梯度向量场算子更好地衡量了图像之间的梯度相关性。梯度向量场用公式表示为

$$V(x, y) = [u(x, y), v(x, y)] \qquad (5-143)$$

可以通过极小化能量泛函获得

$$Q = \iint (\mu(u_x^2 + u_y^2 + v_x^2 + v_y^2) + |\nabla f|^2 |V - \nabla f|^2) dx dy \qquad (5-144)$$

式中:$f$ 为梯度幅值图像;$\mu$ 为权值因子,根据噪声加以选择,取值应随噪声增加而增大。梯度幅值图像可以表示为

$$f(x,y) = 1 - \left(\frac{1}{\sqrt{2\pi}\sigma_E}\right)\exp\left(\frac{-|\nabla(G_\sigma * I)(x,y)|^2}{2\sigma_E^2}\right), \quad (x,y) \in R^2 \quad (5-145)$$

使用变分法,求解欧拉方程式(5-146)可获得 GVF

$$\begin{cases} \mu\nabla^2 u - (u-f_x)(f_x^2+f_y^2) = 0 \\ \mu\nabla^2 v - (v-f_y)(f_x^2+f_y^2) = 0 \end{cases} \quad (5-146)$$

式中:$\nabla^2 u = u_{\varepsilon\varepsilon} + u_{\eta\eta}$ 为拉普拉斯算子,$u_{\varepsilon\varepsilon}$ 和 $u_{\eta\eta}$ 分别表示沿切线和法线方向的二阶导数。GVF 是图像边缘扩散获得的外力场,通过一组偏微分方程对幅值图像梯度向量实行扩散,有效解决传统外力场对噪音敏感、捕获范围较小的缺点。在图像的平坦区域,向量的幅度接近于零;在图像边缘附近,向量的幅度较大,向量的方向指向附近的边缘;不是完全无旋场和无散场,这些性质使得 GVF 可以在扩散过程中很好地保持图像纹理结构。

Li[125]等提出了一种结合梯度向量场和偏微分方程模型改进的单帧图像重构算法,Zhou 等[136]将 GVF 替代梯度实现了改进型的梯度正则项中的边缘性约束,这样可以更好地衡量高低分辨率图像梯度间的边缘一致性。黄淑英[126]实现了一种结合 GVF 和梯度场(Gradient Field,GF)来更好地去除噪声和增强边缘的新型冲击滤波器,合力场表述形式为

$$\frac{\partial f}{\partial t} = -\text{sign}(G_\sigma * f_{\eta\eta})\sqrt{|V_{\text{GVF}}\nabla f|} + cf_{\varepsilon\varepsilon} \quad (5-147)$$

本节受此启发,将 GVF 合成 GF 形成新的向量场,并将此合成的向量场用于描述高低分辨率之间的梯度一致性约束。图 5-25(a)为附加标准方差为 15 的高斯噪声,该图像的梯度场如图 5-25(b)所示,可以看出,梯度场对噪声比较敏感,看起来混乱无序;GVF 如图 5-25(c)所示,GVF 较为平滑,扩散过程当中使得锯齿效应呈现平滑流线形,可以更好地表述图像结构,并且平坦区域的向量幅值比梯度幅值要小,改善了梯度场对噪声敏感的缺点;合成的新的改进型向量场如图 5-25(d)所示,该新型向量场可以更好地保持纹理结构信息,减小由噪声引起的梯度无序性,新的向量场公式可表示为

$$V_{\text{IGVF}} = \sqrt{|V_{\text{GVF}} \cdot \Delta f|} \quad (5-148)$$

改进型的梯度向量场正则项能量泛函可表示为

$$\rho/(\nabla y_k, D_k B_k M_k \nabla u) = \sum_{k=1}^{p} |D_k B_k M_k V_{\text{IGVF}}(u) - V_{\text{IGVF}}(y_k)| \quad (5-149)$$

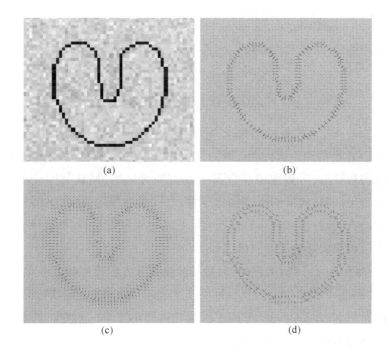

图 5-25 向量场梯度一致性描述
(a) 加噪图像;(b) GF;(c) GVF;(d) IGVF。

将双正则项引入多帧重构 PDE 方程中,并将模型中的保真项范数设为 $l_1$ 范数,本章提出的基于双正则项的多帧重构 PDE 模型为

$$\frac{\partial u}{\partial t} = -\sum_{k=1}^{p} M_k^T B_k^T D_k^T \text{sign}(D_k B_k M_k u - y_k) + \alpha(\nabla \cdot (D_{\text{ANLST}} \cdot \Delta u)) + \beta \cdot$$

$$\Big(\sum_{k=1}^{p} M_k^T B_k^T D_k^T \text{sign}(D_k B_k M_k V_{\text{IGVF}}(u) - V_{\text{IGVF}}(y_k)) \cdot \text{div}(V_{\text{IGVF}}(u))\Big)$$

(5-150)

**4. 低照度图像超分辨率重构实验结果**

下面进行影像重构实验,图 5-26 所示是面阵影像在噪声均方差为 1 情况下的多帧重构结果,图 5-27 和图 5-28 所示是面阵影像在噪声均方差为 5 情况下的多帧重构结果,图 5-29 所示是面阵影像在噪声均方差为 10 情况下的多帧重构结果,根据重构结果计算出客观质量评价值。

图 5-26 影像重构测试结果

(a) 面阵原始影像;(b) $\sigma=1$ 低分影像;(c) Bi-cubic(PSNR=21.06 SSIM=0.4835);
(d) 方向扩散(PSNR=28.12 SSIM=0.8405);(e) BTV(PSNR=29.48 SSIM=0.8837);
(f) 双正则项+学习结合(PSNR=**30.15** SSIM=**0.8913**)。

图 5-27 影像重构测试结果

(a) 面阵原始影像;(b) $\sigma=5$ 低分影像;(c) Bi-cubic(PSNR=26.72 SSIM=0.7542);
(d) 方向扩散(PSNR=36.00 SSIM=0.9224);(e) BTV(PSNR=35.61 SSIM=0.9143);
(f) 双正则项+学习结合(PSNR=**36.37** SSIM=**0.9284**)。

图 5-28 影像重构测试结果

(a) 面阵原始影像;(b) $\sigma=5$ 低分影像;(c) Bi-cubic(PSNR=26.02 SSIM=0.7318);
(d) 方向扩散(PSNR=34.72 SSIM=0.9085);(e) BTV(PSNR=35.31 SSIM=0.9013);
(f) 双正则项+学习结合(PSNR=**35.91** SSIM=**0.9098**)。

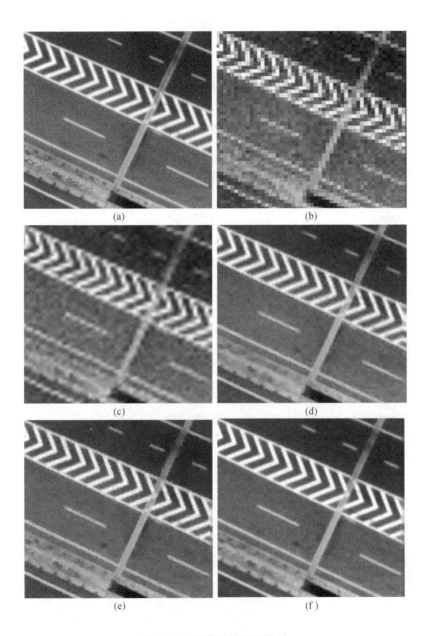

图 5-29　影像重构测试结果

(a) 面阵原始影像；(b) $\sigma=10$ 低分影像；(c) Bi-cubic(PSNR=20.47 SSIM=0.6533)；
(d) 方向扩散(PSNR=27.77 SSIM=0.9096)；(e) BTV(PSNR=28.12 SSIM=0.9181)；
(f) 双正则项+学习结合(PSNR=**28.81** SSIM=**0.9183**)。

## 5.4 相机辐射定标

### 5.4.1 辐射定标概述

随着航空遥感技术的快速发展,各个领域对遥感数据的应用逐渐由定性向定量转变,而辐射定标是遥感数据定量化的一个重要环节,是相机响应探测值的标定过程,用以确定相机光学系统入瞳处的准确辐射值。数字图像反映了图像探测器像元的灰度值,通常仅凭灰度值无法满足航空摄影和对地观测研究的需求。因此,需要将图像的灰度值转换成被摄地物的辐亮度,才能定量比较和应用不同时间、不同区域以及不同图像探测器所捕获的图像数据[127]。航空相机的辐射定标是指确定相机输出信号幅值与到达相机入瞳处的辐射亮度之间的定量关系,即确定相机的辐射响应特性。只有预先对相机进行辐射响应特性标定,并利用辐射定标的结果对相机获取的原始数字图像进行辐射校正,才能从相机对地拍摄图像数据中定量获取各种地物目标的辐射信息,并反演出地物目标的辐射特性,从而对航测图像进行正确的判读和有效的利用[128]。

由于经过大气散射、吸收后到达图像探测器的地表信息辐射值会发生变化,为了准确地反演地物辐射特性,需要研究电磁波辐射在大气中的传输机理。于是,对大气性质的探测便是一项必要工作,如气溶胶的光学厚度、水汽含量的探测以及大气对辐射量吸收的测定等。最终根据这些数据,利用辐射传输模型反演有关大气参量[129]。通常,根据辐射定标的实施场所,可以将辐射定标分为以下3类:

1. 实验室定标

在相机出厂之前对其进行波长位置、辐射精度以及空间定位等定标,并将相机的输出值转换为辐射值。目前,某些遥感相机设计了内定标系统,但是在搭载或挂飞运行一段之后,需要进行定期定标,以监测相机性能的变化情况,同时相应调整定标参数。实验室定标又分为光谱定标和辐射定标。光谱定标的目的是确定图像探测器每个波段的中心波长和带宽以及光谱响应函数。辐射定标可分为绝对定标和相对定标,绝对辐射定标是测定探测器输出的数字量化值与准确已知标准辐射源在不同波谱段的入瞳处辐射量之间的关系;相对辐射定标是确定图像探测器各像元之间、各探测器之间、各波谱之间以及不同时间测得的辐射量的相对值。

用于星载相机的实验室定标可以用于数字航测相机。实验室定标是采用了一个检校后的积分球光源,用来测定暗信号、镜头渐变和探测器的辐射增益。对于航空相机而言,通常采用一个线性的辐射定标模型。系统的光谱响应信息进一步提高了定标的精度,并且还检测了系统的完整性。

2. 平台在线定标

平台在线定标通常指遥感相机搭载于航空飞行平台(机上)或空间卫星平台(星上),在运行过程中进行标定的一类方法。机上定标用来经常性地检查飞行中的遥感器定标情况,一般采用内定标的方法,即辐射定标源、定标光学系统都在飞行器上。典型的机上定标是使用灯光或使用漫反射反光板反射阳光,相机在图像采集过程中,对成像系统进行辐射定标。空间卫星平台上的遥感相机,由于在大气层外,太阳的辐射照度可以认为是一个常数,因此也可以选择太阳作为基准光源,通过太阳定标系统对星载成像设备进行绝对定标。

3. 试验场定标

试验场定标是指在相机处于正常运行条件下,选择辐射定标场地,通过地面同步测量对遥感相机定标。场地定标可以实现全孔径、全视场、全动态范围的定标,同时考虑到大气传输和环境等影响,该定标方法可提供遥感器在整个寿命期间定标,对相机进行真实性检验和对一些模型进行正确性检验。但应注意的是试验场定标需测量和计算遥感器过境时大气环境参量和地物反射率。

数字航空摄影测量与监视相机系统的精密结构以及其复杂的电子化特性决定了其定标的复杂性。为了提供更广泛的数据影像采集服务,全世界已经建立了各种辐射定标服务站点。同时,野外试验场定标方法还在不断地发展,国际上也正在致力于制定出可以被广泛接受的定标标准。2006年,美国地质勘测局(USGS)建立的针对航空影像质量保障计划便是一个比较全面的案例,他们先后对多种型号的数字航摄相机进行了实验室定标和野外试验场飞行定标实验,该计划的目标是保证数字航空数据产品使用更高的标准,并让这些数据的供应者和用户可以使用一致的定标方法和标准。在欧洲,多个测绘研究机构开展了航测相机的定标场定标研究,其中芬兰地理研究所的 Eija Honkavaara 等于 2008 年对 DMC、UCD、ADS40 所获取的 Sjökulla 定标场影像数据进行了辐射定标研究。同时国际摄影测量与遥感学会也对航测相机的定标场定标展开了多项研究与讨论,并成立了相应的专项工作机构,旨在建立"探测器定标与验证"的国际标准。目前世界上比较典型的野外试验场有:1979 年美国在新墨西哥州白沙建立的地面辐射定标场,1987 年法国在马赛西北 La Crau 建立的地面辐射定标场。它们利用地面辐射定标场对有关的探测器进行了定标,取得了预期的成果。

我国对数字航测相机相关技术的研究起步比欧洲与美国要晚许多,2002 年我国才开始引入数字航摄系统,随着 ADS40/80、DMC 系列和 UltraCam 系列 3 种数字航测相机先后进入中国市场,各遥感研究机构也展开了对数字航测相机的定标研究与精度评估工作。在国内,目前数字航测相机已基本取代了画幅式的胶片航测相机,尤其是随着 ADS40/80、DMC 系列和 UltraCam 系列相机的广泛应用,数字航空相机的定标引起了人们的广泛关注。

## 5.4.2 实验室辐射定标

航摄相机系统定标和成像质量评价的最近本的方法即采用实验室定标。实验室定标具有以下特点:①定标精度高,该方式便于人为地控制外部环境的输入条件,如相机的光圈、增益、积分时间(曝光时间)、环境温湿度等,同时可准确测定相机或外部设备的定标参数,如像元的响应一致性、坏点、光谱响应特性、光源特性(色温、光谱特征、峰值波长、辐照度等);②标定可靠性强,辐射定标主要目的是为了测定相机的辐射响应特性,无论是实验室辐射定标或试验场定标,其定标过程中涉及的数学模型均保持一致,因此实验室定标解算得到的定标系数具有与试验场定标同等的科学价值。同时,实验室辐射定标也为试验场定标提供了理论基础,在成像系统的拓扑结构、辐射量与灰度响应值的解算关系等方面均给出了详细分析,进而有助于预测和评估试验场辐射定标的实验结果。

实验室辐射定标主要包括辐射定标硬件平台配置、定标数据采样和数据处理分析 3 个步骤。因此,合理规划辐射定标实验并设计有效的操作流程是评价相机成像质量和定量化数据分析处理的重要保障。

实验室辐射定标主要涉及以下内容:光谱响应、暗电流、像元响应特性、探测器响应线性度及绝对辐射定标等。表 5-4 中列出了 ADS40、DMC 两款数字航测相机生产商对相机的实验室定标内容和方法[130]。

表 5-4　典型数字航摄相机实验室辐射定标

| 相机型号 | 定 标 参 数 | 方　　法 |
|---|---|---|
| ADS40 | 暗信号非均匀性、像元响应非均匀性、光源衰减率、增益值、光谱响应函数 | 积分球、单色光源、测角器 |
| DMC | 像元响应非均匀性、坏点、光线衰减率、光圈大小的影响、温度、时间延迟积分设置、亮度差异补偿、色彩平衡 | 积分球、自检校 |

以测绘行业常见的 ADS40 相机为例,该相机实验室辐射定标对暗信号非均匀性和像元响应非均匀性进行校正。相机采用线阵图像探测器,其响应输出在无入射光时会产生一个输出信号,该输出信号与温度和积分时间有关,即为暗电流响应。为了消除环境温度影响,定标过程中严格控制环境温度,并使用温度控制冷却器,使焦平面温度保持在 20℃。当测定出暗电流响应时,探测器像元对目标的真实响应为实际响应输出减去该暗电流值。不应忽略的是,由于受到线阵图像探测器生产、加工工艺的限制,线阵中每个像元的增益值都不尽相同;光学系统视场边缘处会产生畸变,也会造成像元响应的不均匀性。因此,在实际标定时应充分考虑上述因素所导致的精度影响问题。

实验室辐射定标通常采用带有增益项和偏置项的一阶线性模型。相机响应输出的数字化灰度 DN 值由增益系数 $C_1$ 和偏置值 $C_0$ 决定

$$L = C_1 \cdot \mathrm{DN} + C_0 \tag{5-151}$$

式中:$L$ 为探测器接收到的辐射量。由于 ADS40 等商业相机的偏置 $C_0$ 在出厂时已经进行了系统校正,因此通常将其设置为 0。同时,积分时间 $t$ 与相机响应满足线性相关性,因此可定义一个定标系数 $c_1$

$$c_1 = C_1 \cdot t \tag{5-152}$$

则上述定标模型可转换为

$$L = c_1 \cdot \frac{\mathrm{DN}}{t} \tag{5-153}$$

式中:定标系数 $c_1$ 为一个单位为 W·s/(m²·sr·mic·DN) 的常数,W/(m²·sr·mic) 为辐射量单位,即单位面积、单位球面度、电磁波波长单位为微米时的辐射量,s 为积分时间单位秒;DN 为灰度值。ADS40 的几何定标文件(*.cam)中的"RADIOMETRIC_GAIN"即为该常数值,它是在相机生产过程中测定的一个逆向增益值,通过该值可反演灰度 DN 值所需要的辐射量。由于全色波段的光谱带宽是彩色波段的 3 倍,因此全色波段的 $c_1$ 通常只有彩色波段的 1/3,即波段宽度越大,相同辐射亮度输出信号更大。尽管 ADS40 相机出厂时的辐射测量稳

定性较高,但随着使用时间的推移及使用频次的增加,其器件特性会发生漂移。为了保证辐射测量精度,需要定期对相机系统进行辐射定标。

在实验室定标过程中,为了测定到达图像探测器的辐射能量,首先需要测定相机的光谱响应函数 $R(\lambda)$。光谱响应同时考虑了镜头透光率、光束分光器的透光率等。积分球是实验室辐射定标中常用的均匀光源,其特征为具有高反射性内表面的空心球体,能够在距出光口一定距离内提供良好的均匀面光源。图 5-30 为 Leica 公司在实验室使用积分球光源(直径为 0.9m)对 ADS40 相机进行辐射定标。相机的图像探测器光谱响应函数如图 5-31 所示,其光谱分辨率为 2nm。

图 5-30　ADS40 相机的实验室辐射定标

该相机具有多光谱成像功能,采用 4 个互不重叠的光谱响应波段。探测器光谱响应的影响因素有以下几个方面:①由相机的光学系统决定了入射波长的下限为 400nm,即可见光波段;②采用光束分光器方式进行滤光,形成互不重叠的单色光谱波段,光线最终通过多层干涉滤光片到达图像探测器进行感光。对于近红外和全色波段,则仅需要采用干涉滤光片滤光。最终的光谱响应率由探测器的硅基片决定,在波长 730nm 时达到最佳响应状态,在 400~900nm 波长范围时响应值会降至波长 400nm 时的一半。由于受到该光谱响应结构的影响,使得 ADS40 输出的彩色图像颜色与真实色彩之间存在一定差异。在得到光谱响

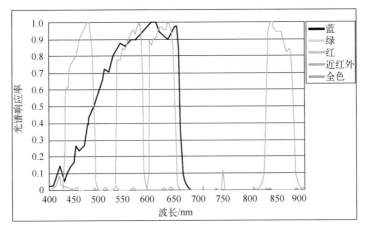

图 5-31 ADS40 相机光谱响应函数

应函数 $R(\lambda)$ 后,结合积分球的光谱辐射量 $L(\lambda)$,便可以计算出各波段到达线阵探测器的辐射量 $L$,即

$$L = \frac{\int_{\lambda_1}^{\lambda_N} L(\lambda) R(\lambda) \mathrm{d}\lambda}{\int_{\lambda_1}^{\lambda_N} R(\lambda) \mathrm{d}\lambda} \tag{5-154}$$

对于探测器线性响应特征的测定,由于出厂时探测器响应线性度标定误差小于 5%,因此为了验证测量数据的可靠性,可保持积分球频谱形状,同时逐级改变积分球的辐射亮度等级,从而测定探测器的响应线性度。

相对于 ADS40 相机而言,DMC 的实验室辐射定标可分为以下 2 个步骤:①在实验室进行出厂定标;②在每次实际飞行中建立色彩对照表[131]。DMC 相机的实验室辐射定标同样采用积分球来完成,包含以下几个方面:探测器坏点测定、像元灵敏度测定、光圈孔径和过滤器滤光片的影响测定等。为了有效利用定标数据,在影像曝光过程同时记录相机工作时状态信息,如时间延迟积分、温度、光圈大小等。

## 5.4.3 试验场辐射定标

试验场辐射定标的基本原理是:在航空作业时,针对平坦区域中的不同反射率参考目标的影像,利用辐射计或者大气辐射传输模型等手段,测定出探测器入瞳处各光谱波段的辐射量,建立探测器对应输出数字化灰度 DN 值与所接收到辐射能量之间的数学关系(与实验室定标类似,通常为一阶模型),最后解算定标系数并估算定标精度,评估探测器的辐射响应特性。

目前,针对不同的飞行平台的成像载荷,研究人员设计了不同的试验场定标方法。其中,星载探测器的试验场辐射定标技术较为成熟,而对航空测绘相机的探测器试验场辐射定标技术研究较少。

在航天领域,基于试验场的探测器辐射定标可分为3种方法:反射率法、辐亮度法和辐照度法[132]。

1. 反射率法

在卫星过顶时同步测量地面目标反射率因子和大气光学参量,如气溶胶光学厚度、大气柱水汽含量等;利用大气辐射传输模型计算出探测器入瞳处辐射亮度值。

2. 辐亮度法

该方法首先利用高精密的光谱与辐射标定辐射测量仪,通过航空平台实现与卫星探测器观测几何相似的同步测量,把航空机载辐射计测量的辐射度作为已知参考量,标定飞行中探测器的辐射量,从而实现星载探测器的标定。最后辐射校正系数的误差主要考虑辐射计的定标误差,因此仅需要对航空平台飞行高度以上的大气进行校正,避免了底层大气的校正误差。

3. 辐照度法

辐照度法又称改进的反射率法,该方法利用地面测量的向下辐射能量与总辐射度来确定卫星载荷探测器的表观反射率,进而确定探测器入瞳处辐射亮度。该方法一般采用解析近似方法来计算反射率,有效降低了计算时间和计算复杂性。

参照星载探测器的反射率法辐射定标对机载探测器进行定标,其基本流程可归结为以下几个方面:①获取空中、地面及大气环境参数,计算大气气溶胶光学厚度、大气中水汽和臭氧含量等,测量定标场中典型地物的反射率属性;②采集定标场地影像数据,并记录拍摄时间和几何参数等,其中,几何参数包括太阳天顶角、探测器天顶角、方位角等;③将测定与解算得到的各个参数带入大气辐射传输模型,并求取遥感器入瞳处的辐射亮度;④计算定标系数,完成误差分析。

对于成像系统的绝对辐射定标,其定标结果的准确性主要取决于光学系统入瞳处辐射亮度的测定与探测器响应性能。基于反射率的间接定标方法,其准确度主要取决于目标反射率和大气模型解算的准确度。在星载探测器辐射定标过程中,大气模型精度影响通常在3%~4%,入瞳处辐射亮度预测准确度大概在 2%~10%，对于反射率较低的参考目标，预测结果准确度可能会更低。相反，基于辐亮度的定标方法整体上较基于反射率定标方法而言更为准确[133]。在遥感器定标的实际应用中，通常使用简化手段，如假设地面为朗伯面、排除云的影响、采用标准大气模型及大气气溶胶模式等，并开发出了许多不同类型的大气辐射传输模型。

为了能够准确测定相机的辐射响应特性，需要对影响相机辐射定标精度的主要因素进行深入了解，其中包括相机入瞳处辐射量的构成、辐射定标参数的规划以及精度估计方法等。

数字相机的图像探测器将辐射测量的结果转化为数字化值 DN 灰度。在航空影像数据中，由于进入相机入瞳处辐射亮度不同以及成像系统物理特性差异，同一影像不同位置反映辐射能量的 DN 值不尽相同；即使针对同一地物目标，在不同影像中的 DN 值也不尽相同。

相机辐射测量通常经历 2 个过程：①辐射量从目标经过大气散射和吸收传输到成像系统；②到达系统入瞳处的辐射能在探测器内被转化为数字化灰度 DN 值输出。

太阳辐射到达地表的总辐射量主要分解为太阳直射辐射照度和天空散射辐射照度。由于地表目标反射的各向异性，数字航摄相机在空中观测到的地物目标反射出的辐射量经大气散射、吸收后进入相机视场；同时，从太阳辐射出的能量，有一部分没有到达地面而被大气散射、吸收，其中部分被散射能量也可能进入相机视场，但该部分能量中不含目标信息。照射在目标上的辐射量包括太阳直射能量、天空辐射光能、周围环境的多次散射能量、邻近物体的反射的能量等。一般来讲，地物目标在不同的观测方向，反射率并不完全相同，因此观测反射率时，除考虑光照条件因素外，还应顾及观测方向的影响。通常，目标反射率随入射方向和反射方向变化的特性可以用双向反射分布函数（BRDF）来描述，双向反射分布函数定义为

$$\mathrm{BRDF}(\Omega_i \quad \Omega_r) = \frac{\mathrm{d}L(\Omega_i)}{\mathrm{d}L(\Omega_r)}$$

式中：$\Omega_i$ 为入射角；$L(\Omega_i)$ 为入射辐射量；$\Omega_r$ 为出射角；$L(\Omega_r)$ 为出射辐射量。

到达相机视场的辐射量还包含了一些附加的随机变化辐射量，如路径辐射能量、邻近物体反射能量。在天气状况良好时，前 3 部分辐射分量是入瞳处辐射亮度的主要组成部分。大气的影响主要是由于气溶胶的吸收、米氏散射和瑞利散射所造成，大气影响程度同样与观测方位角度有密切关系。

图像探测器的辐射定标包含以下几个方面:相对定标、绝对定标和性能评估。其中相对定标是指测定像素之间的响应非均匀性、暗信号非均匀性、坏点以及光线衰减率等;绝对定标目的是测定光谱响应、辐射响应(即不同光谱波段的数字化 DN 值转换为辐射量的模型和参数);性能评估是指绝对定标精度和相对定标精度,以及测定相机的动态范围等。

相对定标精度中又包含了像素与像素之间的均匀性、波段与波段之间的灵敏度差异以及图像与图像之间的稳定性。相对定标将探测器的输出值标准化,从而使得焦平面探测器的所有像元被均匀辐射场照射时具有良好的输出一致性。

数字相机的绝对辐射响应模型可以简化为一个含有增益和偏置参数的一阶线性函数。光谱响应定标是为了测定成像系统对不同谱段波长的响应函数,主要参数一般包括中心波长和波段宽度。辐射测量指标包括绝对辐射测量准确度(探测器输入与输出辐射量的差异)、相对辐射测量准确度、线性度(定标模型的匹配情况)、灵敏度、信噪比、动态范围等。

对于辐射定标参数的计算与精度评估方法,可采用反射率法对相机进行试验场辐射定标,测定其定标参数。由于观测值含有误差,在有冗余观测条件下,观测值与拟定的数学模型并不完全一致。因此采用平差方法使观测值适应所选定的数学模型[134]。该方法理论基础是建立观测值与未知定标参数之间的函数关系,根据最小二乘原理,解算出未知参数。具体步骤如下:

首先根据数学模型建立误差方程

$$V = AX - L \tag{5-155}$$

式中:$V$ 为残差;$A$ 为系数矩阵;$X$ 为未知参数;$L$ 为常数项。根据最小二乘间接平差原理,得到法方程式为

$$A^{T}PAX = A^{T}PL \tag{5-156}$$

式中:$P$ 为观测值的权矩阵,反映了观测值的量测精度。对所有像点的观测值,一般认为是等精度量测,则 $P$ 为单位权矩阵,因此得到法方程的解表达式为

$$X = (A^{T}A)^{-1}A^{T}L \tag{5-157}$$

进而求出定标参数。使用最小二乘法可得出许多重要数据,可用来进行精度和可靠性评估。精度表征的是参量的重复观测值彼此之间接近或一致的程度,即观测结果与其数学期望接近的程度。对于一维随机变量,精度常用标准差 $\sigma$ 来表示,即

$$\sigma = \sqrt{E(x - E(x))^{2}} \tag{5-158}$$

精度概念同样适用于多维随机变量,对于多维随机变量,其精度一般用协方差矩阵来表示。

准确度评估是测量过程的关键步骤,准确度可定义为观测值与其真值的接近或一致程度。准确度不仅受到观测中偶然误差的影响,还受到未剔除的粗差和系统误差的影响。通常,准确度用均方误差 MSE 来表示,即

$$\mathrm{MSE} = E((x-\tilde{x})^2) \tag{5-159}$$

式中:$x$ 为随机变量;$\tilde{x}$ 为 $x$ 的真值。偏差 $\beta$ 定义为

$$\beta = E(x) - \tilde{x} \tag{5-160}$$

从而得到

$$\mathrm{MSE} = \sigma^2 + \beta^2 \tag{5-161}$$

由此可知,当 $\beta=0$ 时,$\mathrm{MSE}=\sigma^2$,即观测值中不包含系统误差时,准确度和精度是一致的。同时,精度高不一定意味着准确度高,如 $\sigma^2$ 小而 $\beta^2$ 大,即观测值精度高而准确度低。通常,辐射定标实验中解算定标参数的精度可通过法方程式中未知数的系数矩阵的逆阵 $(A^\mathrm{T}TA)^{-1}$ 求解,此时观测值假定为等精度、不相关。因为 $(A^\mathrm{T}TA)^{-1}$ 中第 $i$ 个主对角线上元素 $Q_{ii}$ 为法方程式中第 $i$ 个未知数的权倒数,若单位权中误差为 $m_0$,则第 $i$ 个未知数中误差为

$$m_i = \sqrt{Q_{ii}} m_0 \tag{5-162}$$

当观测值有 $n$ 组时,则单位权中误差可表示为

$$m_0 = \pm \sqrt{\frac{[vv]}{R}} \tag{5-163}$$

式中:$R$ 为冗余观测数,即 $m_0$ 为自由度为 $R$ 时的单位权中误差。

# 第 6 章
# 低照度可见光相机测试技术

## 6.1 概述

低照度可见光相机的测试分为地面静态成像指标测试和动态飞行成像指标测试,静态成像指标测试主要是在实验室对相机设计及结果进行测试验证,动态飞行成像指标测试主要是在外场通过飞行试验对相机的实际使用性能和达到的技术指标进行测试,并评估相机在飞行过程中的系统兼容性和使用效能[135-139]。

### 6.1.1 地面静态成像测试方法

地面静态成像指标测试主要是在实验室内借助平行光管、均匀校准光源、光谱透过率测量仪、二维精密转台等光学测量设备完成视场角、工作波段、分辨率、倾斜角度、镜头传函、成像质量等技术指标测试,验证相机设计结果。

**1. 视场角测试**

针对相机镜头视场角设计结果,由于现实无法模拟相机真实飞行高度条件,因此,相机镜头的视场角一般通过探测器靶面尺寸以及镜头焦距的设计值进行计算,确定低照度相机系统的视场角设计值。

如图 6-1 所示利用以下方法测量相机在静止情况下光学系统的视场角。

按图 6-1 连接测试设备,在平行光管焦平面上安装星点板,将低照度相机固定在平行光管正前方,平行光管光轴与低照度相机光轴基本平行,调整相机的角度,使转台在转动过程中,平行光管星点在低照度相机探测器上所成的星点像在某行或某列像元上移动。低照度相机的探测器靶面像元数为 $M \times N$( $M$

为水平方向像元个数，$N$ 为竖直方向像元个数），控制转台使星点像位于低照度相机探测器靶面的 $\left[1, \dfrac{N}{2}\right]$ 上，转台清零，控制转台，使星点像位于低照度相机的 $\left[M, \dfrac{N}{2}\right]$ 像元上，记录转台方位转动的角度 $\omega_{方位}(i)$，连续测试 3 次求其平均值即为低照度相机方位视场角；按同样的方法，测量星点像从低照度相机探测器靶面 $\left[\dfrac{M}{2}, 1\right]$ 到 $\left[\dfrac{M}{2}, N\right]$ 时，转台俯仰方向转动的角度 $\omega_{俯仰}(i)$，连续测量 3 次，求其平均值得到低照度相机俯仰视场角。低照度相机方位视场角与俯仰视场角可表示为

$$\omega_{方位} = \dfrac{\sum\limits_{i=1}^{3}\omega_{方位}(i)}{3}$$

$$\omega_{俯仰} = \dfrac{\sum\limits_{i=1}^{3}\omega_{俯仰}(i)}{3}$$

式中：$\omega_{方位}(i)$ 为第 $i$ 次测得相机方位方向视场角（°）；$\omega_{俯仰}(i)$ 为第 $i$ 次测得相机俯仰方向视场角（°）；$\omega_{方位}$ 为相机方位方向视场角（°）；$\omega_{俯仰}$ 为相机俯仰方向视场角（°）。

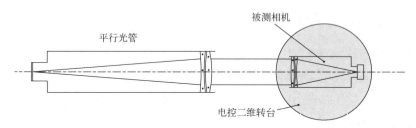

图 6-1　相机视场角测试原理图

视场角测试步骤如下。

（1）根据低照度相机的入瞳直径，选择合适的平行光管，选取原则：所选的测试用平行光管焦距应大于相机的焦距，平行光管出瞳直径应大于低照度相机的入瞳直径。

（2）将低照度相机安装在电控二维转台上，低照度相机入瞳位置应与转台的回转中心重合，以避免转台在转动过程中发生切光现象。

（3）在平行光管焦平面上安装星点板，星点板的选取原则：所选的星点板

应使低照度相机对星点所成的星点像占9~25像素之间为宜。

（4）通过转台转动,观察星点像在探测器靶面上的移动位置,若在转台转动过程中,星点像在转台转动方向的垂直方向有移动,应调整低照度相机的滚动角,使星点像在移动过程中,在垂直于移动方向上移动像元个数小于5个。

（5）通过控制转台的转动,使星点像位于低照度相机 $\left[1, \dfrac{N}{2}\right]$ 像元上,转台清零,控制电控转台,使星点像位于低照度相机探测器靶面 $\left[M, \dfrac{N}{2}\right]$ 像元上,记录转台方位转动的角度 $\omega_{方位}$,如此方法重复测试3次,得到3个低照度相机方位视场角值 $\omega_{方位}(i)$。

（6）通过控制转台的转动,使星点像位于低照度相机 $\left[\dfrac{M}{2}, 1\right]$ 像元上,转台清零,控制电控转台,使星点像位于低照度相机探测器靶面 $\left[\dfrac{M}{2}, N\right]$ 像元上,记录转台方位转动的角度 $\omega_{俯仰}$,如此方法重复测试3次,得到3个低照度相机方位视场角值 $\omega_{俯仰}(i)$。

（7）将以上方位和俯仰方向视场角测试值带入均值公式计算,得到低照度相机方位和俯仰方向的视场角大小。

2. 地面像元分辨率测试

地面分辨率实际是与相机焦距对应的,根据相机的焦距,计算得到相机在不同使用高度下的地面分辨率为

$$D = \dfrac{\mu \times H}{f}$$

式中 $f$ 为光学系统焦距 mm;$\mu$ 为探测器像元尺寸 μm;$D$ 为地面分辨率 m;$H$ 为飞行高度(航高)m。

按图6-2连接测试设备。

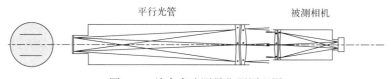

图6-2 放大率法测量焦距原理图

在平行光管焦平面上安装玻罗板,将低照度相机固定在平行光管正前方,平行光管光轴与低照度相机光轴基本平行,使用低照度相机对平行光管

焦平面上的玻罗板成像,并采集图像数据,根据低照度相机探测器像元尺寸大小 $s$ 和玻罗板像所占像元数 $n$ 计算平行光管玻罗板在低照度相机像平面上所成像的大小 $y'$;根据平行光管焦距 $f_{光管}$,玻罗板线间距 $y$,计算低照度相机焦距 $f_{相机}$ 为

$$f_{相机} = \frac{y'}{y} \cdot f_{光管} = \frac{s \cdot n}{y} \cdot f_{光管}$$

式中 $f_{相机}$ 为低照度相机的焦距(mm);$s$ 为低照度相机探测器像元尺寸大小(mm);$n$ 为目标玻罗板在低照度相机探测器靶面上所占像元个数;$y$ 为目标玻罗板的线间距(mm);$f_{光管}$ 为平行光管焦距(mm)。

检测步骤如下。

(1)根据低照度相机的焦距和入瞳直径,选择合适的平行光管,平行光管出瞳直径应大于低照度相机的入瞳直径,本项目选用焦距800mm,口径180mm的平行光管。

(2)在平行光管焦面组件上安装玻罗板,并将玻罗板调至平行光管焦平面上。

(3)将低照度相机平稳固定在平行光管正前方1m处,低照度相机的入射窗正对着平行光管的出射窗。调整低照度相机的方位和俯仰角,使平行光管焦平面上玻罗板在低照度相机探测器上所成的像基本位于探测器靶面中心,采集图像,进行数据处理。

(4)使用软件计算探测器靶面上玻罗板像所占的像元个数 $n$。

(5)连续测试3次,分别得到3个玻罗板所占像元个数至 $n_1 \sim n_3$。

(6)求取3次测试玻罗板所占像元个数的平均值 $\bar{n}$。

(7)按照公式计算低照度相机的地面像元分辨率。

3. 工作波段测试

如图6-3根据光学系统设计结果要求,分别选用不同谱段的单色仪进行低照度相机各波段的成像响应测试。

按图6-3连接测试设备,低照度相机正对着平行光管,在平行光管焦平面后边固定单色仪,平行光管焦平面上安装毛玻璃,平行光管正前方固定光谱辐射度计探头。开启单色仪,使其输出某一单色光,低照度相机对平行光管焦平面上的毛玻璃成像,观察毛玻璃像在低照度相机焦平面上的位置,调整低照度相机的方位角和俯仰角,使毛玻璃像位于低照度相机焦平面中心。此时,测试系统与低照度相机位置已调整好。

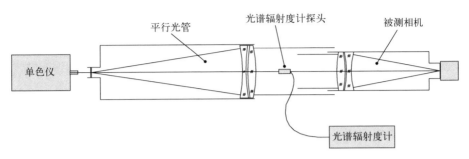

图 6-3 光学相机谱段范围测试原理图

设置单色仪从某一初始波长 $\lambda_i$ 开始输出单色光,先使用光谱辐射度计测试平行光管出口处的光谱辐照度,记为 $E(\lambda_1,j)$,然后用低照度相机对平行光管毛玻璃成像,计算毛玻璃像斑内的灰度响应平均值,记为 $DN(\lambda_1,j)$,如此方法,测试完所有波长的平行光管输出光谱辐照度和毛玻璃像斑灰度响应平均值,分别得到 $E(\lambda_i,j)$ 和 $DN(\lambda_i,j)$。重复测试 3 次,计算得到低照度相机的谱段范围为

$$\tau_{相机}(\lambda,j) = \frac{DN(\lambda_i,j)}{E(\lambda_i,j)}$$

$$\tau_{相机}(\lambda) = \frac{\sum_{j=1}^{3}\tau_{相机}(\lambda,j)}{3}$$

式中 $\tau_{相机}(\lambda,j)$ 为第 $j$ 次测试低照度相机的谱段范围;$DN(\lambda_i,j)$ 为第 $j$ 次 $\lambda_i$ 谱段的低照度相机灰度响应平均值;$E(\lambda_i,j)$ 为第 $j$ 次 $\lambda_i$ 谱段的低照度相机入瞳处的光谱辐照度值;$\tau_{相机}(\lambda)$ 为低照度相机的谱段范围。

验证测试步骤如下。

(1) 根据低照度相机的焦距和口径,选择合适的平行光管,一般情况下,平行光管的有效口径应大于低照度相机的有效口径,本项目选用焦距 800mm,口径 180mm 的平行光管。

(2) 在平行光管焦平面上安装毛玻璃附件,并确认毛玻璃位于平行光管焦平面上。

(3) 在平行光管焦平面后安装单色仪,使单色仪出射的光束垂直入射到毛玻璃上。

(4) 将低照度相机固定在平行光管正前方,低照度相机的光轴与平行光管光轴基本平行,低照度相机的入瞳全部位于平行光管出射光束有效口径内。

(5) 在低照度相机入瞳前固定光谱辐射度计探头。

(6) 打开单色仪和低照度相机,单色仪任意输出某一波长的光谱照亮毛玻璃,低照度相机对毛玻璃成像,根据毛玻璃像斑在低照度相机探测器靶面上的位置调整低照度相机的方位角和俯仰角,使毛玻璃像斑位于低照度相机探测器靶面中心。

(7) 单色仪从初始波长开始输出单色光,用光谱辐射度计采集低照度相机入瞳处的光谱辐照度,记为 $E(\lambda_i)$,同时使用低照度相机采集图像,并计算毛玻璃像斑内的灰度响应平均值 $DN(\lambda_i)$。

(8) 如此方法,完成每个波长的低照度相机入瞳处的光谱辐照度测试和低照度相机对毛玻璃所成像斑内的灰度响应平均值测试;得到一系列光谱辐照度数据 $E(\lambda_i)$ 和低照度相机响应值 $DN(\lambda_i)$。

(9) 按照相应功能公式计算低照度相机的谱段范围,完成光谱范围测试。

4. 摆扫角度测试

摆扫角是低照度相机中的重要技术指标,是摆扫成像斜视成像的重要工作模式。相机研制完成后需要对相机的最大摆扫角度进行测试,测试系统包括支架和平行光管,通过将平行光管及附件固定在安装支架上,并在不同角度进行固定,最大固定角为60°,通过相机摆扫对60°位置的平行光管中的星点进行成像,通过平行光管中的像点位置,即可判定相机的最大摆扫角度是否满足60°要求。摆扫角度测试系统如图6-4所示。

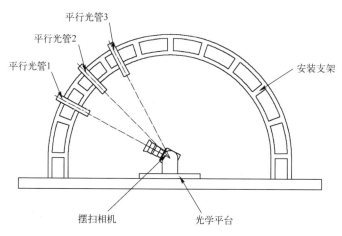

图6-4 相机摆扫角度测试系统原理图

5. 系统光学传递函数测试

相机光学传递函数(MTF)测试采用刀口法进行测量,光学传函测量仪由如

图 6-5 所示的各部分组成。

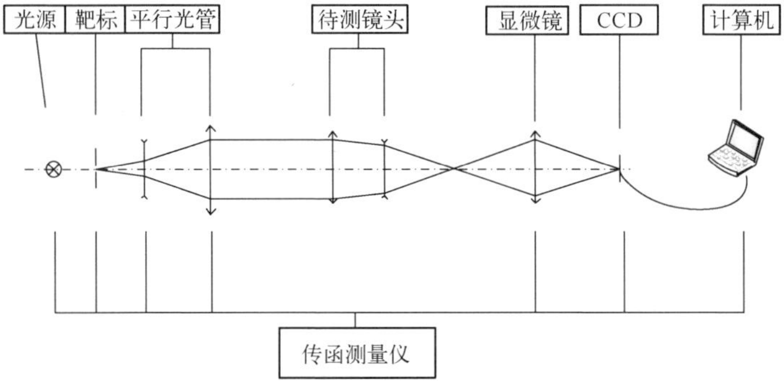

图 6-5　传函测试原理示意图

将待测镜头置于图示光路中的位置,刀口靶标置于平行光管焦面,此时,靶标辐射以无穷远平行光入射进入待测镜头,并经显微镜成像于相机焦平面上,所获得的图像信息即为刀口靶标的边缘扩散函数。

MTF 测量系统总体设计方案如图 6-6 所示,由光源、靶标、平行光管、显微物镜、图像采集模块、位移平台、计算机等部分组成。可通过切换不同的靶标,采用不同的测量方法对待测镜头的光学传递函数进行测量,还可切换星点、玻罗板、鉴别率板等靶标实现对待测镜头视场、焦距、分辨率等指标的测量。

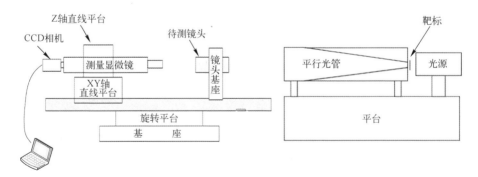

图 6-6　传函测量仪总体方案示意图

相机与测量显微镜固定在具备 XYZ 三维调整功能的微调平台,通过移动平台的微小位置实现调焦(寻找最佳像面位置),并与待测镜头置于同一旋转平台上,通过平台的方位旋转,实现对待测镜头不同视场传递函数的测量;镜头基座应具备高低调节功能,并采用标准镜头接口,以便不同大小、不同接口尺寸镜头工装的安装;平行光管、靶标、光源三者在设备安装调试完成后位置固定不动。

在实际测量过程中,调节测量光路至平行光管、待测镜头、显微物镜三者共轴,获得靶标清晰图像,即为刀口靶标在像面的边缘扩散函数(ESF),通过数据计算,即可获得待测镜头的光学传递函数(MTF)。

6. 动态成像质量测试

由于低照度相机在飞机上进行成像,飞机的各种扰动以及摆扫运动都会对成像影响。因此,为了在地面能够真实测试相机工作时成像质量,采用6自由度摇摆台模拟飞机扰动,将相机安装在摇摆台上进行摆扫过程成像,通过对相机扫描稳像和像移补偿后的最终图像效果进行测试,以评价相机成像质量优良性。

7. 高低温环境适应性测试

低照度相机通过搭载无人机进行高空侦察成像,因此,载荷设计中充分考虑高低温环境适应性。采用高低温箱在实验室对低照度相机的环境适应性验证测试,测试中分别在高温60℃和低温-40℃保温2h以上,然后开机进行成像试验,确保相机在极端温度环境中成像正常。

8. 力学环境适应性测试

根据直升机和无人机通用振动测试条件要求,对低照度相机进行振动试验测试,主要包括扫频振动试验、随机振动试验、耐久振动试验以及冲击振动棒试验等项目测试,确保低照度相机装载无人机上工作正常。

9. 电磁兼容环境适应性测试

电磁兼容试验是验证低照度相机与各机载设备、飞行平台系统内部各个仪器设备之间的电磁兼容性,确保低照度相机满足飞行平台的电磁兼容试验要求。低照度相机的电磁兼容验证测试项包括 CE102、CS101、CS106、RE102、RS103,电磁兼容性测试方法按 GJB 152A—1997《军用设备与分系统电磁发射及敏感度测试》执行。

## 6.1.2 动态飞行成像测试方法

低照度可见光相机通过地面静态成像测试,确保相机技术指标、功能满足要求;为了进一步验证测试相机性能指标及使用效能,通过飞行试验的方式,对相机系统的技术指标进行飞行验证测试。选择典型地理环境目标,在测量区域布设人工靶标,对相机动态成像性能进行试验测试,完成对相机的综合技术验证。

1. 像元分辨率

低照度可见光相机的地面像元分辨率是相机关键技术指标之一,飞行试验测试时,通过相机不同工作模式,确保成像距离满足要求,在地面布设特定的辐射靶标和条纹靶标,条纹的宽度覆盖 0.1~1m(相邻组靶标宽度差为 0.05m),试验中将靶标布设在飞机的航行路径上,通过飞行不同航高获取靶标的图像,然后对条纹靶标识别能力进行判读,即可确定低照度相机的地面像元分辨率。

此外,也可以通过地面景物目标的尺寸进行像元分辨率测试,不同航高获取目标特征丰富的地面图像,通过具有可测量性的建筑物特征、汽车特征、人员特征以及道路特征进行像元分辨率验证测试。

2. 斜视/垂直工作模式

根据低照度相机的任务特点,相机的工作模式分为斜视和垂直两种模式。飞行试验测试时,通过无人机航线规划,设定飞行高度和路径,对选定的目标区域进行成像,验证斜视成像测量的实际效果;垂直成像模式可以获取目标的正视图像,通过旁向摆扫可以获取宽幅成像,飞行试验测试时,对目标区域进行摆扫成像,可同时实现斜视和垂直工作模式的成像效果验证。

3. 高低温环、力学环境、电磁兼容环境适应性测试

低照度可见光相机与飞行平台系统集成后,首先在地面进行系统工作测试,对相机、飞机以及机载设备的工作状态进行检测,确保低照度相机与其他电气系统电磁兼容性良好;然后飞机起飞进行飞行试验,实时监测相机与飞机及机载设备的工作状态,如果没有出现异常情况,说明相机的电磁兼容性良好;经过飞机的一次不小于 3h 的完整飞行试验后,相机在飞行振动情况下以及飞机落地冲击后,相机能够正常工作,即可说明相机能够满足机载振动环境适应性要求;并且相机在不同高低温地区通过飞行试验验证相机的温度环境适应性。

## 6.2 动态成像测试精度分析

### 6.2.1 稳定精度概念

当载机携带光电系统进行工作时,其工作环境与地面大不相同,存在着许

多不确定因素的干扰,使得系统无法达到地面静态环境下工作时的性能和效果。载机的灵活机动性是系统工作的前提条件,如何降低或者消除这些外来因素的干扰,使系统在载机上工作时的性能发挥到最佳,这就迫切要求一种具有高稳定精度的装置出现,使光电系统工作在这种装置所能提供的相对稳定的环境下,实现系统预期的功能。但是,客观地来讲,外来的干扰无法完全消除,也不可避免。即使在理论上可以实现稳定,但这种意义上的稳定只能说是一定程度上的相对稳定,不是绝对稳定。由于稳定环有限带宽的存在,同时稳定装置在工作时,随着时间的推移与积累,相关元器件的有关参数就难免会发生一定程度的漂移,使已经实现的所谓稳定只能维持在一定的误差范围以内。这种误差的存在,会引起光轴在不同时刻不同程度的偏离,进而引起光电传感器成像质量的下降,给系统持续稳定带来困难。稳定精度就是描述在载体扰动下光轴的偏移量。

当然,引起光电传感器成像质量下降的原因还有其他几个方面,如灵敏度、响应时间、目标尺寸、帧频等。这些因素对系统精度与系统的稳定误差有一定的影响,结合整个光电稳定系统协调工作的情况,对稳定误差对系统性能的影响进行分析。

光轴跳动频率是指在单位时间内所有传感器在稳定平台的振动次数。帧频是指在单位时间内传感器感受目标信号和转移输出该信号的总次数。在各分系统协调工作过程中,当光轴跳动频率比较低并且低于帧频时,在成像器件上得到的图像是很清晰的,只是伴随着图像在显示中的移动现象,这时系统的稳定精度比较差,稳定误差对成像质量的影响起主导作用;当光轴跳动频率比较高并且高于帧频时,在成像器件上得到的图像就会变得模糊不清,出现拖影现象,几乎无法分辨目标,即便此时系统的稳定误差很小,但此时传感器本身性能参数的限制是影响成像质量下降的主要因素。由于在抑制高频干扰时,系统具有较高的稳定精度,因此,人们想到了依靠增加帧频也就是减少帧时的方法,使得帧频远远高于光轴的跳动频率,来防止上述第二种现象的出现,提高成像质量和系统精度。但是,在提高帧频的同时,伴随出现了许多其他问题,那就是传感器接收光能量的时间下降,灵敏度、信噪比等性能下降而导致主要矛盾转化,使得最初想解决的成像质量下降问题不是由于二者之间能否协调工作而引起,而是由于传感器本身性能参数的变化而产生。所以,稳定问题是影响光电传感器成像质量、影响系统进行坐标测量的因素之一,绝对不能孤立看待。只是在不同频率范围以内,对于诸多因素的影响,还须具体问题具体分析。总之,稳定问题是光电系统为了对外来各种不确定性干扰进行抑制的大前提下提出来的。同时，由于活动平台对于外来低频干扰抑制能力的有限性，必然导致系统在实现稳定的过程中存在一定的稳定误差，也就是系统的稳定精度问题。在传感器技术没有得到彻底变革的前提下，低频段稳定精度的测试具有一定的现实意义。

目前，为了实现载机携带的光电系统的稳定成像。常采用的稳定方法有：①自主动态隔离法，即采取闭环加速度反馈算法控制；②用光学反射镜增加反馈控制环带宽的办法，用该方法实现稳定控制时，系统对于高频振动干扰的抑制能力比较强，稳定性较好，本文所涉及的光电系统的稳定就是采用这种方法来实现稳定的。由于稳定平台是为工作于有不确定干扰源的载机上的光电系统提供一个类似于地面工作时的稳定环境，也是所有安装在它上边的光电传感器系统执行测量任务时的基准，因此它的稳定程度将会直接关系到整个光电稳定系统的工作质量，影响到系统对于目标坐标位置的测量精度。如果存在稳定误差的话，就会给系统持续、稳定带来许多不利因素，甚至使目标模糊漂出视场。

## 6.2.2 稳定精度测试方法系统组成

目前，国内外对光电稳瞄系统稳定精度的检测，经常采取室内检测或者室外检测方法来进行。检测稳定精度的传统方法是在野外设立一目标靶，光电稳定平台在一规定的平台（飞机或坦克）上进行飞行或行进，同时对目标靶进行跟踪和瞄准，用录像机记录整个试验过程平台对目标的稳定情况，经过事后判读处理，可得到稳定精度。这种方法需要付出的代价较大，操作性较差，周期较长，并且这种方法测量精度低，因此人们又尝试了许多室内检测方法，以减少室外检测不便、降低检测费用及缩短检测周期。当前的室内检测大多采取以下两种方法：

1. 直接光点反射法

该方法的原理是利用二维 PSD 探测光斑，通过半导体激光器发射一束激光，通过与平台固定连接的反射镜反射后进入 PSD。振动时平台微小角度的变化被 PSD 感知。

2. 光学自准直法

该方法的原理是使用 CCD 探测器，通过光学自准直的技术来测量系统稳定精度。系统振动时微小角度的变化被 CCD 感知,CCD 探测器上有一个位移变化量,计算此变化量得到稳定精度。

本文采用光学自准直法,测试框图如图 6-7 所示:

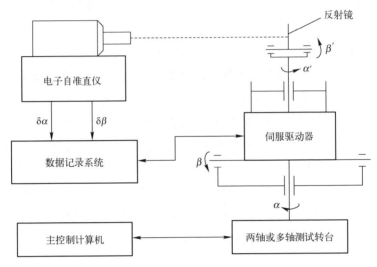

图 6-7　稳定精度测试原理框图

稳定精度测试系统由被测平台、主控计算机、电子自准直仪及数据记录系统、摇摆台组成。稳定精度测试主要针对其稳定回路,通过计算机控制摇摆台模拟载体扰动,自准直仪对准安装在光电稳定系统上的反射镜反射到自准直仪上,再由数据采集记录系统记录实验数据,稳定精度由电子自准直仪测量,最后将所得数据进行相应处理即可求得待测系统的稳定精度。这种方法固然可以获得较高的测量精度。

### 6.2.3　测试过程及测试结果

稳定精度测试过程如下。
(1) 调整自准直光管与贴在转台内框架上的反射镜对准。
(2) 发送命令控制稳定平台工作于稳定模式。
(3) 控制摇摆台按照指定扰动谱运动。
(4) 记录自准直仪测试结果,并处理后得到测试结果。

在 1°、1Hz 扰动下,实际测得稳定平台的稳定精度如图 6-8 所示,稳定平台的稳定精度:15mrad(PV),5.3mrad(RMS)。

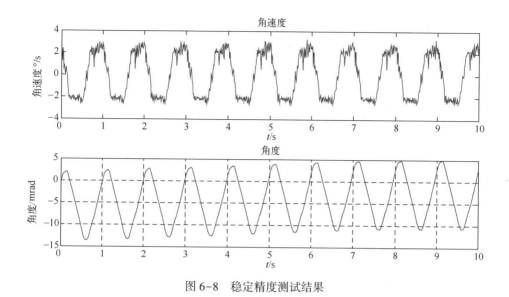

图 6-8 稳定精度测试结果

## 6.2.4 测试结果分析

**1. 影响因素分析**

影响测试结果的因素从稳定平台的设计方面考虑,包含质量、惯性、摩擦、回差、刚度等方面。从稳定工作的实现原理角度考虑,包含:

(1)驱动装置的力、传动特性、轴弯曲滞后等。

(2)陀螺仪的影响,主要集中在漂移方面,也是在平台设计定型后引起不确定误差的主要方面。

(3)控制电路的影响,如控制环延长、算法等方面。

(4)载机的角运动、低频振动、谐振的干扰等。

以两轴框架系统俯仰轴为例,基座扰动经方位框架耦合到俯仰轴系,俯仰轴系的相对运动引起了摩擦力矩,同时俯仰轴系的运动带来了电机定、转子相对运动,产生了反电动势力矩,在摩擦力矩及反电动势力矩的作用下,影响俯仰框架运动,该运动被俯仰陀螺感知后,通过速率稳定回路,控制力矩电机带动俯仰框运动抵消扰动。

根据整个耦合过程及电机系统组成建立系统数学模型如图 6-9 所示。
图 6-9 中:$R$、$L$ 分别为力矩电机绕组电阻及电感;$J$ 折合到电机轴上为俯仰框架转动惯量;$T_e$ 为电机输出力矩;$\omega_o$ 为俯仰框架输出相对惯性空间转速;$C_e$ 和 $C_m$ 分

别为力矩电机电势常数和力矩系数;$G_\omega(s)$和$G_i(s)$分别为稳定环和电流环校正环节;$K_{Hi}$、$K_g$分别为电流反馈环节和速度反馈环节增益;$T_f$为扰动力矩。

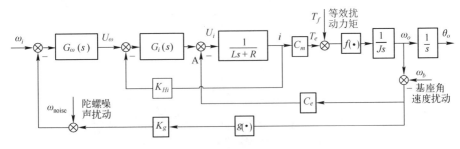

图6-9 稳定平台单轴数学模型

由系统模型及运动耦合机理可以看出,摩擦及反电动势力矩带来了俯仰框的运动,在速率稳定回路调节时又引入了陀螺的噪声扰动,在动态调节抵消扰动的同时又引入了俯仰框的不平衡力矩、线绕力矩、弹性力矩及电机齿槽效应产生的力矩波动等。因此,可以将影响俯仰框架稳定精度的主要因素分为3类:扰动力矩(包括摩擦力矩、不平衡力矩、线绕力矩及弹性力矩等)、基座引起的反电动势扰动和陀螺噪声3部分组成。

根据线性叠加原理,可以分别考虑各扰动输入下的影响,即在分析某一扰动输入对系统的影响时,可以令其他几个输入为0。

1) 反电动势扰动

因结构模态谐振频率较高,忽略结构模态算子,由系统模型,反电动势扰动首先影响到电流环,造成电流波动,该波动电流产生波动力矩进而影响到速度环,因此可以通过设计电流环抑制反电动势。电流环控制对象传递函数可表示为

$$\frac{i(s)}{U_i(s)} = \frac{\dfrac{1}{Ls+R}}{1+\dfrac{1}{Ls+R}\cdot\dfrac{C_e C_m}{Js}} \approx \frac{Js}{C_e C_m}\cdot\frac{1}{(T_m s+1)(T_e s+1)+1} \tag{6-1}$$

引入电流环调节器后,电流环模型变为

$$\frac{i(s)}{U_\omega(s)} = \frac{\dfrac{JK_I}{C_e C_m}\cdot\dfrac{1}{T_e s+1}}{1+\dfrac{JK_I}{C_e C_m}\cdot\dfrac{1}{T_e s+1}K_{Hi}} = \frac{\dfrac{JK_I}{C_e C_m+K_{Hi}JK_I}}{\dfrac{C_e C_m}{C_e C_m+K_{Hi}JK_I}T_e s+1} \tag{6-2}$$

由此可以看出电流环的引入系统由大惯性环节变为一阶小惯性环节,且时间时常数比 $T_e$ 还小。电流环带宽一般为上千赫,较速度环大很多,因此可以通过合理的设计电流控制器来抑制反电动势的影响,将反电动势的影响在电流环内得以消除。同时可以将电流环等效为比例环节,即

$$\frac{i(s)}{U_i(s)}=\frac{JK_I}{C_eC_m+K_{Hi}JK_I}=\frac{1}{K_i} \quad (6-3)$$

2)扰动力矩

将式(6-3)化简的电流环节带入系统模型,得到化简后的模型如图 6-10 所示。

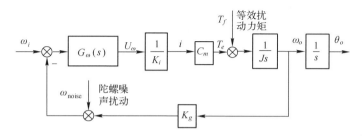

图 6-10 稳定平台单轴数学模型

稳定控制是光电稳定平台的关键技术之一,相关研究不胜其数,几乎囊括了所有控制理论,但是在产品中仍以经典控制技术为主。因此仍取速度校正为经典控制环节:

将上式子变形为:

$$\frac{\theta_o}{\dfrac{T_f}{J}}=\frac{1}{\omega_n^2}\cdot\frac{\omega_n^2}{s^2+2\xi\omega_n s+\omega_n^2} \quad (6-4)$$

式中转折频率(自然频率)为

$$\omega_n^2=\frac{1}{J}\frac{1}{K_i}K_g C_m K_{\omega I}$$

由式(6-4)可以得出扰动力矩对视轴稳定精度的影响,根据典型二阶系统的幅频特性,扰动力矩产生的视轴抖动(系统对扰动力矩抑制比)的频率特性如图 6-11 所示。

系统对扰动力矩抑制比与转折频率关系,在转折频率内,抑制比可表示为

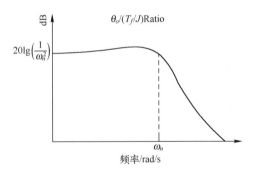

图 6-11　稳定平台对扰动力矩抑制比

$$\frac{\theta_o}{\frac{T_f}{J}} = 20\lg\left(\frac{1}{\omega_n^2}\right) \tag{6-5}$$

在转折频率之外,抑制比更大。因此可用式(6-5)计算扰动力矩带来的视轴抖动。该转折频率也为速率稳定环转折频率,近似为稳定环带宽。

3) 陀螺噪声

设陀螺噪声的功率谱密度为:$\varphi_{nn}(\omega)$,则陀螺噪声引起的平台输出角度的功率谱密度为

$$\psi_{\theta\theta}(\omega) = \left|-\frac{\omega_o(s)}{\omega_i(s)}\frac{1}{s}\right|^2_{s=j\omega}\psi_{nn}(\omega) = |\Phi_\omega(j\omega)|^2\left|\frac{1}{\omega}\right|^2\psi_{nn}(\omega) \tag{6-6}$$

一般来说,可以认为 $\Phi_\omega(s)$ 的频率特性为低通环节,在系统带宽范围内近似取 $|\Phi_\omega(j\omega)|=1$,带宽外为 0,因此由陀螺噪声对稳定精度的影响可估计运算为

$$\theta_{\text{noise}}^2 = \frac{1}{2\pi}\int_0^{\omega_b}\psi_{\theta\theta}(\omega)\mathrm{d}\omega = \frac{1}{2\pi}\int_0^{\omega_b}\left(\frac{1}{\omega}\right)^2\psi_{nn}(\omega)\mathrm{d}\omega \tag{6-7}$$

**2. 试验分析**

1) 扰动抑制比仿真

以两轴光电稳定平台俯仰轴为例,已知:$J=0.0162\text{kg/m}^2$, $K_i=1.875$, $K_{\text{pwm}}=15$, $P_\omega=4.1$, $I_\omega=108$, $k_g=\frac{1}{2\pi}$, $\omega_g=300\text{Hz}$,仿真得扰动力矩抑制刚度 Bode 图及稳定环 Bode 图,如图 6-12 所示。

图 6-12 中实线为扰动力矩抑制比 Bode 图,虚线为速率稳定环 Bode 图。从图可以看出扰动力矩抑制比为 -65dB,与转折频率 $\omega_n$(6.85Hz)关系符合

式(6-7);同时可以看出扰动抑制比 Bode 图转折频率与速率稳定环转折频率相同。

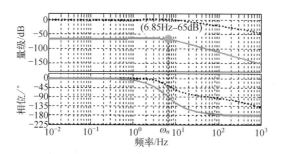

图 6-12　稳定平台对扰动力矩抑制比

2)试验验证

光电稳定平台在外加扰动作用下,产生的扰动力矩(包括摩擦、不平衡力矩、线绕力矩等)不太容易直接测量。采用等效观测的方法,即将基座固定,驱动稳定平台按照扰动谱运动,采集运动过程的电流、速度,运动过程的外力矩可表示为

$$T_d = T - J \cdot \frac{d\omega}{dt} = I \cdot C_t - J \cdot \dot{\omega} \tag{6-8}$$

该观测力矩与稳定平台工作于稳定状态受到的扰动力矩等效。

图 6-13 为 1°、1Hz 扰动激励下,观测的扰动力矩。

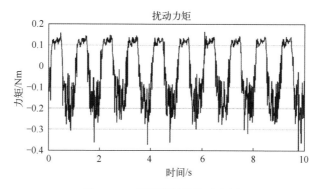

图 6-13　观测得到的扰动力矩

由图 6-13 可以看出扰动力矩峰峰值为 0.4N·m,可得出扰动力矩产生的抖动为

$$\theta_{T_d} = \frac{T_d}{J} \cdot (-65\text{dB}) = \frac{0.4}{0.0162} \cdot (-65\text{dB}) = 13.9(\text{mrad}) \qquad (6-9)$$

可以推算出理论算得的稳定精度峰—峰值为 13.9mrad。

该试验采用的陀螺为 FOG-116 型光纤陀螺,该陀螺随机游走系数 $0.15°/\sqrt{n}$,带宽 200Hz,按式(6-9)对陀螺数据分析算得陀螺造成的扰动为 0.5mrad。因此可算得总的稳定精度为

$$\theta_o = \sqrt{13.9^2 + 0.5^2} = 13.91\text{mrad}$$

由以上分析可以看出,实测的稳定精度为 15mrad(峰—峰值),与理论分析计算值基本一致,较理论分析的略大,这是由于实际工作时平台惯量等参数的时变性及平台隔离扰动时带来的动不平衡力矩造成的。

# 第 7 章 低照度相机的典型应用

## 7.1 民用应用

结合低照度相机的使用特点,可以完成常规环境和低照度条件下高分辨率侦察图像的获取,可有效弥补常规相机在晨昏、阴暗等天气环境条件下无法完成任务的不足,大幅提升低照度相机在民用领域的应用效能。该型相机主要特点是能够延长有效侦察时间,具有大收容宽度、高分辨率成像的能力,可为公安部门获取反恐情报、禁毒侦察以及恐怖分子打击和民政减灾防灾任务提供高效的技术手段。因此,选择低照度相机应用示范的场景分别为应急救灾和反恐维稳。

### 7.1.1 低照度环境下灾害应急响应

近年来,全球气候异常,地震、海啸、台风、洪水、泥石流等重大自然灾害频频发生,人类的生命和财产面临着严重威胁。我国作为世界上受自然灾害危害最严重的少数国家之一[140]-[142],近些年更是灾害不断。2008 年 1 月,湘、黔、桂、川等 21 个省发生历史罕见的低温、雨雪和冰冻灾害;2008 年 5 月 12 日,我国汶川 8.0 级特大地震造成了 69185 人遇难、374171 人受伤、18467 人失踪,500 多万群众无家可归,直接经济损失 8451 亿;2010 年 4 月 14 日,青海省玉树县发生 7.1 级地震;2010 年 8 月 7 日,甘肃省甘南藏族自治州舟曲县因强降雨引发滑坡泥石流,堵塞嘉陵江上游支流白龙江形成堰塞湖,造成重大人员伤亡[143]。除了特大灾害外,还有许多造成人员伤亡和经济损失的一般灾害时常发生。为此,利用测绘新技术加强对自然灾害调查、监测和救援,刻不容缓。

在发生自然灾害和人为灾害时,无人机能够克服交通不便等因素,快速启动及时赶到灾区上空获取遥感影像。通过低照度相机遥感影像可以获取灾区的现场信息,如山体滑坡、泥石流、房屋倒塌、路桥中断等破坏信息;通过影像量测可以获取灾区破坏的面积、破坏的具体位置等几何信息[144-145]。在灾害现场实时生成影像拼图,并提供给有关部门,使现场指挥人员全面了解灾害现场情况,最大限度地减少灾害给人民生命财产造成的损失,并且可以实时传递现场影像数据等信息,为抢险指挥决策提供准确可靠的实时信息。低照度相机用于应急减灾工作示范流程如图7-1所示。

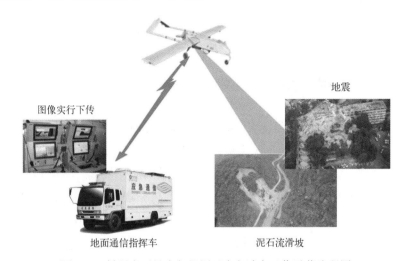

图7-1　低照度可见光相机用于应急减灾工作示范流程图

1. 低照度可见光相机可在地震应急救援中的应用

2008年5月12日14时28分,我国四川汶川发生里氏8.0级强烈地震(震中位于北纬31.0°,东经103.4°,震源深度约14km,地震主要能量在一分多钟内释放),震感波及16个省、自治县、直辖市,这是新中国自成立以来发生的破坏性最为严重、波及范围最广而且援救难度最大的一次特别重大地震灾害[146]。

地震发生后,多种型号的无人机航空遥感系统迅速进入灾区,在灾情调查、堰塞湖和滑坡动态监测、房屋与道路损害情况评估、救灾效果评价、灾区恢复重建等方面得到广泛使用,取得了很好的效果,起到了其他手段无法替代的作用。无人机航空遥感系统第一次大规模用于应急救灾,取得了出乎意料的成功。

2008年5月14日,民政部国家减灾中心与北京师范大学和桂林航龙公司一起,携带两架"千里眼"无人机航空遥感系统赶到灾区。图7-2为2008年5

月 15 日上午,利用该无人机航空遥感系统拍摄的北川县震后航空影像。该次航拍,采用低空(相对高差 200m 左右)云下飞行方式,影像分辨率为 0.1～0.2m。航拍影像立即提供给现场指挥部,并用随身携带 BGAN 卫星通信系统将影像发回民政部,为救灾决策提供了准确依据。传回的影像很快在国家减灾网和民政部网站发布,并马上被很多网站转载,使公众了解到北川的灾情。又利用该系统拍摄了堰塞湖的航空遥感影像,如图 7-3 所示,对堰塞湖抢险和监测发挥了重要作用。

图 7-2 地震发生后的北川航空遥感检测图

图 7-3 堰塞湖航拍遥感影像

2014年，云南鲁甸6.5级地震发生第二天，我国四旋翼无人机首次亮相，在克服震后降雨等不利因素后，经过长达2h的飞行，获取了灾区417幅影像，分辨率达0.2m，图上可清晰看出房屋的损毁程度以及道路受阻、山体塌方、水位上涨等情况。国家测绘地理信息局力争利用无人机遥感获取更多震后影像数据，结合已有灾区震前基础测绘成果，快速对灾区进行灾害遥感解译和评估，影像数据和情报还被及时提供给相关部门用于抗震救灾指挥决策、灾情评估、灾害分析等。图7-4为云南鲁甸牛栏江红石岩村段震前震后对比图，图7-4(a)为2011年12月拍摄的卫星影像，分辨率0.5m，图7-4(b)为2014年8月拍摄的无人机影像，分辨率0.2m。

图7-4 云南鲁甸牛栏江红石岩村段震前震后对比图
(a) 震前卫星拍摄影像；(b) 震后无人机拍摄影像。

2. 低照度可见光相机可在核泄漏事故中的应用

2011年3月11日，日本福岛第一核电站在地震引发的海啸中发生严重的核泄漏事故，因为核辐射的威胁，救援人员无法进入反应堆内查看情况。美国军方迅速反应，派出"全球鹰"无人侦察机前往核电站上空近距离仔细观察受损的核反应堆，并派出搭载测辐传感器的微型无人机，监测和检查福岛核电站核燃料池附近的辐射水平。

2014年，日本索尼公司研发的新一代四旋翼无人飞行器，具有新颖的结构布局和独特的飞行方式，具有自主或遥控飞行模式，可原地垂直起降，可实现空中定点悬停和固定航迹飞行，通过装载摄像设备实现空中监测，视频可直接下传到地面站。上述优点可以使它深入反应堆内部，对于核专家关心的每个细节逐一进行详细拍摄。

应急测绘需要使用 0.1~0.5m 分辨率的遥感数据,要求载荷分辨率可调。0.1m 影像可用于精细目标识别与制图,更加有利于救灾、灾害损失评估等。有效影像数据宽度达到 10000 像元以上,如 0.1m 分辨率为 1000m,0.5m 分辨率为 5000m。每架次有效数据获取时间应大于 1h,可快速完成数据获取与处理。但是对于发生在低照度以及昏暗天气情况下的灾害时,常规可见光相机和红外相机无法获取高分辨率灾害现场图像信息,因此应急测绘对低照度可见光相机有较迫切的需求。

通过低照度相机获取灾害现场不低于 0.1m 分辨率的图像信息,通过图像判读评估灾害现场损伤情况,包括房屋倒塌面积、数量,道路桥梁损毁长度和损伤程度等,为救灾指挥决策提供依据。图 7-5 为有人机挂载低照度相机在凌晨 5 时 30 分时机场场景图。图 7-6 为低照度相机在早上 5 时 50 分、2500m 飞行高度情况下拍摄的图像,其分辨率可达 0.15m。

图 7-5 有人机挂载低照度相机的机场场景图

图 7-6 低照度相机拍摄图像

低照度相机应用于地震、洪水、森林防火等防灾减灾领域,对于发生在晨昏的灾害现场,能够及时获取低照度环境下的灾情实况,通过大画幅高分辨率成像,迅速为抢险救灾指挥提供直观、可靠的全面现场图像信息。对于持续发生的灾害,通过低照度相机及时获取灾害现场的灾情信息,为灾害救援行动开展提供决策依据,在灾情进一步恶化之前做出快速响应,及时救助灾害现场的人员,保护财产安全,减少国家的经济财产损失,具有巨大的社会和经济效益。

## 7.1.2 警用反恐维稳及侦察取证

无人机最早应用在军事领域,随着科技的发展和社会的进步,无人机军用转警用、民用已成必然趋势。无人机凭借其经济性、实用性、智能化等特点,成为政府部门执法的重要工具,尤其是在公安机关,无人机可以协助完成反恐防暴、处置突发群体事件、打击违法犯罪、安保维稳、交通管理巡控、地理信息采集等任务,受到了格外青睐[147-149]。

无人机在我国警务活动中的应用最早要追溯到2008年奥运会,北京和青岛警方率先购置了数套无人机系统用于大型赛事安保维稳工作。由于无人机技术日臻成熟,可搭载照相机、摄像机、扩音器、催泪弹等装备,具有拍照录像、变焦锁定、4G无线实时图像回传、悬停巡航、定点监控等功能,其对案件和突发事件的及时发现、处置,对警力和警务精确部署,对现场和态势的实时监控,对证据固定和事态回放,对技术侦察和网络侦控的信号捕获等具有重要的辅助作用,警用无人机已越来越多地参与到警务实战工作,已在执法执勤、反恐防暴、应急救援等警务任务中发挥出重要作用。

公安机关采用的无人机平台主要为中型固定翼无人机、中型无人直升机和小型旋翼无人机,反恐维稳和毒品稽查对低照度可见光相机有较迫切的应用需求。

1. 低照度可见光相机可在反恐维稳方面的应用

对于重点地区特别是各地少数民族聚居区、多民族聚居区分界线、大型寺庙等地的监视和控制一直以来都是公安作战任务的难点问题。我国近年新疆、西藏、云南等地连续发生暴力恐怖事件,给人民群众生命财产安全造成了巨大损失,也充分暴露出国内恐怖势力活动的猖獗和气焰嚣张,迫切需要公安机关有效提升预防和打击境内敌对势力、敌对分子恐怖活动的能力,切实维护国家安全、社会稳定和人民生命财产安全。

新疆鄯善"6.26"暴恐袭击事件,暴徒先后袭击鲁克沁镇派出所、特巡警中队、镇政府、民工工地、个体商店和美容美发厅。由于案发现场周围没有高层建筑,无法寻找案发现场全景拍摄点,只能对单个场所逐一进行拍照。无人机航拍技术可在此类大范围、涉及多个现场的案件中发挥重要作用,直接展示多个案发现场的位置关系。爆炸案件中,由于炸药威力巨大,现场物证分布范围非常广,为了对现场进行分析重建,在现场勘察过程中需要对每一个关键物证进行拍照定位,无人机航拍可解决此类案件全景拍照困难的难题,为物证分布图的绘制奠定基础。另外,还可直观了解系列爆炸案件中不同炸点方位的关系,为掌握犯罪嫌疑人的活动轨迹和路线提供技术支撑。例如,2015年发生的广西柳城"9.30"爆炸案件,犯罪分子在商贸城、监狱、大埔镇政府、超市、车站、医院等多个地点实施了17处爆炸,案件现场分散在柳城县县城及周边乡镇,通过无人机航拍技术可直观展示案发地点的位置关系,为确定犯罪嫌疑人案发前后的活动轨迹和路线提供依据。

除此之外,随着近些年境内外恐怖势力的不断渗透,恐怖组织活动也由原来的单一性演变为跨区域、跨国势力集团,各国之间的联合反恐势在必行,这对我们的境外反恐提出了新的要求。境外反恐由于需要跨区域作战,对时效性的要求更高,对于这种远距离反恐侦察,要求无人机载荷具有很高的侦察效率,确保飞机到达侦察区域后能够快速完成侦察情报获取。低照度相机通过宽幅摆扫,可以实现单程宽幅成像,快速全面获取侦察区域图像信息,完成对人群异常聚集规模、重点人群活动规律的监视,提高预防和处置暴恐事件的技术能力,为反恐指挥决策提供及时的情报信息。低照度相机用于反恐维稳工作示范流程如图7-7所示。

通过低照度相机获取突发事件现场不低于0.05m分辨率的图像信息,可以对现场人员、汽车和武器数量、特征信息进行获取,评估事态严重程度,并对现场人员、爆炸损伤情况进行评估,指导指挥决策处置方案。

2. 低照度可见光相机可在边境巡逻方面的应用

边境线通常处于山区地段,道路和交通非常不便利,人员和车辆难以到达,即使人员可以到达,边境线的巡视通常需要翻山越岭,需要好几天才能巡视一个来回。而通过无人机挂载低照度高分辨可见光相机,可以实现晨昏时段内不间断飞行进行边境线的巡视,不间断获取边境线区域图像信息,通过斜视宽幅摆扫,沿着边境线境内飞行连续拍照,获取边境线境外区域的情况,可以对邻国边境人员和装备部署情报信息快速获取,并对获取图像信息中的目标特征进行智能检测识别。

图 7-7 低照度相机用于反恐维稳工作示范流程图

3. 低照度相机可在大型活动安保方面的应用

利用警用无人机的高空视野广、监控范围大、视角灵活多变的特点,可对大型活动现场人员聚集区域进行监管,实现追踪监视、精准制导。2016 年 9 月,G20 峰会在杭州召开,杭州市公安局特警支队配备警用无人机,为 G20 峰会安保工作提供了强有力保障。

4. 无人机遥感测绘在侦察取证方面的应用

当侦察区域较大、地形较为复杂或者由于社会因素等方面限制不利于人力进行实地侦察时,无人机能够担负起代替人工进行侦察取证的任务。无人机利用装载的照相机、摄影机、微光夜视仪、红外扫描器和雷达等设备,实现侦察和取证功能。在破获刑事案件过程中,在很多时候往往是已经掌握了犯罪嫌疑人的落脚点,但却因为是人群密集的居民区,或者是在小区的高层建筑内,这在一定程度上限制了侦察工作的进一步开展。在这种情况下,侦察员一不小心就会打草惊蛇。如果警方利用无人机在高层建筑或者密集的居民区开展高空侦察,通过无人机传回实时的视频和图片信息,分析犯罪嫌疑人的居住环境,甚至是室内情况,在获取相关信息的同时可有效减少暴露的概率。

5. 低照度可见光相机可在禁毒缉毒方面的应用

在禁毒工作方面,目前国内已有多地禁毒专项工作中启用无人机,利用无人机的航拍技术和手段,从源头上预防、发现并打击乡村较为隐秘的毒品原植物非法种植活动。2017 年 5 月 18 日,徐州市禁毒办开展"天目-16"铲毒行动,公安民警使用"幻影"M2 无人机航拍某村内非法种植罂粟情况,行动首日便查获 1154 株种植的罂粟。

在缉毒方面,国内也有很多借助无人机进行空中侦察,为公安机关对制毒窝点实施精准打击的成功案例。例如,广东省公安厅在成功围剿广东第一大毒村博社村行动中,"鹰眼"无人机为公安提供 84 个疑似制贩毒窝点的精确地理位置数据,在案件侦办中起到了关键性作用。

此外,犯罪分子开展毒品走私经常会选在隐蔽的晨昏时段,通过低照度相机,可以在晨昏时段对犯罪敏感区域进行抵近监视,获取犯罪现场的实时图像,对于将要发生或已经发生的犯罪活动进行预警,协助公安机关及时了解犯罪活动现场,有效作出部署行动,以便开展打击行动,防止犯罪活动给人民群众造成的生命危害以及对国家造成的经济财产损失,维护社会稳定。

## 7.2 军事应用

随着人类社会向信息化方向发展,现代战争中信息对抗的含量越来越高,由军事技术革命引发的数字化战场建设成为现代战争的主流。遥感技术在军事领域中的作用越来越重要,遥感影像的获取和处理成为获取军事情报的重要手段之一。遥感在军事方面的应用有军事情报的获取、地形分析与制图、目标定位与识别、作战任务规划和指挥控制。

遥感技术(RS)与军事地理信息系统(GIS)、全球定位系统(GPS)相结合,简称"3S",在军事信息保障和指挥决策发挥着重要作用。其中 RS 是指不与物体接触而获得该物体信息的科学与技术,主要从物体的光谱特性上认识物体,达到了解物体性质的目的,用于实时、快速地提供大面积地表物体及其环境的几何与物理信息及各种变化;GIS 是存储、管理、分析和描述整个或部分地理表面与空间和地理分布有关的空间信息的系统,是对多源时空数据的综合处理分析和应用的平台;GPS 是 24 颗卫星在 $2 \times 10^4$ km 高度构成的卫星群发出信号,采用三角测量的原理,确定出地球空间中任意位置的精确空间坐标,用于实时、快速地提供目标的空间位置。

"3S"集成是指一种有机的结合、在线的连接、实时的处理和系统的整体性。因此,"3S"集成系统不应只是简单的 3 项技术的叠加,而应是以地理信息为核心,从集成系统的应用目的出发,选择与应用目的相适应地获取和处理信息的方法,并把系统所需的软、硬件结合在一起,在系统论的指导下建立一整套定量的信息描述、采集、处理、分析、应用系统,并能够比各分系统更全面、准确、快速地理解地理信息。"3S"集成流程图如图7-8所示。现在的军事行动很多都是利用晨昏和恶劣的天气进行的,常规的可见光相机已无法满足侦察的需求,因此军事行动对低照度可见光相机有较迫切的需求。

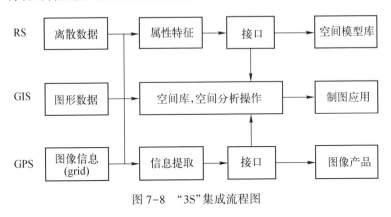

图7-8 "3S"集成流程图

### 7.2.1 地理信息遥感

遥感技术是利用一定的技术设备和系统在远离被测目标的位置对被测目标的一些特性进行测量、记录及分析。在军事上,遥感技术的用途大致有:①对目标国家和地区的资源状况的监视,通过有效的监视资源及其变化,可以帮助确定战略的目标;②监视对方军事部署和大规模的军事移动,许多军事部署的位置信息可以通过高精度的卫星遥感获得,大规模的军事移动也容易在遥感器上留下痕迹,这些都对于对应国家采取相应的措施提供了快速而有效的信息;③在具体的作战当中,遥感可以帮助分析局部的地形、资源状况,从而帮助已方进行战术行动方案判断。现代战争为数字化的战争,信息在战争中是至关重要的,遥感作为一项能够大范围、高精度、快速信息的技术,必然能够在未来的战争中获取更多的应用[150-151]。

遥感技术是由遥感器、遥感平台、信息传输设备、接收装置以及图像处理设备等组成。其中遥感平台是传感器的运载工具,按平台距地面的高度大体上可分为3类:地面遥感平台、航空遥感平台、航天遥感平台。地面遥感平台指用于安置传感器的三脚架、遥感塔、遥感车等,高度一般在100m以下;航空遥感平台是指用于安装遥感器的飞机、气球、飞艇等空中平台,由于航空遥感具有机动灵活、观测范围比地面监测宽阔、测量精度高、资料回收较容易等特点,因此得到广泛应用,特别适合于局部地区的观测和荒漠化监测;航天遥感平台多指卫星,目前用于地球观测的遥感卫星主要有美国的陆地卫星(Landsat)、法国的 SPOT 卫星、中巴地球资源卫星(CBERS)、美国的 NOAA 卫星等,航天遥感的突出特点就是高度高、观测范围大、监测速度快,但其技术复杂,对传感器要求高,拍摄具有周期性。

目前许多高精度测绘影像均采用卫星影像与航拍影像数据相融合的方法。Google Earth 是 Google 公司开发的一套虚拟地球仪软件,其卫星影像就非单一数据来源,而是卫星影像和航拍数据整合,其分辨率已达到军用级别。Google Earth 在提供高质量卫星图片服务的同时,也带来了泄密问题。因为无论是高度机密的核设施,还是常人难以涉足的军事基地,都被它尽收眼底,如图 7-9 所示。

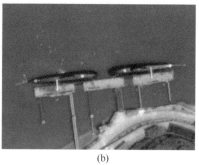

(a)　　　　　　　　　　　　　(b)

图 7-9　Google Earth 卫星照片

(a) 美国在日本横须贺海军基地停靠的"小鹰"号航母;(b) 中国海军潜艇基地。

就目前而言,韩国军队和英国军队受 Google Earth 泄密打击最为严重。据悉,在 Google Earth 提供的卫星照片中,发现了韩国首尔及其周边地区针对朝鲜的防空阵地照片。通过该照片,不仅能够确认韩国防空部队的准确位置,而且可以分析出该基地地对空导弹的数量和导弹的布置情况。

Google Earth 照片对英军的影响更直接。驻伊拉克巴士拉英军突袭当地武装分子的住所,缴获了一些文件,其中包括打印出来的 Google Earth 卫星地图。这些图片详细标明了巴士拉英军驻地里的建筑物和易受攻击的区域,如帐篷宿舍区、卫生间区和轻型装甲车停放的地点等。英军据此强烈质疑,Google Earth 成了恐怖分子的帮凶。因为巴士拉英军营地每天都会遭到迫击炮弹和火箭弹的袭击,而且命中率越来越高。

尽管"损失"惨重,但无论是韩军还是英军,都还拿不出更好的应对办法。韩国军方坦承,对于类似事件,"我们和其他国家一样,基本上束手无策。"目前,韩国一方面向美国求助,希望美国发挥影响力,促使 Google Earth"改正错误"。另一方面也已向 Google 公司提出交涉,要求其立即删除这些照片。有报道说,韩国军方正着手把相关军事设施伪装起来,尽可能减少"曝光面"。

日前,《解放军报》一则报道说,解放军已注意到 Google Earth 提供的高清晰卫星图片带来的泄密隐患。济南军区某红军团在前不久的一次战备拉练中,把演练重点放在防侦察监视上,在空中无人机的配合下,有效地避开了 Google Earth 的监测。

然而,在区域地理信息系统(GIS)建设方面,航空光学遥感测绘则扮演着重要角色。与星载光学遥感测绘系统相比,航空光学测绘在成像分辨率、测绘精度、信噪比、辐射特性测量、成图比例、测绘成本、操作灵活性等方面具有较大优势。随着经济和社会的发展,航空光学测绘任务需求大幅增加,同时用户对装备的细节获取能力、信息内容、可操作性、时效性等方面的要求也越来越高。这不仅给航空光学测绘装备供应商提供了良好的发展机遇,而且对装备的性能提出了更为苛刻的要求。

2014 年 9 月 24 日某单位在制作 1∶10000 大比例尺地形图时,针对特殊目标清真寺需要获取该地区影像资料数据,而该目标较小,如果通过其他航拍影像或卫星影像很难获取精准的影像资料。因此,利用挂载低照度相机的无人机对该地区及特殊目标进行获取,所获得的影像精度高,并且特殊目标位置准确,对大比例尺图幅的快速制作有很大的帮助,大大节省了人力、物力[153-154]。

### 7.2.2 目标定位测量

通过对无人机侦察图像的处理与分析,建立图像与地面目标的关系,由此提供目标的地理信息,即目标定位,是无人机信息处理研究的重点与热点问题。无人机目标定位测量的精度直接关系到无人机作战效能和作战保障能力,对军事应用产生至关重要的影响。

无人机侦察作为一种先进的遥感数据获取方式,已在军事侦察、目标监测、毁伤效果评估、地图测绘、土地利用调查、灾情监测、气象探测、地质勘测、边境控制、通信中继等诸多领域广泛应用,产生了巨大的经济、军事和社会效益,展现了广阔的应用前景。

现代信息化战争的基本特征就是精确作战,精确打击是新时期"信息主导、火力主战"思想的核心。随着高新技术的迅猛发展,以无人机为突出代表的现代侦察装备层出不穷,侦察能力不断提高,形成了全天时、多天候的远距离实时侦察定位体系。精确打击特别是远程精确打击对无人机装备的侦察精度提出新的要求,无人机精确侦察技术已成为该装备能否应用于实战、能否充分发挥其作战效能的关键技术。而无人机目标定位技术是无人机精确侦察的一种,具体来说,就是采用摄像机,红外仪,测距机等设备,实现对目标精确侦察与信息处理的一种手段与技术。因此,目标定位在军事应用中,具有长远的影响与意义。

信息技术在现代战争的应用使得战争形态发生了巨大的变革,能否快速准确地获得信息、高精度的打击目标成为决定现代战争成败的关键因素。随着航空电子设备的小型化以及无人机装载能力的提高,使得无人机完成侦察和目标打击的任务成为可能;从局部战争趋势和现代战略目标来看,无人机正逐步取代传统的有人侦察机在战场上执行侦察任务。以无人机强国美国为例,在伊拉克战争中,美国使用了"全球鹰"和"捕食者"等十几种不同用途的无人机,50%以上时敏目标的准确信息是无人机侦察提供,进而将其打击摧毁的。无人机的高安全性、强侦察能力促使五角大楼决定采用"全球鹰"无人机取代服役的U-2有人侦察飞机,以保证飞行员的安全,而随着无人机技术不断升级,无人机势必将成为美军在日后战场上的主力侦察机型。无人侦察机主要依靠飞机上装载的光电测量系统对地面或空间的目标进行识别、测量,并结合导航信息,给出目标的准确位置,以便实施战场指挥或军事打击。作为精确打击的核心技术,目标定位技术的应用前景十分广泛。

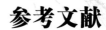

# 参考文献

[1] 吴春蕾,李国宾,梁晨,等.室内工作场所的照明(上)[J].光源与照明,2004(2):25-29.

[2] 杨国鹏,周欣,陈东,等.多尺度Retinex的低照度航空图像非线性增强[J].测绘科学,2018,43(235):18-22.

[3] 李海星,惠守文,丁亚林,等.国外航空光学测绘装备发展及关键技术[J].电子测量与仪器学报,2014,28(5):469-477.

[4] 李晓彤,岑兆丰.几何光学·像差·光学设计[M].杭州:浙江大学出版社,2003.

[5] 刘军.基于Retinex理论的彩色图像增强技术研究[D].北京:中国科学院大学,2015.

[6] 王义坤.面阵摆扫宽幅成像技术研究[D].北京:中国科学院大学,2015.

[7] 孙崇尚.基于快速反射镜的高精度、宽频带扫描像移补偿技术研究[D].北京:中国科学院大学,2016.

[8] 邓志红,付梦印,张继伟,等.惯性器件与惯性导航系统[M].北京:科学出版社,2012.

[9] 高钟毓.惯性导航系统技术[M].北京:清华大学出版社,2012.

[10] 万辉.航空摄影测量中机载POS系统的高精度定位定向技术研究[D].南京:南京航空航天大学,2011.

[11] 李瑞芳.基于国产POS和SWDC航摄相机集成系统的检校研究[D].焦作:河南理工大学,2011.

[12] 杨成.POS系统及其在航空摄影中的应用[J].长江科学院院报,2013,30(2):76-78.

[13] M. Estribeau, P. Magnan. Fast MTF Measurement of CMOS Imagers Using ISO 12233 Slanted-Edge Methodology[C]. Proc SPIE,2004:243-251.

[14] 徐保树,史泽林,冯斌,等.一种光电成像系统调制传递函数的测量方法[J].光学学报,2011,31(11):1111004-1111004-10.

[15] 赵占平,付兴科,黄巧林,等.基于刃边法的航天光学遥感器在轨MTF测试研究[J].

航天返回与遥感,2009,30(2):37-43.

[16] Li T,Feng H,Xu Z. A New Analytical Edge Spread Function Fitting Modelfor Modulation Transfer Function Measurement[J]. Chinese Optics Letters,2011,9(3):031101.

[17] Masaoka K,Yamashita T,Nishida Y,et al. Modified Slanted-Edge Method and Multidirectional Modulation Transfer Function Estimation[J]. Optics Express,2014,22(5):6040-6046.

[18] Burns P D. Slanted-Edge MTF for Digital Camera and Scanner Analysis[C]. Proc. IS&T 2000 PICS Conference,2000:135-138.

[19] Najafi S,Madanipour K. Measurement of the Modulation Transfer Function of a Charge-Coupled Device Array by the Combination of the Self-Imaging Effect and Slanted Edge Method[J]. Applied Optics,2013,52(19):4724-4727.

[20] Ryan R,Baldridge B,Schowengerdt R A,et al. IKONOS Spatial Resolution and Image InterPretability Characterization[J]. Remote Sensing ofEnvironment,2003,88:37-52.

[21] Rangaswamy M K. Quickbird II:Two-Dimensional On-Orbit Modulation Transfer Function Analysis Using Convex Mirror Array[D]. South Dakota,South Dakota State University,2003.

[22] 孙崇尚,王琦,丁亚林,等. 基于倾斜刃边法航空相机像移的调制传递函数测量[J]. 光学学报,2014,34(12):1212001-1-1212001-6.

[23] 李铁成. 基于倾斜刃边法的遥感图像调制传递函数计算及图像复原技术研究[D]. 杭州:浙江大学,2011.

[24] 陈黎,翟林培,李友一,等. 基于航空遥感器像移补偿实现方法的研究[J]. 计算机测量与控制,2009,17(1):154-155.

[25] 李波,孙崇尚,田大鹏,等. 国外航空侦察相机的发展情况[J]. 现代科学仪器,2013,(2):24-27.

[26] 刘明,匡海鹏,吴宏圣,等. 像移补偿技术综述[J]. 电光与控制,2004,11(4):46-49.

[27] 匡海鹏,王德江,孙崇尚,等. 航空相机扫描像移片上补偿技术[J]. 激光与红外,2015,45(4):415-421.

[28] 毛罔军. 宽视场凝视成像的扫描控制与像移补偿技术研究[D]. 北京:中国科学院大学,2010.

[29] 张玉欣,刘宇,葛文奇,等. 像移补偿技术的发展与展望[J]. 中国光学与应用光学,2010,3(2):112-118.

[30] Olson G. Image Motion Compensation with Frame Transfer CCD's[J]. Proc. SPIE,2002:153-160.

[31] 李兴华. 高分辨力空间摄影相机像移补偿控制技术研究[D]. 长春:中国科学院长春光学精密机械与物理研究所,2000.

[32] 秦永元. 惯性导航[M]. 北京:科学出版社,2014.

[33] 付芸. 航空相机扫描反射镜系统研究与设计[D]. 长春:中国科学院长春光学精密机械与物理研究所,2003.

[34] 鲁亚飞. 快速反射镜机械结构特性设计问题研究[D]. 长沙:国防科技大学,2009.

[35] 黑沫,鲁亚飞,张智永,等. 基于动力学模型的快速反射镜设计[J]. 光学精密工程,2013,21(1):53-61.

[36] 吴琼雁,王强,彭起,等. 音圈电机驱动的快速控制反射镜高带宽控制[J]. 光电工程,2004,31(8):15-18.

[37] 汪永阳. 基于快速反射镜的高精度视轴稳定技术研究[D]. 长春:中国科学院长春光学精密机械与物理研究所,2016.

[38] 刘金琨. 先进 PID 控制 MATLAB 仿真[M]. 北京:电子工业出版社,2004.

[39] 吴鑫. 高性能快速控制反射镜研究[D]. 武汉:华中科技大学,2012.

[40] Ackermann F. Practical Experience with GPS Supported Aerial Triangulation[J]. Photogrammetric Record,1994,14(84):861-874.

[41] 袁修孝,朱武,武军郦,等. 无地面控制 GPS 辅助光束法区域网平差[J]. 武汉大学学报·信息科学版,2004,29(10):852-857.

[42] Yuan X X. A Novel Method of Systematic Errir Compensation for a Position and Orientation System[J]. Progress in Natural Science,2008,18(8):953-963.

[43] 袁修孝,付建红,颜佩丽,等. POS 数据用于立体模型恢复时的上下视差分析[J]. 武汉大学学报·信息科学版,2007,32(10):856-859.

[44] Kruck E. Combined IMU Sensor Calibration and Blundle Adjustment with BINGO-F[J]. Integrated Sensor Orientation Test Report and Workshop Proceedings,OEEPE Official Publication,2002,43:163-168.

[45] 袁修孝. POS 辅助光束法区域网平差[J]. 测绘学报,208,37(3):342-347.

[46] 李学友. IMU/DGPS 辅助航空摄影测量原理、方法与实践[D]. 郑州:解放军信息工程大学,2005.

[47] 郭大海,吴立新,王建超,等. 机载 POS 系统对地定位方法初探[J]. 国土资源遥感,2004,60(2):26-31.

[48] 徐绍铨,张华海,杨志强,等. GPS 测量原理与应用[M]. 武汉:武汉大学出版社,2003.

[49] 李征航,黄劲松. GPS 测量与数据处理[M]. 武汉:武汉大学,2005.

[50] 周琪. 大飞机全球惯性导航算法研究[D]. 西安:西北工业大学,2013,82-84.

[51] 朱家海. 惯性导航[M]. 北京:国防工业出版社,2008.

[52] 张雪萍. POS 辅助航空摄影测量直接对地目标定位的关键技术研究[D]. 武汉:武汉大学,2010.

[53] Meier H K. The Effect of Environmental Conditions on Distortion,Calibrated Focal Length

and Focus of Aerial Survey Cameras[C]. ISP Symposium,Tokyo,1978.

[54] 杨芬. 机载POS系统误差检校方法与实践[D]. 武汉:武汉大学,2006.

[55] 李德仁,郑肇葆. 解析摄影测量学[M]. 北京:测绘出版社,1992.

[56] Jobson D J,Rahman Z U,Woodell G A. Properties and Performance of a Center/Surround Retinex[J]. IEEE Transactions on Image Processing ,1997,6(3):451-462.

[57] Jobson D J,Rahman Z U,Woodell G A. The Statistics of Visual Representation[J]. SPIE, 2002,4736:25-35.

[58] Land E,McCann J. Lightness and Retinex Theory[J]. Opt. Soc. Amer. ,1971,61(1):1-11.

[59] Lin H N,Shi Z W. Multi-Scale Retinex Improvement for Nighttime Image Enhancement [J]. Optik:Zeitschrift fur Licht - und Elektronenoptik: = Journal for Light - and Electronoptic,2014,125(24):7143-7148.

[60] Li J. Application of Image Enhancement Method for Digital Images Based on Retinex Theory[J]. Optik - International Journal for Light and Electron Optics,2013,124(23):5986-5988.

[61] Shukri D S M,Asmuni H,Razib M. et al. An Improved Multiscale Retinex Algorithm for Motion-Blurred Iris Images to Minimize the Intra-Individual Variations[J]. Pattern Recognition Letters,2013,34(9):1071-1077.

[62] Biswas B,Roy P,Choudhuri R,et al. Microscopic Image Contrast and Brightness Enhancement Using Multi-scale Retinex and Cuckoo Search Algorithm[J]. Procedia Computer Science,2015,70:348-354.

[63] Wang Y F,Wang H Y,Yin C L,et al. Biologically Inspired Image Enhancement Based on Retinex[J]. Neurocomputing,2016,177:373-384.

[64] Jobson D J,Rahman Z,Woodell G A. A Multiscale Retinex for Bridging the Gap between Color Images and the Human Observation of Scenes. [J]. IEEE transactions on image processing:a publication of the IEEE Signal Processing Society,1997,6(7):965-976.

[65] Gao H,Wei P,Ke J. Color Enhancement and Image Defogging in HSI Based on Retinex model[P]. International Conference on Optical Instruments and Technology,USA:2015, 9622:962203.

[66] Hoseini P,Mahrokh G. Efficient Contrast Enhancement of Images Using Hybrid Ant Colony Optimisation,Genetic Algorithm,and Simulated Annealing[J]. Digital Signal Processing, 2013,23(3):879-893.

[67] Daniel E,Anitha J. Optimum Green Plane Masking for the Contrast Enhancement of Retinal Images Using Enhanced Genetic Algorithm[J]. Optik-International Journal for Light and Electron Optics,2015,126(18):1726-1730.

[68] 李国友,李惠光,吴惕华,等. 基于脉冲耦合神经网络和遗传算法的图像增强[J]. 测试技术学报,2005,19(3):304-309.

[69] 汪荣贵,张璇,张新龙,等. 一种新型自适应 Retinex 图像增强方法研究[J]. 电子学报,2010,38(12):2933-2936.

[70] 林皓波,柏延臣,王锦地,等. 遥感影像超分辨率制图研究进展[J]. 测绘科学与工程,2011,16(4):495-502.

[71] 杨欣. 图像超分辨率技术原理及应用[M]. 北京:国防工业出版社,2013.

[72] 陈文斌,程晋. 图像处理与分析:变分、PDE、小波及随机方法[M]. 北京:科学出版社,2013.

[73] Stanley Osher, Leonid I. Rudin. Feature-Oriented Image Enhancement Using Shock Filters [J]. SIAM Journal on Numerical Analysis,1990,27(4):919-940.

[74] 柳婵娟,邹海林,钱旭,等. 图像处理的几何变分与多尺度方法[M]. 北京:清华大学出版社,2016.

[75] Gilboa G, Sochen N A, Zeevi Y Y. Regularized Shock Filters and Complex Diffusion[C]. //7th European Conference on Computer Vision(ECCV 2002),2002:399-413.

[76] 卓力,王素玉,李晓光,等. 图像/视频的超分辨率复原[M]. 北京:人民邮电出版社,2011.

[77] Xu C, Prince J L. Snakes, Shapes and Gradient Vector Flow[J]. IEEE Transactions on Image Processing,1998,7(3):359-369.

[78] Xu C, Prince J L. Generalized Gradient Vector Flow External Forces for Active Contours [J]. Signal Processing,1998,71(2):131-139.

[79] Yu H, Chua C S. GVF-Based Anisotropic Diffusion Model[J]. IEEE Transactions on Image Processing,2006,15(6):1517-1524.

[80] Wang L, Xiang S, Meng G, et al. Edge-Directed Single-Image Super-Resolution via Adaptive Gradient Magnitude Self-Interpolation[J]. IEEE Transactions on Circuits and Systems for Video Technology,2013,23(8):1289-1299.

[81] Li X, Orchard M T. New Edge-Directed Interpolation[J]. IEEE transactions on image processing,2001,10(10):1521-1527.

[82] Li M, Nguyen T Q. Markov Random Fieldmodel-Based Edge-Directed Image Interpolation [J]. IEEE Transactions on Image Processing,2008,17(7):1121-1128.

[83] Feng W, Lei H. Single-Image Super-Resolution with Total Generalised Variation and Shearlet Regularisations[J]. IET Image Processing,2014,8(12):833-845.

[84] Zhang K, Gao X, Tao D, et al. Single Image Super-Resolution with Non-Local Means and Steering Kernel Regression[J]. IEEE Transactions on Image Processing,2012,21(11):4544-4556.

[85] Dai S, Han M, Xu W, et al. Softcuts: A Soft Edge Smoothness Prior for Color Image Super-Resolution[J]. IEEE Transactions on Image Processing, 2009, 18(5): 969-981.

[86] Yang J, Wright J, Huang T, et al. Image Super-Resolution as Sparse Representation of Raw Image Patches[C].//26th IEEE Conference on Computer Vision and Pattern Recognition (CVPR 2008), 2008: 2378-2385.

[87] Dong W S, Zhang L, Shi G M, et al. Image Deblurring and Super-Resolution by Adaptive Sparse Domain Selection and Adaptive Regularization[J]. IEEE Transactionson Image Processing, 2011, 20(7): 1838-1857.

[88] Guo K, Yang X, Lin W, et al. Learning-Based Super-Resolution Method with a Combining of both Global and Local Constraints[J]. IET image processing, 2012, 6(4): 337-344.

[89] Gu S, Zuo W, Xie Q, et al. Convolutional sparse coding for image super-resolution[C]. in Proceedings of the IEEE International Conference on Computer Vision, 2015: 1823-1831.

[90] Zhou F, Liao Q. Single-Frame Image Super-Resolution Inspired by Perceptual Criteria[J]. IET Image Processing, 2015, 9(1): 1-11.

[91] PU J, ZHANG J P. Super-Resolution Through Dictionary Learning and Sparse Representation[J]. Pattern Recognition and Artificial Intelligence, 2010, 23(3): 335-340.

[92] Zhang Y, Liu J, Yang W, et al. Image Super-Resolution Based on Structure-Modulated Sparse Representation[J]. IEEE Transactions on Image Processing, 2015, 24(9): 2797-2810.

[93] Stuke I, Barth E, Chua C M. Estimation of Multiple Orientations and Multiple Motions in Multi-Dimensional Signals[C].//XIX Brazilian Symposium on Computer Graphic and Image Processing (SIBGRAPI 2006), 2006: 341-348.

[94] Mota C, Stuke I, Aach T, et al. Estimation of Multiple Orientations at Corners and Junctions[C].//Pattern recognition, 2004: 163-170.

[95] Shao W, Wei Z. Edge-and-Cornerpreserving Regularization for Image Interpolation and Reconstruction[J]. Image Vis. Comput, 2008, 26(12): 1591-1606.

[96] 黄淑英. 基于空间域正则化方法的图像超分辨率技术研究[D]. 青岛: 中国海洋大学, 2013.

[97] 封建湖, 龚建良. 改进的梯度向量流模型及其应用[J]. 数值计算与计算机应用, 2010, 31(1): 30-38.

[98] 宁纪锋, 吴成柯, 姜光, 等. 梯度向量流的各向异性扩散分析[J]. 软件学报, 2010, 21(4): 612-619.

[99] 卓力, 王素玉, 李晓光, 等. 图像/视频的超分辨率复原[M]. 北京: 人民邮电出版社, 2011.

[100] 胡辛. 压缩图像超分辨率重建算法研究[D]. 西安: 西安电子科技大学, 2006.

[101] 许娟,孙玉宝,韦志辉,等.基于结构张量的 Non_LocalMeans 去噪算法研究[J].计算机工程与应用,2010,46(28):178-180.

[102] 刘宁,卢荣胜,夏瑞雪,等.基于高斯曲面模型的亚像素 Harris 角点定位算法[J].电子测量技术,2011,34(12):49-53.

[103] 刘文志.并行算法设计与性能优化[M].北京:机械工业出版社,2015.

[104] Sanders J,Kandrot K. GPU 高性能编程 CUDA 实战[M].聂雪军,等译.北京:机械工业出版社,2011.

[105] Farber R. 高性能 CUDA 应用设计与开发[M].于玉龙,等译.北京:机械工业出版社,2013.

[106] Gebali F. 算法与并行计算[M].都志辉,等译.北京:清华大学出版社,2012.

[107] 武汉大学多核架构与编程技术课程组.多核架构与编程技术[M].武汉:武汉大学出版社,2010.

[108] 刘扬,王鹏,杨瑞,等.基于 OpenMP 的遥感影像并行 ISODATA 研究[J].计算机工程,2016,42(7):238-250.

[109] 刘扬,王鹏,等.基于 OpenMP 的遥感影像并行 ISODATA 研究[J].计算机工程,2016,42(7):238-250.

[110] 巫小婷,邓家先,任玉莉,等.基于 OpenMP 的压缩感知多描述并行处理算法[J].计算机应用研究,2013,30(4):1278-1280.

[111] 邹贤才,李建成,汪海洪,等.OpenMP 并行计算在卫星重力数据处理中的应用[J].测绘学报,2010,39(6):636-641.

[112] 苏宇,齐向阳.基于 OpenMP 的星载 SAR 回波信号并行仿真[J].中国科学院研究生院学报,2008,25(1):129-135.

[113] Koenderink J J. The Structure of Images[J]. Biological cybernetics,1984,50(5):363-370.

[114] Witkin A P. Scale space filtering[C]. Proceedings of the International Joint Conference on Artificial Intelligence,1983:1019-1021.

[115] Perona P,Malik J. A Scale Space and Edge Detection Using Anisotropic Diffusion[J]. IEEE Transactions on PAMI,1990,12(7):629-639.

[116] Catte F,Lions P L, Image Selective Smoothing and Edge Detection by Nonlinear Diffusion[J]. SIAM Journal on Numerical Analysis,1992,29(1):182-193.

[117] Alvarez L,Lions P L,Morel J M. Image Selective Smoothing and Edge Detection by Non-linear Diffusion (Ⅱ)[J]. SIAM Journal on Numerical Analysis,1992,29(3):845-866.

[118] Weickert J. Coherence-Enhancing Diffusion Filtering[J]. International Journal of Computer Vision,1999,31(2):111-127.

[119] Weickert J,Scharr H. A Scheme for Coherence-Enhancing Diffusion Filtering with Opti-

mized Rotation Invariance[J]. Journal of Visual Communication and Image Representation,2002,13(1):103-118.

[120] Osher S,Rudin L I. Feature-Oriented Image Enhancement Using Shock Filters[J]. SIAM Journal of Numerical Analysis,1990,27(4):919-940.

[121] Alvarez L,Lions P L,M. Morel. Image Selective Smoothing and Edge Detection by Nonlinear Diffusion[J]. ii,SIAM Journal on numerical analysis,1992,29(3):845-866.

[122] You Y L,Kaveh M. Fourth-Order Partial Differential Equations for Noise Removal[J]. IEEE Transactions on Image Processing,2000,9(10):1723-1730.

[123] 林宙辰,石青石. 一个能去噪和保持真实感的各向异性扩散方程[J]. 计算机学报,1999,22(11):1133-1137.

[124] 肖亮,韦志辉,吴慧中,等. 一种基于小波子带各向异性扩散方程的图像平滑方法[J]. 计算机工程与应用,2001,37(18):36-39.

[125] Li X G,Lam K M,Shen L S. An Image Magnification Algorithm Using the GVF Constraint Model[J]. Journal of Electronics (China),2008,25(4):568-571.

[126] 黄淑英. 基于空间域正则化方法的图像超分辨率技术研究[D]. 青岛:中国海洋大学,2013.

[127] 万欢. 数字航测相机的试验场辐射定标[D]. 郑州:解放军信息工程大学,2012.

[128] 修吉宏、黄浦、李军,等. 大面阵彩色 CCD 航测相机的辐射定标[J]. 光学精密工程,2012,20(6):1365-1373.

[129] Eberhard W L. Masuda K,Takashima T. et al. Atmospheric Correction for Ocean Remote Sensing:Optical Properties of Aerosol Derived from CZCS Imagery[J]. IEEE Transactions on Geoscience and Remote Sensing,1992,304(4):818-824.

[130] Honkavaara E,Peltoniemi J. A Permanent Test Field for Digital Photogrammetric Systems [J]. Photogrammetric Engineering & Remote Sensing,2008,74(1):95-106.

[131] Honkavaara E,Markelin L. Calibrating Digital Photogrammetric Airborne Imaging Systems Using a Test Field[C]. //中国测绘学会. 第21届国际摄影测量与遥感大会(ISPRS 2008)论文集,2008:517-522.

[132] 孙家柄. 遥感原理与应用[M]. 武汉:武汉大学出版社,2003.

[133] 张勇. 遥感传感器热红外数据辐射定标研究[D]. 北京:中国科学院大学,2006.

[134] Thome K J. Absolute Radiometric Calibration of Landsat 7 ETM+Using the Reflectance-based method[J]. Remote Sensing of Environment,2001,78:27-38.

[135] 张欣婷,亢磊,姚清华,等. CCD航空相机动态分辨率检测系统设计[J]. 应用光学,2018,39(5):683-686.

[136] 段洁,段雨晗,孙向阳,等. 全景航空相机性能检测系统设计[J]. 红外与激光工程,2014,43(12):3977-3982.

[137] 孙崇尚,王琦,丁亚林,等.基于倾斜刃边法航空相机像移的调制传递函数测量[J].光学学报,2014,34(12):116-121.

[138] 姜羿帆.航空相机内场检测仪设计研究[D].长春:吉林大学,2016.

[139] 陈莹.航空相机性能检测系统中综合测试系统的设计与实现[D].哈尔滨:哈尔滨工业大学,2007.

[140] Yamazaki F,Suzuki D,Maruyama Y.数码航空影像在建筑物震害信息提取中的应用[J].地壳构造与地壳应力,2010(2):13-19.

[141] 罗国坤.无人机航空遥感系统在应急救援中的应用[J].民营科技,2016(10):15-15.

[142] 龙威林.无人机航空遥感系统在灾害应急救援中的应用[J].移动信息,2015(9):73-73.

[143] 高惠瑛,王璇.我国城市灾害预警系统建设的思考[C]//第三届全国城市与工程安全减灾学术研讨会论文集,2010.

[144] 王根铎,韩婷娜,郭国明,等.无人机航空遥感系统在灾害应急救援中的应用探讨[J].科技传播,2014,(14):197-197,147.

[145] 陈思思.无人机航摄系统及其在地质灾害应急救援中的应用[J].资源与人居环境,2015(5):18-20.

[146] 张明来,张建霞.国产SWDC航空数码相机在灾害应急响应中的应用[J].科技信息,2009(29):54-55.

[147] 袁博,苗翠英,翟博,等.国内外毒物、毒品检验现状及发展趋势[J].中国人民公安大学学报(自然科学版),2004,10(2):48-51.

[148] 唐晓东,何明.基于视频的低照度一体式电子警察系统的研究与应用[J].中国人民公安大学学报(自然科学版),2015,21(4):68-71.

[149] 姚园园,朱辉.无人机遥感在非战争军事行动中的应用[J].现代雷达,2014,36(12):14-17.

[150] 刘占荣.地理信息系统和军事测绘[J].情报指挥控制系统与仿真技术,2004,26(6):1-7.

[151] 姜华.探析遥感测绘技术在测绘工作中的应用[J].信息化建设,2016(5).

[152] 王家耀.论军事测绘学与军事地理学发展的"分异"与"聚焦"[J].测绘科学技术学报,2017,34(2):111-119.

[153] 王峰.无人机航空摄影测量在地形图测绘中的应用探讨[J].资源信息与工程,2016,31(3):121-121,123.

[154] 刘杨.基于应急测绘航空遥感系统的影像快速拼接[D].北京:北京建筑大学,2013.